사진 & 일러스트로 보는 꿈의 자동차 기술 **Motor Fan** illustrated

Motor Fan
illustrated Vol. **23**

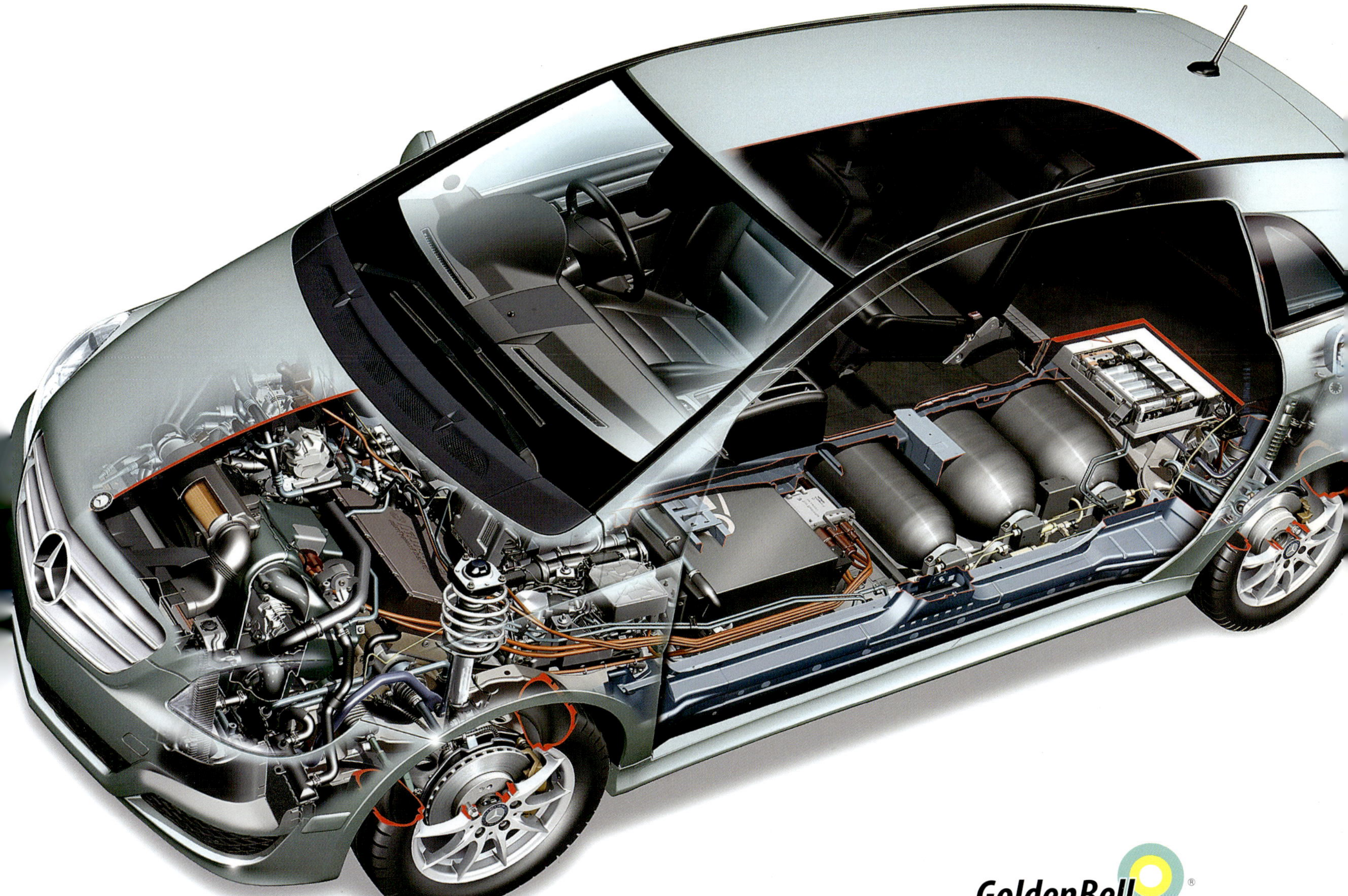

GoldenBell
www.gbbook.co.kr

Motor Fan illustrated
Special Edition

CONTENTS

004 도해특집 자동차의 에너지

006	**Introdution**	가솔린은 이제 「필요 없다」
008	**Characteristic 1**	중량당 에너지 밀도로 살펴보다
010	**Characteristic 2**	에너지 밀도와 차량 탑재성
012	**Characteristic3**	산지와 최적 용도로 찾아보다
014	**Characteristic 4**	새로운 「조합」의 가능성

016	새로운 에너지에 대한 대처 실제 예 1	도쿄가스×HKS
020	새로운 에너지에 대한 대처 실제 예 2	수소를 "저장한다"는 것
024	새로운 에너지에 대한 대처 실제 예 3	수소를 "공급한다"는 것
028	새로운 에너지에 대한 대처 실제 예 4	알코올 연료 레이싱 엔진
032	새로운 에너지에 대한 대처 실제 예 5	LP가스의 주요 고객 택시는「365km×365일」
034	새로운 에너지에 대한 대처 실제 예 6	일본을 깨끗하게

036	**이제부터는 CNG** | 하타무라 고이치의 독설 칼럼

038	새로운 에너지에 대한 대처 실제 예 7	연두벌레가 세계를 바꾼다?!
042	새로운 에너지에 대한 대처 실제 예 8	LNG&HFO : 2행정 저압 듀얼 퓨얼 엔진

046	**Epilogue**

가솔린 엔진은 아직 죽지 않는다

048

도해특집 「점화」와 「연소」

050 내경 100mm의 현실과 진실_크라이슬러 300 SRT8 HEMI 6.4

055 V8, OHV, 2밸브_내경이 100mm인 엔진 두 종류

058 스바루 레보그 FB16DIT_과급기 장착으로 압축비 11.0을 실현

064 Column 1 정상적인 「점화」와 비정상적인 「착화」

066 노킹을 알면 엔진을 알 수 있다

_ 노킹에 관한 순수한 질문에 하다케무라 고이치 박사가 대답하다

072 Column 2 불꽃을 생성하는 구조 [점화장치의 역사와 변천]

074 1. 점화시기 ▶ 닛산 점화시기란 무엇인가

078 2. 점화 플러그 ▶ NGK 스파크 플러그 점화 플러그의 진화가 엔진 성능을 향상시켰다

082 3. 다점 점화 ▶ 미야마 다점 점화를 통한 급속 연소가 자동차 엔진을 바꾸다

084 실린더 내부 가시화 엔진으로 보는 다점 점화 연소의 성능

086 4. 로터리 엔진의 연소 ▶마쓰다 로터리 엔진의 압축비와 노킹

090 5. 신형 엔진 ▶도요타 고효율 엔진에 또 다른 무기를 탑재할 수 있을까?

094 Epilogue
가솔린 엔진은 점점 디젤엔진에 접근해 가는가

096

특집 파워트레인

098 Introdution 파워트레인 개발은 새로운 단계로

100 CASE 01 MAZDA ROTARY ENGINE for RANGE EXTENDER

104 로터리 엔진의 특징을 충분히 살려 EV성능을 향상시키다

107 Interview 히토미 미츠오 | 마쓰다 집행임원·파워트레인 개발본부장

108 Column 1 HCCI(예혼합 압축착화) 아는 꿈의 엔진인가

112 CASE 02 HONDA DOWNSIZING DI TURBO

120 8 SPEED DCT with Torque Converter

124 Column 2 기발한 것은 모습뿐

128 CASE 03 SUBARU NEW GENERATION BOXER ENGINE

130 CASE 04 NISSAN 1MOTOR/2CLUTCH HYBRID SYSTEM

자동차의 에너지

언제부터인지 하이브리드가 상당히 일반화되어 전동 파워트레인과 같이 사용할 수 있게 되면서,

드디어 전기자동차가 대세로 다가왔다는 여론이 확산되는 것과 비례해 「내연기관은 이제 필요 없다」는 논조까지 들리는 지경에 이르렀다.

과거의 유물이라든가 앞으로는 배터리와 모터가 대세 등등, 엔지니어들의 비명까지 귀에 들려온다.

그리고 더욱 확산되고 있는 에너지 안전에 관한 우려까지 근저에 깔려있다.

자동차를 움직이기 위한 에너지를 다양화해야 한다는 목소리가 강하게 요구되면서,

메이커 마다 심혈을 기울여 새로운 수단을 모색하고 있다.

배터리, 연료전지, 액화기체 연료 그리고 가솔린과 경유-.

자동차용으로 사용되는 여러 종류의 신에너지에 대해 그 잠재성을, 실제 예를 들어가며 살펴보도록 하겠다.

사진 : 도요타

AIR PRODUCTS
Hydrogen
H2 DISPENSER
70 MPa   35 MPa
AIR PRODUCTS
Hydrogen
FUEL CELL

Introduction

일본의 자동차 에너지에 대한 한 가지 생각
가솔린은 이제 「필요 없다」

「자동차에 사용할 수 있는 에너지」로 실용화 또는 시험운용 경험이 있는 것들은 어떤 것이든 간에 환경성능이 뛰어나다.
사용할 수 있다거나 사용할 수 있을 것 같은 연료만이 살아남았다고 해도 무리가 없을 것이다.
만약 일본에서 가솔린과 경유가 없어진다 해도 대체할 만한 에너지는 존재한다.

본문 : 마키노 시게오

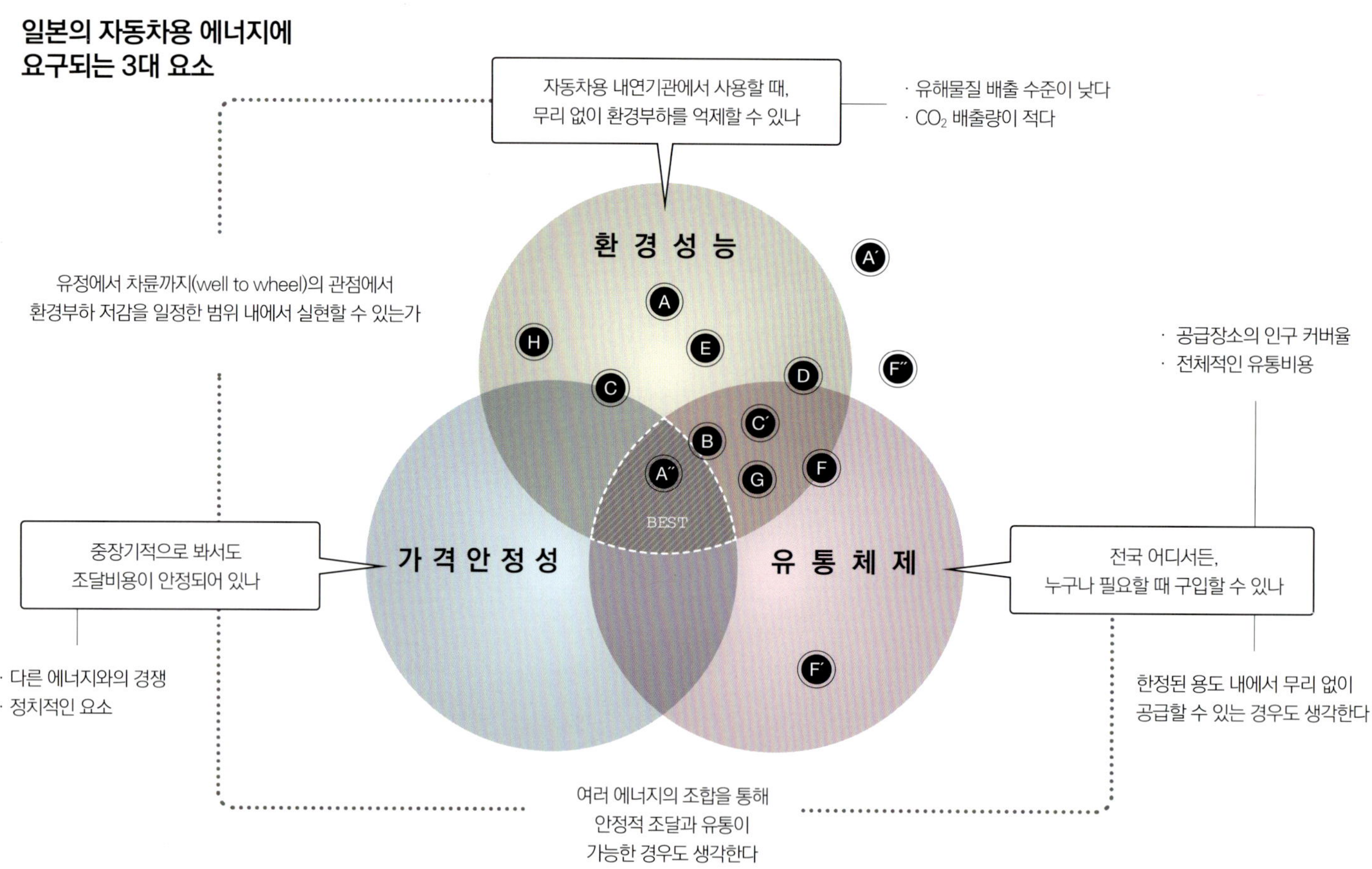

A : 수소
연료전지(FC=Fuel Cell)의 에너지원. 수소를 사용해 전기를 만들어도 배출되는 것은 물뿐이기 때문에 환경부하는 최소라고 할 수 있다. 다만 제조과정에 많은 에너지를 소비한다. 그것을 어떻게 계산할 것인가. 제조비용도 현재 상태에서는 불안요소.

A' : 수소
수소를 제조~운반하는데 예상 외로 많은 비용과 에너지를 소비해야 하는 상황이라면, 완전 「문제 외」의 에너지이다.

A" : 수소
수소를 싸게 생산할 수 있고, 모든 기업이 가진 잉여 수소를 효율적으로 모으는 한편, 지하매설 가스배관에 하이드로메탄(메탄+수소)을 순환시킬 수 있는 사회 시스템이 만들어질 때 수소는 최고의 연료가 된다.

B : 가솔린/경유
현재 상태에서는 가장 최선에 가까운 자동차 에너지이다. 근래에는 「주유소 과소」 문제도 있지만, 60년 이상을 사용하면서 구축된 유통체제는 뿌리가 깊으며, 일본은 품질 면에서도 안정적이다. 다만 가격변동이 심해질 가능성이 높은데, 일본은 과거에 그런 경험이 있다. 남은 매장량도 우려 사항.

C : 천연가스
셸 가스 산출로 인해 가격은 싸졌다. 남은 매장량은 석유보다 많고, 에너지로서의 성질도 좋다. C는 지중매설 가스관 같은 인프라를 사용하는 가정용 자동공급기가 등장했을 경우의 잠재성을 나타낸다.

D : LP가스(프로판/부탄)
환경성능은 가솔린보다 위지만 일본에서의 용도는 여러 규제에 의해 한정적이다. 유통체제는 택시나 쓰레기차에 공급하는 정도에 지나지 않는다.

E : DME(Dimethyl Ether)
자연계에는 존재하지 않는 인공 알코올. 환경성능은 뛰어나지만, 대량 안정공급에는 문제가 있다.

F : 전기
가정에서 야간충전을 한다는 전제 하에서는, 인프라적으로는 문제가 없다. 사용단계에서 배출물이 안 나오는 것은 이 에너지뿐이다.

F' : 전기
원자력발전이 거의 제로로 화력발전에 의존하는 일본의 현재 상태에서는, 발전단계에서의 에너지 소비와 CO₂ 배출이 큰 문제일 뿐만 아니라 환경성능에 의문부호가 붙은 것이 F'의 위치이다.

F" : 전기
발전이 완전히 화력에 의존하게 되고, 발전을 위한 에너지 조달 비용도 계속적으로 상승하는 한편, EV(전기자동차)에 대한 충전이 가정에서가 아니라 급속충전 스테이션에 의존해야 된다면 전기는 이미 「문제 외」이다.

G : 바이오에탄올
가솔린 혼입이라는 전제라면 유통에 대한 문제는 없다. 세계적으로 카본 중립성이 인정되기 때문에 환경성능도 양호하다고 할 수 있다. 다만 일본에서는 대량생산 가능성이 거의 제로이고, 생산비용에도 의문부호가 붙는다.

H : 메탄올
환경성능 잠재성은 높지만 포름알데히드라는 문제는 남는다. 일본에서는 유통체제도 없다.

정말로 가솔린/경유는 최선의 연료일까. 대체 「가장 좋은 자동차 에너지」에 요구되는 요소는 어떤 것일까. 그런 요소 전부를 가솔린/경유는 가지고 있을까?

여기서는 전기를 포함해 연료=퓨얼이 아니라, 잠재능력=에너지라는 관점에서 살펴보기로 한다. 전기를 포함해 각각의 에너지가 자동차라는 탈것과 궁합이 잘 맞는지에 대해 이 특집에서 다루어 보겠다.

좌측 페이지에 「자동차 에너지에 요구되는 3가지 요소」에 대해 나열했다. 여러 가지 사항을 집약하다 보면

로서, 일본이 해외에서 수입하는 광물성 연료(원유/천연가스/석탄 등)에 지불한 금액을, 해당연도의 GDP(국내총생산)에서 차지하는 비율로 나타낸 것이다. 오일쇼크 발발은 제1차가 73년, 제2차가 79년이었는데, 두 번 다 그 다음해에 자원구입액이 급증했다. 물리적 가치가 완전 똑같은 것을 고가로 사지 않으면 안 되는 것이었다. 수입량 자체는 줄었는데 일본이 지불한 금액은 더 많다. 가격을 낮추기 위해 협상해 보지만 금액을 올리지 않으면 팔지 않았다. 근래에는 중국에서의 자원소비량 증대

후, 세계에 자랑할 수 있을 만큼 환경성능도 훌륭하다. 하지만 원유가격은 우리들 손이 미치지 못하는 곳에서 결정되기 때문에 어떻게도 할 수 없다. 전기도 그렇다. 동일본대지진 이후, 일본의 원자력 발전소는 단순한 방치물이 되면서 발전은 오로지 화력에만 의존한다. 야간 중에 EV(전기자동차)를 충전하는 행위는 일본의 자원지출을 증가시킬 뿐이다. 전달~송전~변전~충전이라고 하는, 전체 과정에서 본 일본의 현재 상태에서 「EV는 환경친화적이다」라고 말할 수만은 없다. 지금 일본은 석탄화력까지

광물성 연료수입액 추이(대 GDP비)

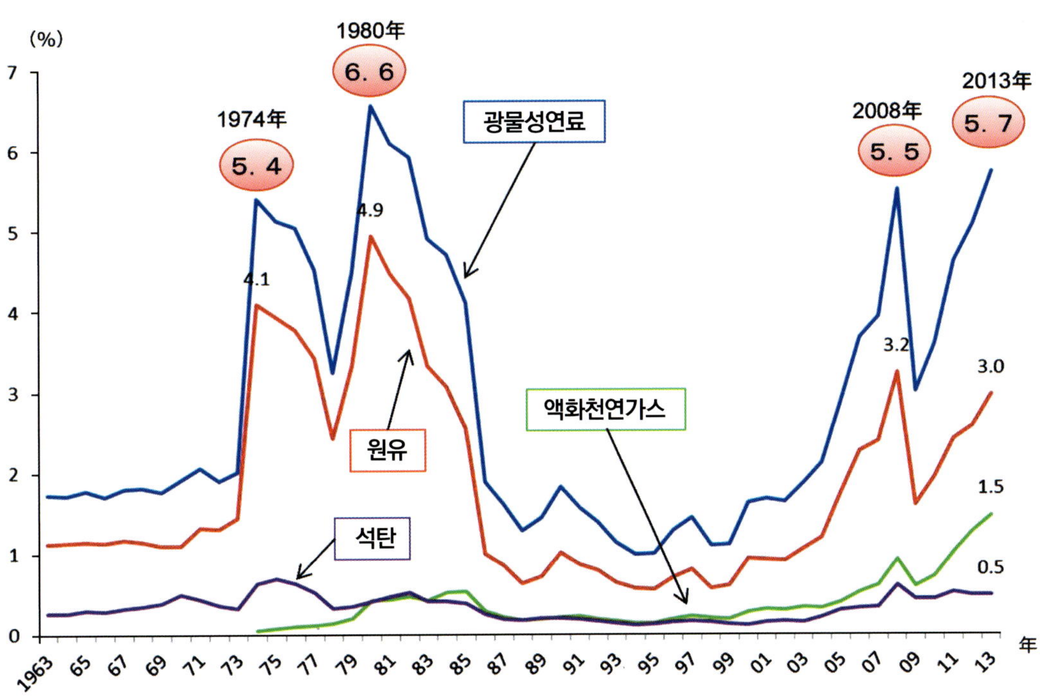

73년부터 85년까지 13년 동안, 일본국민은 광물연료를 구입하기 위해 많은 돈을 지불해야만 했다. 이 동안에 에너지 절감대책이 진행되면서 일본은 다른 나라보다 앞서 에너지 다운사이징 국가가 되었다. 그리고 85년 9월 22일에 뉴욕 프라자호텔에서 개최된 G5(선진 5개국 재무장관 중앙은행총재회의)에서 엔고 유도가 합의된 결과, 일본은 에너지 절약과 환율 결과에 의해 2004년까지 에너지 결핍에서 탈출할 수 있었다. 배경에는 세계적인 석유가격 추이도 있지만, 이것은 국력이 이뤄낸 업적이었다. 미래의 일본에도 그런 힘이 있을까. 엔저와 디플레이션. 석유시세는 내려가지 않는다. 그런데도 석유에 매달릴 이유가 과연 있을까.

이 세 가지로 요약된다. 세 개의 원이 겹치는 부분, 즉 3요소 전부를 만족시키는 에너지야 말로 최고이다. 현지에서 생산, 소비되는 에너지만으로 전 세계를 다 커버할 수는 없으므로, 여기서는 일본으로만 한정해서 살펴보겠다. 자원빈국인 일본으로서는 어떤 식이든 수소를 최선의 에너지 지위로 밀고 갈 필요가 있겠지만, 현상에서는 가솔린/경유가 가격안정성에 취약점이 있기는 하지만, 환경성능과 유통 측면에서는 좋은 위치를 차지하고 있다.

왜 취약점이 있느냐면 과거 2번의 오일 쇼크 때문이다. 이 페이지의 그래프는 자원에너지청이 정리한 자료

가 세계시장을 밀어 올리면서 그 여파로 일본은 큰돈을 들여서 사야만 했다.

일본국내에서 유통하고 있는 가솔린의 품질은 뛰어난 편이다. 유통체제도 잘 갖추어져 있다. 그러나 광물자원은 세계정치의 역학관계 속에서 벗어나는 경우가 없다. 거기다가 가솔린에 국세로 부과되고 있는 세금의 존재이다. 예전에 「잠정세율」의 기간만로로 한 때 세액이 떨어졌지만, 정부는 「국민 여러분, 가솔린이 없으면 생활이 안 됩니다」라며 약점을 파고든다. 이 부분도 과제가 아닐 수 없다.

분명 가솔린과 경유가 저유황화(低硫黃化)되고 난 이

총동원해서 전력수요에 대비하고 있다.

환경성능, 유통체제, 가격안정성 3박자를 갖춘 자동차 에너지는 지금의 일본에는 없다. 3요소를 잘 조화시키고 자동차 쪽의 기술과 정치력을 구사하면서, 에너지 믹스까지 포함해 감점요인을 최소한으로 줄이는 수밖에 방법이 없는 상황이다. 그렇게 된다면 구태여 가솔린을 사용하지 않아도 괜찮지 않을까. 순수하게 각 에너지의 현상을 점검하고, 미래의 방향을 생각해 보자는 동기이다. 「무엇이든 도전할 수 있다는 것」이야 말로 자원빈국의 특권이다.

중량당 에너지 밀도로 살펴보다

같은 중량의 에너지를 승용차에 주입했을 때, 각각 어느 정도 힘을 발휘할까.
에너지 충전 1회당 주행거리는 이 「에너지 밀도」로 정해진다.

본문 : 마키노 시게오

[에너지 밀도의 기준]

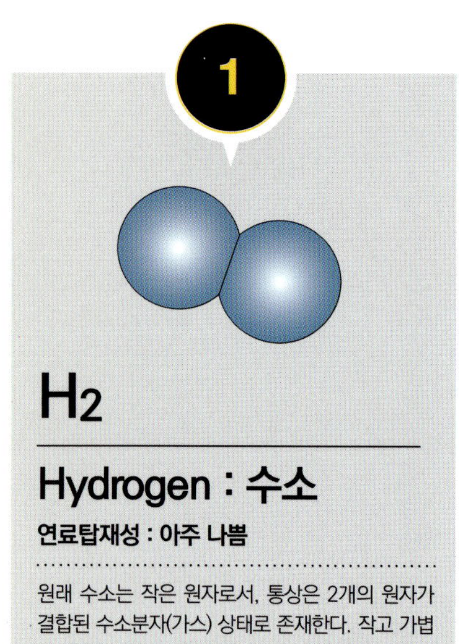

H₂

Hydrogen : 수소

연료탑재성 : 아주 나쁨

원래 수소는 작은 원자로서, 통상은 2개의 원자가 결합된 수소분자(가스) 상태로 존재한다. 작고 가볍기 때문에 그램당 총발열량은 가솔린의 3배나 된다. 다만 700MPa로 압축해 카본제품 봄베에 충전하게 되면, 수소 중량보다 봄베 중량 쪽이 훨씬 무겁다.

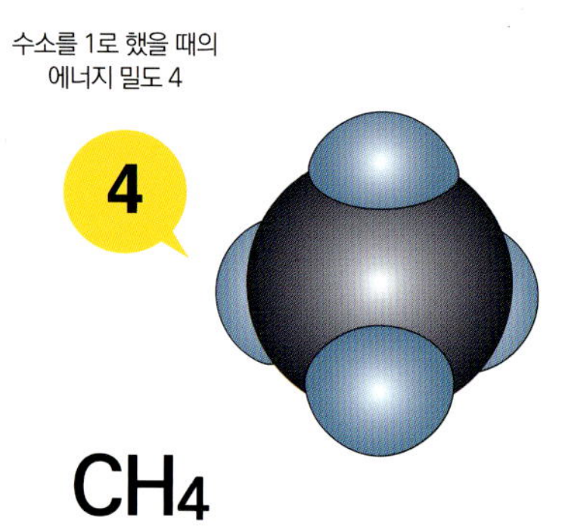

CH₄

Methane : 메탄

연료탑재성 : 나쁨

천연가스의 주성분. 메탄도가 가장 높은 알라스카산 천연가스는 메탄 99.8% 이상, 중동의 아랍에미레이트 연합국산은 메탄 82% 정도. 수소보다는 훨씬 크지만 가솔린 계통에 비하면 작은 분자로서, 가스상태이기 때문에 차량에 탑재할 때는 압축해 봄베에 충전하든가 액화시킬 필요가 있다.

대기 중의 산소를 거두어들이다

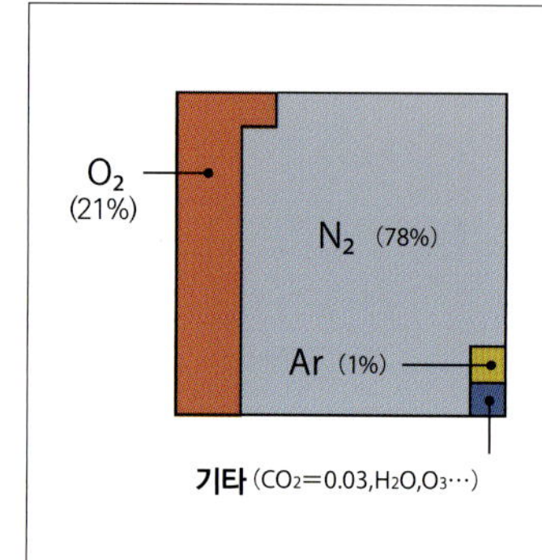

차량탑재 전지종류를 예외로 치면, 모두 「연소」를 통해 동력을 얻는 에너지로서, 대기 중의 산소를 무료로 분리해 받아들여 힘을 발휘한다. 대기 중의 산소분자 비율은 약 21vol%로서, 각각의 에너지마다 「산소를 다 사용하기 위한 산소와 연료의 비율」, 즉 이론공연비가 있다. 질소는 연소의 열을 빼앗기만 할 뿐, 일은 하지 않는다.

CH₃OCH₃

DME : 디메틸에테르
[Dimethyl ether]

연료탑재성 : 가능

LP가스에 가까운 물성(物性)에, 25℃에서 6기압 정도의 저압으로 액화하기 때문에 철제 탱크에 주입해 차량탑재가 가능. 다만 가솔린의 약 60%열량이기 때문에 탑재성이 「좋다」고는 할 수 없다. 자연계에는 존재하지 않고 메탄올이나 프로판에서 정제하기 때문에, 정제할 때 소비되는 에너지가 약점이다.

연소 후에 어떤 것이 생길까

많은 나라와 지역에서 자동차 배출가스 중 규제받고 있는 것은 CO와 HC, NOx로서, 유럽과 미국, 일본에서는 여기에 PM이 추가된다. 또한 연비기준으로 CO₂를, 연료기준으로 SOx를 규정하고 있는 지역도 적지 않다. 그런 한편으로, 미량이긴 하지만 미규제물질은 방임하고 있다. 실제로는 CO와 HC, NOx만 논의할 상황은 아니다.

규제배출물		비규제배출물	
CO	일산화탄소	CH₄	메탄
HC	탄화수소	NH₃	암모니아
NOx	질소산화물	C₆H₆	벤젠
		N₂O	아산화질소
SOx	유황산화물		·
CO₂	이산화탄소		·
PM	미립자상물질		·

이 페이지의 그림은 자동차 에너지를 분자 수준에서 비교한 단순도이다. 원소는 「H=수소」「C=탄소」「O=산소」 3가지뿐이다. 수소는 원자번호 「1」인 물질로서, 질량이 가장 작다. 연소시켜 에너지를 끌어내기 쉽다. 탄소는 원자번호 「6」으로, 다른 원소와 쉽게 결합하는 성질이 있다. 산소는 원자번호 「8」로, 대부분 물질과의 사이에서 발열반응을 일으킨다. 자동차 에너지는 전기를 제외하면 이 3가지 원소를 기본으로 구성되어 있다.

가솔린/경유는 탄소원자가 4개부터 20개정도 늘어서면 큰 분자를 가진다. 탄소원자에는 수소원자가 각각 2~3개 연결되어 있어서 압축 혹은 불꽃점화해 온도가 상승하면 이 연결이 풀리면서 전자가 방출되는데, 고에너지를 가진 전자가 튀어나갈 때의 「충돌력」이 피스톤을 밀어 내린다. 이것이 연소로서, 어떤 연료라도 기본적인 구조는 다르지 않다. 다만 가스인 메탄이나 부탄은 분자 자체의 구성원소가 적고, 1개의 연료분자를 열로 파괴했을 때 방출되는 에너지양도 작다. 게다가 액체가 아니라 기체라는 점, 즉 분자밀도가 촘촘한 액체보다도 느슨한 기체라는

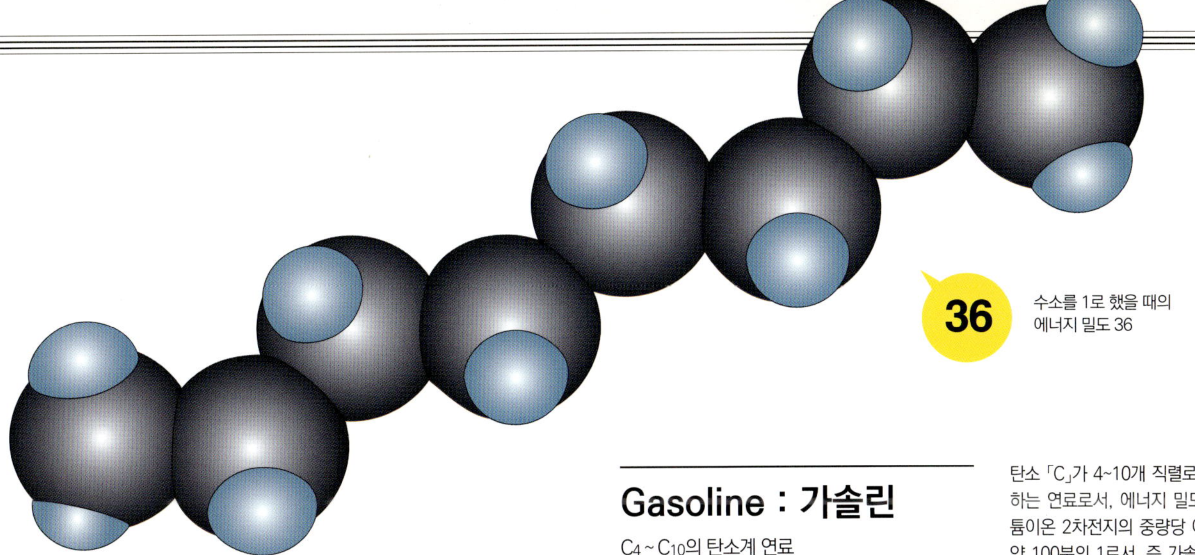

Gasoline : 가솔린

C4 ~ C10의 탄소계 연료
연료탑재성 : 좋음

탄소 「C」가 4~10개 직렬로 배치된 큰 분자를 내포하는 연료로서, 에너지 밀도가 매우 크다. 최신 리튬이온 2차전지의 중량당 에너지 밀도는 가솔린의 약 100분의 1로서, 즉 가솔린 1kg과 리튬이온전지 100kg이 동등하다는 뜻이다.

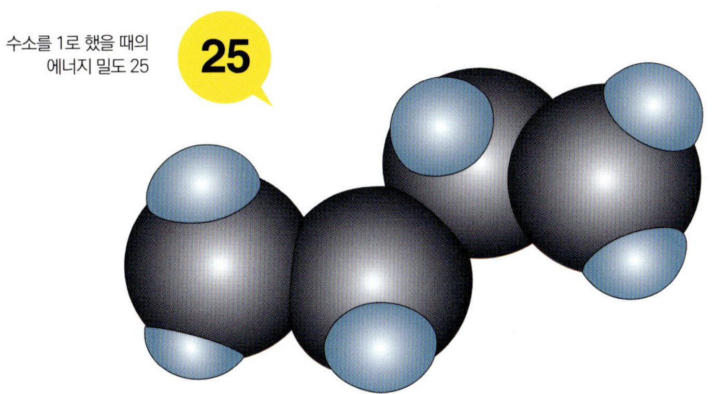

C_4H_{10}

Buthane : 부탄

연료탑재성 : 매우 좋음

화학식에서는 CH3과 CH2가 두 개씩 붙은 형태를 한다. 탄소 「C」가 직렬하는 알칸구조는 안정성이 높고, 분해했을 때의 에너지도 크다. 프로판과 함께 대표적인 가스연료이다. 메탄에 비하면 차량탑재 봄베를 최대로 충전했을 때의 중량에서 차지하는 봄베 본체중량 비율이 작다.

C_3H_8

Propane : 프로판

연료탑재성 : 아주 좋음

천연가스 성분 중 하나라는 점 외에, 원유를 가열·증류하는 과정에서 자연스럽게 얻을 수 있다. LP가스의 주성분이다. 에너지 밀도는 가솔린보다 30% 적지만, 탄소 「C」에 수소 「H」가 결합된 탄화수소 형상은 자동차같이 부하가 항상 변하는 내연기관에 적합하다.

CH4O

Methanol : 메탄올

연료탑재성 : 나쁨

천연가스의 주성분. 메탄도가 가장 높은 알라스카산 천연가스는 메탄 99.8% 이상, 중동의 아랍에미레이트 연합국산은 메탄 82% 정도. 수소보다는 훨씬 크지만 가솔린 계통에 비하면 작은 분자로서, 가스상태이기 때문에 차량에 탑재할 때는 압축해 봄베에 충전하든가 액화시킬 필요가 있다.

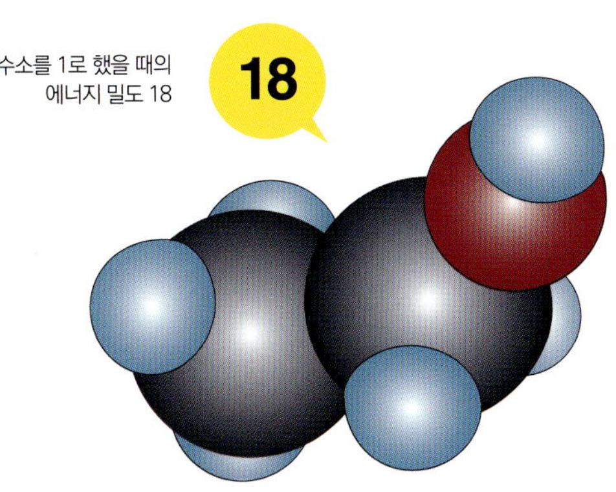

C_2H_5OH

Ethanol : 에탄올

연료탑재성 : 좋음

이른바 에틸알코올. 사탕수수나 옥수수에서 추출하는 바이오에탄올은 실제로 자동차 에너지로 사용되고 있지만, 먹거리와 충돌하지 않는 배려가 필요. 총발열량은 메탄올보다 약간 높다. 가솔린에 10%의 에탄올을 섞은 E10 가솔린이 미국에서는 표준적이다.

점이 「체적당」 「중량당」 에너지 발생량을 낮추고 있다.

또 하나, 에너지양을 좌우하는 요소가 이론공연비(화학량론)이다. 가솔린의 이론공연비는 14.7로서, 이것은 가솔린 1g(그램)을 완전히 연소시키려면 14.7g의 공기가 필요하다는 것이다. 천연가스는 17.2인데, 이 숫자만 비교하면 천연가스 쪽이 연소에 필요한 산소량이 많고, 따라서 「큰 연소에너지를 얻을 수 있다」고 생각되지만, 가솔린 1g이 물 한 방울 정도인데 반해 천연가스 1g은 그것보다 훨씬 체적이 크다. 가솔린은 액체이고 천연가스는 기체이기 때문에, 1g 속에 존재하는 분자량이 틀리다. 같은 1g의 연료로부터 이끌어낼 수 있는 에너지는 가솔린 쪽이 훨씬 크다.

에너지 밀도와 차량 탑재성

에너지 밀도와 차량탑재성
액체는 압축할 수 없지만 기체는 압축이나 액화가 가능하기 때문에, 차량탑재성은 점점 개선할 수 있다.
안티 가솔린/경우파의 주장은 어디까지 실현되고 있나.

본문 : 마키노 시게오   그림 : BMW/마키노 시게오/VW

■ 중량/체적에서의 에너지 밀도비교

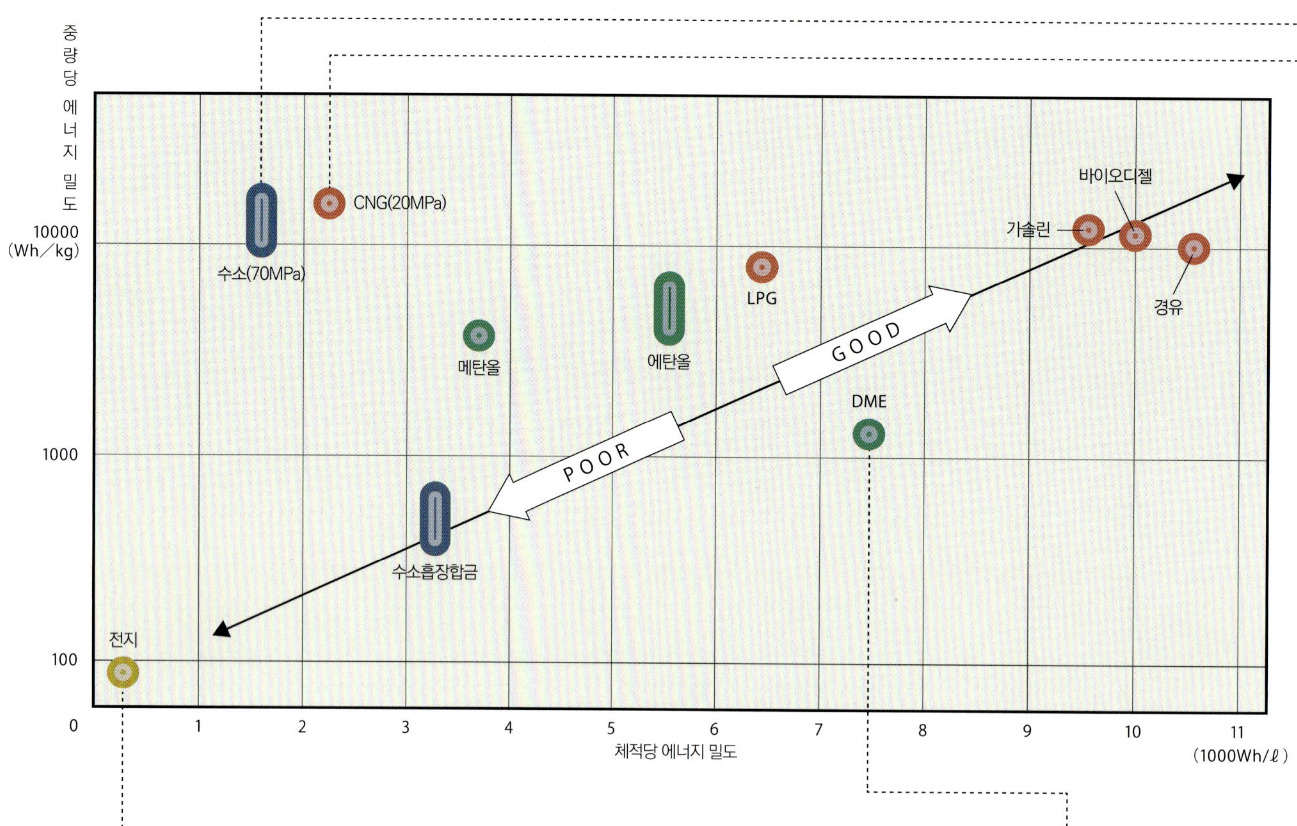

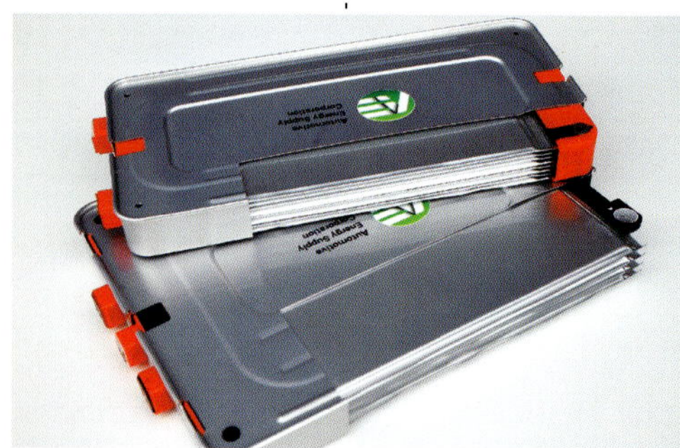

2차전지의 극판은 금속제품

선진적 EV(전기자동차)에 탑재되어 있는 리튬이온 2차전지는 고가이다. 현재 상태에서는 셀당 3.7V(볼트)가 표준이고, 가격을 낮춘 형식으로는 2.5V 정도인 것도 있다. 셀을 중첩시켜 스택 형태로 만들어도 탑재성이라는 과제가 남는다.

차량탑재 요건은 LPG와 비슷

알코올의 일종인 DME(디메틸에테르)는 LPG와 비슷하다. 세계적으로는 스프레이 분사제나 100엔 라이터에 사용되고 있다. 에너지 밀도는 상당히 높지만 왼쪽 사진 같이 봄베 상태에서 차량에 탑재하게 된다.

수소를 대량으로 싣기 위해서는 비용이 들어간다

왼쪽 사진은 수소를 연료로 삼아 엔진에서 연소시키는 BMW 7시리즈용 탱크로서, 독일 린데사 제품이다. 중앙은 JX니코제품의 CFRP(카본) 탱크. 우측은 중량이 크게 문제가 안 되는 정치용(定置用) 강철 탱크. 카본으로 만들어도 70MPa의 압력에 견디려면 이 정도의 두께가 필요하다. 하지만 CFRP는 고가이다. 강철 탱크는 너무 무거워 차량탑재가 불가능. 수소흡장합금도 만찬가지로서, 캔 타입 커피음료 정도의 크기만으로도 꽤나 무겁다. 금속 무게도 그대로 단가로 직결된다.

형상 자유도는?

LPG용기는 6기압 정도에 견디면 되기 때문에, 원래는 형상 자유도가 클 것이다. 한국이나 유럽에서는 스페어타이어 수납공간에 쏙하고 들어가는 도너츠 타입 탱크도 사용되고 있다.

원통형 탱크로 「틈새를 커버하다」

위 사진은 VW 골프의 바이 퓨얼 차량. 좌우 타이어 사이에 탑재된 가솔린 탱크는 수지 제품. CNG 탱크는 이와 같이 용량과 형상이 다른 것을 준비함으로서, 가능한 「틈새」를 커버하는 식으로 탑재한다. 양산을 하면 탱크 값은 싸지지만, 일본은 유럽 규제를 받아들이지 않기 때문에 싼 양산 탱크를 사용하지 않는다.

우주 로켓은 왜 원통형일까. 대답은 단순명쾌하다. 연료탱크 형상에 맞춰 패키징되어 있기 때문이다. 특히 액체수소와 액체산소를 사용하는 로켓은 영하 252.6℃의 비점부근까지 냉각된 액체수소를 최대한 많이 주입하려고 한다. 그 수소량에 맞춰 산화제인 산소도 대량으로 운반해야 한다. 로켓 전체중량의 약 90%가 연료중량이라고 할 만큼, 연료탑재성을 중시하지 않으면 지구중력을 이겨내고 우주로 날아갈 수가 없다. 필연적으로 연료탱크는 무엇보다 용량을 확보하고 가볍게 만들 수 있는 반원형+원통으로 귀착된다. 연료탱크가 「주인」격이라 로켓 전체는 탱크 형태로 제한 받는다.

일반적인 자동차는 상온상압에서 액체로 존재하는, 상당히 궁합이 잘 맞는 가솔린/경유를 연료로 적재한다. 그래서 탱크 형상을 꽤나 자유롭게 만들 수 있다. 다양한 메이커에서 틈새에 쉽게 넣을 수 있도록, 수지를 사용해 복잡한 형상의 성형탱크를 현재 만들고 있다. 다만 같은 액체라도 LPG 같은 경우는 상온상압에서 기체로 존재하기 때문에, 탑재성을 좋게 하기 위해 6기압으로 가압해 액화시킨다. 이 액화가 일본에서는 고압가스 보안법 규제를 받는다. 해외에서는 스페어타이어 수납공간에 넣는 도너츠 모양의 탱크를 LPG자동차량용으로 개조해 사용하기도 하는데, 일본에서는 본 적이 없다. 양쪽이 둥그렇게 나온 원통형 탱크뿐이다.

CNG의 경우는 봉입압력이 20MPa이기 때문에, 기체탱크라고는 하지만 봄베 같은 원통형이다. 탱크 규격은 몇 가지되는데, 예를 들면 유럽에서는 「R110」이라는 압력용기 규격이 있고, 일본에서는 고압가스 보안법이 담당하고 있다. 20MPa이나 되면 제대로 안전측면을 고려해 봄베 형상을 만들어야 한다. 보디 바닥아래서부터 최저지상고까지 200mm의 여유가 있으면 최대 200mm 직경의 탱크를 장착할 수 있지만, 수지 가솔린탱크 같은 형상자유도가 없기 때문에 몇 종류의 탱크를 구분해서 용량을 확보하는 경우가 많다.

전기는 더욱 까다롭다. 전기를 저장하고 게다가 반복적으로 충방전을 해야 한다면 방법은 2차전지밖에 없다. 가장 고성능인 리튬이온 2차전지라도 에너지 밀도는 가솔린/경유의 100분의 1 정도밖에 안 된다. 이 밀도차이를 조금이라도 극복하기 위해서는 차량중량 삭감이나 주행거리에 맞는 철저한 자동차 사용, 전지의 노화를 각오하고 급속충전을 한다든가, 자가발전 수단을 탑재하는 등의 방법을 생각해 볼 수 있다.

산지와 최적 용도로 찾아보다

에너지자원을 해외의 수입에 의존하고 있는 일본은, 어떤 의미에서는 「어디서든 구매가 가능」하다는 자세이다.
산지를 불문한다면 어떤 용도로 어떤 에너지를 사용할 것인지가 핵심이다.

본문 : 마키노 시게오   그림 : BMW/마키노 시게오/VW

■ 체적 에너지밀도로 본 비교

A : 장거리 타입

한 번 가득 채우면 상당히 장거리를 달릴 수 있는, 뛰어난 탑재성을 자랑하는 에너지.

B : 중거리 타입

자동차 용도에 따라서는 이 정도로 충분. 필요할 때는 추가로 충전하면 되는 에너지.

C : 단거리 타입

매회 이동거리가 짧은 경우라면 여분의 에너지를 싣고 있을 필요가 없는 타입.

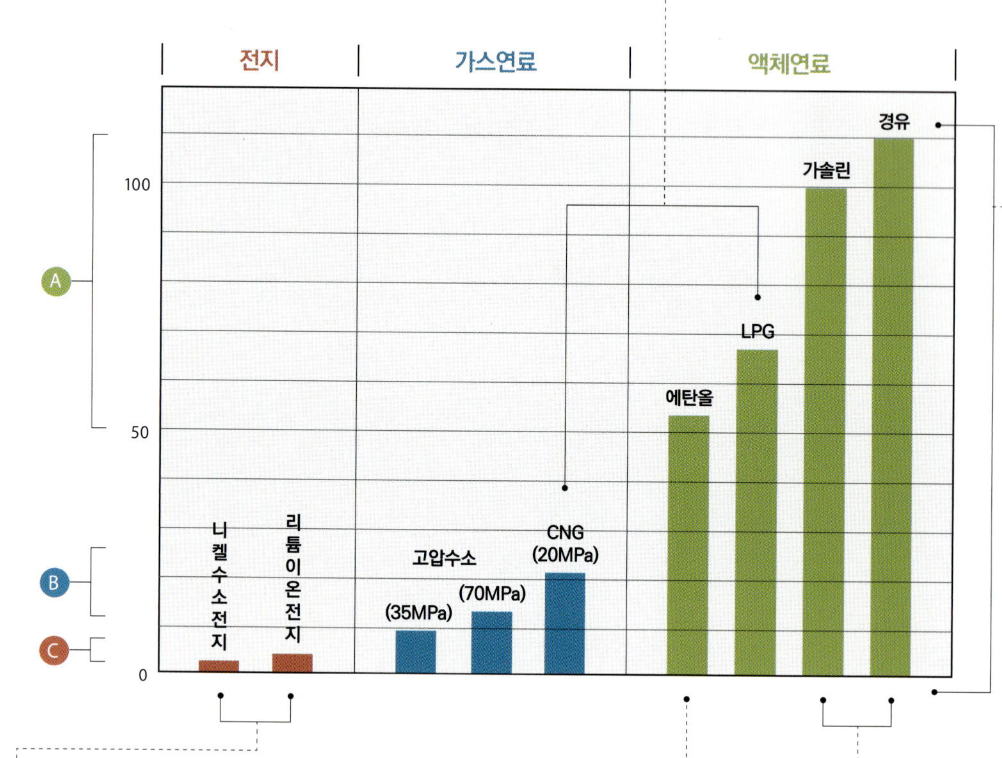

풍력발전으로 항상 일정한 전력을 얻기는 어렵다. 일 년 내내 중풍(中風)이 지나가는 장소에 설치하고, 수요처로 보내야 한다. 생산지에서 다 소비하기도 어렵다. 가장 효율이 좋은 것은 원자력발전으로, 일본에서의 EV보급계획은 원자력 발전이 전제였다.

삼림 벌채 등을 통해 알코올계통 연료를 얻으려는 시도가 고위도 삼림지대를 중심으로 전행되고 있지만, 알코올로 전환하는데 에너지를 소비한다. 그래도 배출량을 비교하면 플러스라고 판단하는 지역에서는 실용화까지 다다른 곳도 있다. 하지만 그것을 원거리에 수송하는 단계가 되면 또 다른 에너지 소비가 이루어진다.

천연가스는 주목받고 있다. 산지에서 파이프라인을 통해 수요처로 운반하는 계획은 러시아~유럽, 캐나다~미국 등에서 운용되고 있다. 일본은 섬나라여서 이웃나라로부터 파이프라인을 이용하려면 바다를 건너야 하기 때문에 상당히 어렵다. 액화해서 LNG선으로 운반하는 것이 현실적이지만 석유와 마찬가지로 산지는 멀기만 하다.

	단 위	DME	메탄올	프로판	천연가스	경 유
저발열량	kcal/kg(중량당) kcal/ℓ(체적당) kcal/Nm3(0℃/1 기압)	6880 4600 14200	4750 3770 ——	11040 5450 21800	12180 5180 8700	10150 8530 ——
액 비 중	kg/ℓ	0.668	0.796	0.490	0.425	0.85~
세 탄 가		55~60	3	5	——	38~53
비 점	℃	−25	65	−42	−162	180~360
발 화 점	℃	235	464	504	537	약 250
공 연 비	공기 1kg당	9.0	6.5	15.6	16.0	14.7

각 에너지의 특성

중량당/체적당 특징을 비교해 보면, 왼쪽 페이지의 그래프에서 보듯이 「단거리」「중거리」「단거리」식의 적재 적소 이용 가능성을 재인식할 수 있다. 큰 열량이 나오는 에너지일수록 CO_2나 유해물질 배출 경향이 크다.

석유산지와 일본 사이에는 물리적인 거리가 존재한다. 하지만 유조선을 통한 수송, 정제, 주유소 공급이라는 전체적인 시스템이 갖추어져 있고, 오랫동안에 걸쳐 효율을 추구해 왔다. 가솔린/경유의 지위가 좀처럼 흔들리지 않는 상황을 납득할 수 있다.

식물을 통해 알코올을 얻는 경우, 그것을 사용한다 하더라도 「원래 식물이 갖고 있던 CO_2를 대기로 보낼 분」이라는 카본 평형의 규칙이 적용된다. 하지만 식재료와의 충돌이라는 과제는 남는다. 동시에 주로 식물의 산지는 수요처에서 멀리 떨어져 있다.

에너지의 기본은 산지소비

"모든 자동차가 사하라 사막을 횡단할 만큼의 주행거리를 가질 필요는 없다", 어느 자동차 메이커에서 EV(전기자동차) 개발을 담당하고 있던 엔지니어는 이렇게 말했다. 단거리 이용이라면 EV로 충분하다는 것이다. 하지만 일본은 전력 수요처와 공급기가 떨어져 있어서 송전에 따른 손실을 각오해야 한다. 동시에 지엽적인 대기오염지역이 EV수요처이기 때문에 산지소비가 되지 않는다. 어떤 형태이든 에너지를 「운반」하는 것은 손실이기 때문에 산지소비가 바람직하다. 그것이 어렵기 때문에 구태여 적재적소에서의 이용이라는 다음 주제에 다다른다. 그래도 가솔린/경유가 중시되는 것은 확립된 공급시스템 덕분이다.

새로운 「조합」의 가능성

넓은 의미에서의 하이브리드(혼합/복합)는 아직도 많은 대책이 있다.
서로 간의 결점을 서로 보완할 수 있는 조합으로 에너지를 사용하는 것이야말로 신세대 하이브리드이다.

본문 : 마키노 시게오   그림 : BMW/마키노 시게오/웨스포트

■ 하이브리드화의 가능성

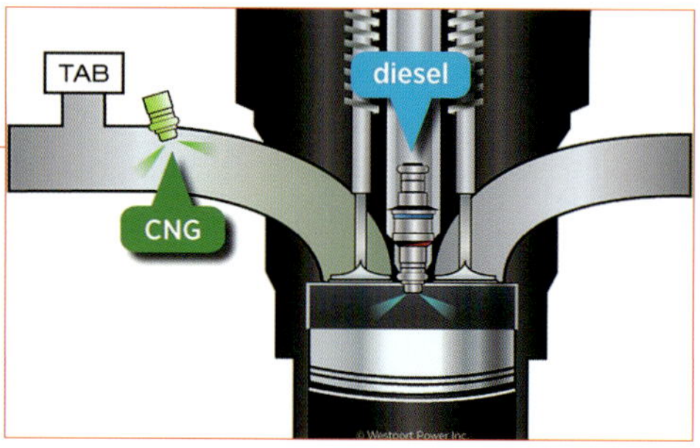

CNG+경유의 듀얼 퓨얼 같은 발전용 엔진은 무의미할까. 소배기량 2기통이라면 CNG 탱크를 장착할 공간 확보가 가능할까? 그 다음 비용 문제도 있지만, 정말로 필요하다고 판단되면 개발은 진행된다. 듀얼 퓨얼 차량의 실용화는 바로 턱밑까지 와 있다.

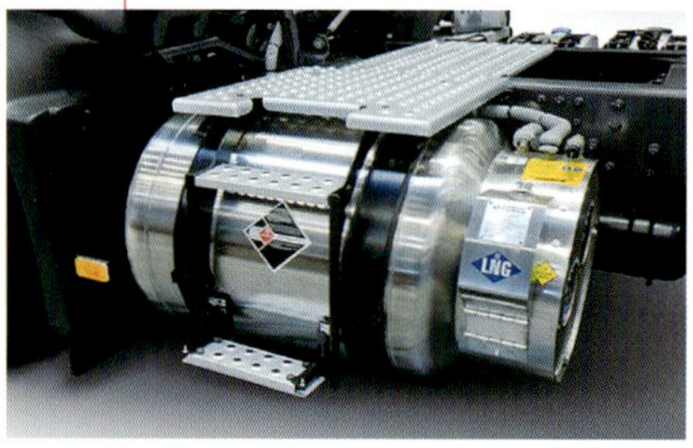

가솔린탱크 대신에 LNG(액화천연가스) 탱크를 장착한다. 발전용 엔진은 CNG사양. 일정한 회전속도로 운전한다면 가스엔진은 효율이 좋다. 천연가스 산출국에서는 향후 그런 시스템을 탑재한 자동차가 달릴지도 모른다.

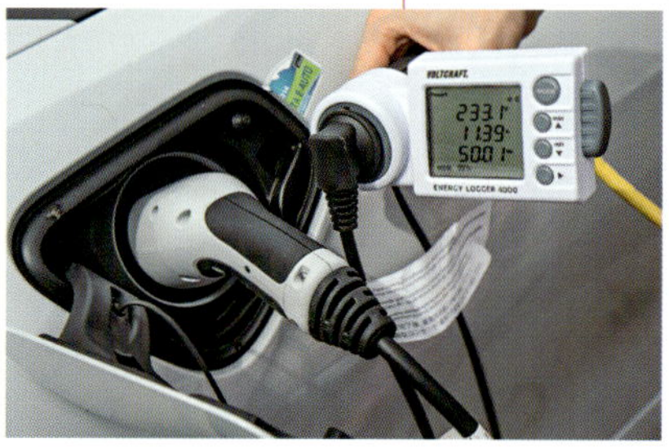

전기를 저장해 놓는 것은 어렵다. 하지만 EV는 CO₂배출 제로라는 장점이 있다. HEV를 EV적으로 사용하는 것이 PHEV(플러그인 하이브리드 자동차)일까, EV에서 전기방전 우려를 배제한 것이 PHEV일까. HEV/PHEV의 향후 모습에도 현재와는 다른 발상이 적용될 것이다.

현존하는 하이브리드 자동차와 실증실험 단계에 있는 「신 하이브리드 자동차」를 비교해 보았다. 아직 액체연료에도 새로운 사용법이 남아 있고, 전동 이외의 하이브리드는 2020년대를 향해 하나의 키워드가 될 것이다. 그 시점에서 가스계통이나 알코올계통의 에너지를 사용한다고 하면, 석유계통 에너지의 점유율은 상대적으로 줄어든다. 신흥국에서의 모터리제이션 발전을 감안하면 현재의 자동차 선진국들은 지혜를 짜내야 할 것이다.

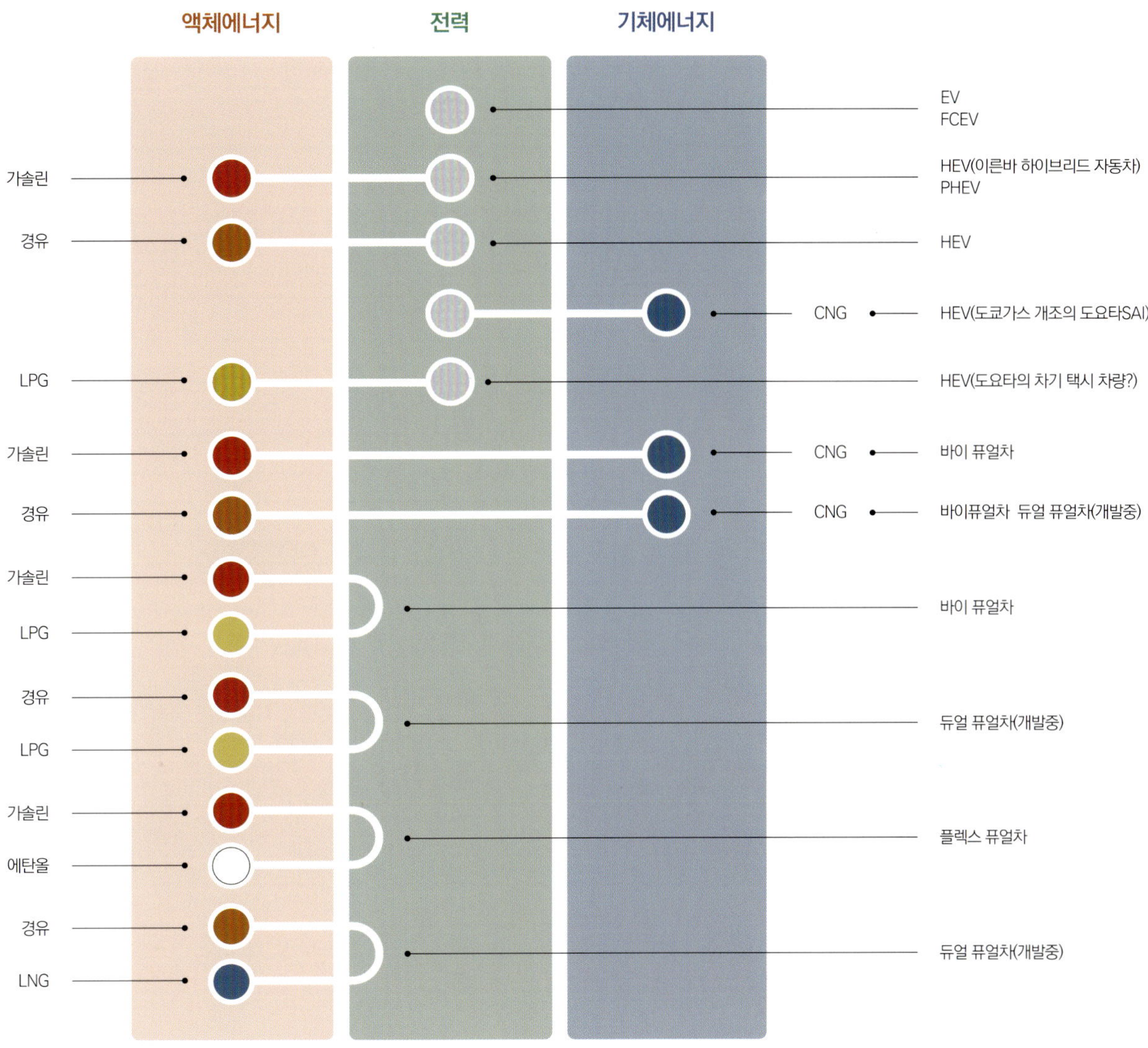

바이 퓨얼(Bi-Fuel)이란 2종류의 에너지를 구분해서 사용하는 것이다. 이미 CNG와 가솔린, LPG와 가솔린 등의 조합이 실용화되어 있다. 구입이 쉬운 가솔린을 긴급수단으로 확보해 놓고, 통상적으로는 CNG 또는 LPG로 달리는 자동차이다. 이것은 말하자면 하이브리드(혼합/잡종의 의미)이다.

한편 듀얼 퓨얼이라는 방식도 있다. 2종의 에너지를 일정한 비율로 섞어서 사용하는 방법이다. 지금 이 듀얼 퓨얼이 주목받고 있다. 천연가스는 오토사이클과의 궁합이 좋아서 승용차에서는 가솔린차를 CNG자동차로 개조하지만, 대형 상용차용으로는 오토사이클 엔진 자체가 없다. 일정 배기량 이상은 대부분이 디젤 사이클(압축착화)이다. 그래서 천연가스를 섞은 혼합기에 「불씨」로서 경유를 실린더 내에 분사하는 수단이 고안되었다. 이미 실증실험이 이루어지고 있고 실용화 직전이다.

듀얼 퓨얼 또한 하이브리드이다. 그리고 장거리를 달리는 대형 상용차이기 때문에 천연가스는 압축한 CNG가 아니라 액화해 체적효율을 높인 LNG(liquefied natural gas)가 이용된다. CNG를 이용하는 디젤이라면 기체와 액체 하이브리드, LNG를 이용한다면 액체 2종의 하이브리드가 된다. 또한 LPG와 디젤을 이용하는 하이브리드도 연구 중이어서, 일본에서는 2t급 트럭에서 실증실험이 이루어지고 있다. 장래에는 대형 트럭에 대한 이용도 시야에 들어와 있다.

왜 하이브리드일까. 그 이유는 전기와 가솔린을 사용하는 「프리우스」등과 마찬가지이다. HEV에서는 내연기관의 부족한 부분을 전동모터가 보조함으로서 최종적인 에너지 효율을 높인다. 바이 퓨얼차에서는 되도록 배출이 적은 에너지를 메인으로 삼고, 인프라 측면의 약점을 기존연료가 보완함으로서 운전자의 불안을 해소한다. 듀얼 퓨얼차에서는 CO_2배출이 적은 연료가 갖는 연소측면의 약점을 기존 형태의 연료로 보완한다. 어떤 경우든 상호 보완 파트너를 갖는다는 것이다. 향후 「하이브리드차」는 기존 전동모터와 가솔린엔진의 조합 외에 다른 종류가 등장하게 된다.

그렇다면 예를 들어 압축수소(기체)와 CNG 같은 기체끼리의 하이브리드는 어떨까? 연료전지에서의 발전(發電)을 감안하면, 천연가스 중의 수소도 개질(改質)에 따라 사용할 수는 있다. 어떤 식이든 조합에 관한 방안은 많아지는 것이다.

액체&기체를 사용하는 바이 퓨얼차(2종류의 연료를 구분해 사용하는 자동차=이하 Bi-fuel Vehicle, BfV)는 과거에 몇 번 시승한 적이 있다. 처음 시승한 것은 LPG와 가솔린을 사용했던 볼노S80 BfV이었다. 다음으로 시승한 것은 가솔린과 CNG를 사용하는 사브9000, 그 다음은 푸조의 상용차였다. 당연히 일본사양에는 BfV 설정이 없었기 때문에 어떤 취재가 있을 때 현지와 연락을 취해 희망차량을 수배함으로서, 취재차원의 이동수단으로 시승차를 빌렸다.

파리 시내의 작은 호텔로 볼보프랑스가 S80 바이 퓨얼을 보내주었다. 3대밖에 못 대는 주차구역을 호텔의 양해 하에 한 곳을 점유하게 되었는데, 혼자서만 나가는 취재라면 싸고 편한 호텔을 인터넷으로 고르지만, 현관

지도 모른다. 기분 탓일까? 어쨌든 연료가격 차이를 감안하면 LPG로 이 정도로 달릴 수 있다는 것은 고마운 일이라고 생각했다. 엔진 브레이크 감촉도 똑같다. 합류와 분리가 반복되는 파리의 수도고속도로를, 볼보 BfV는 저녁 무렵의 러시아워도 아랑곳 하지 않고 달렸다.

좀 더 거리를 늘려 교외로 나간 다음, 휴게소에서 LPG를 충전한다. 아무 주유소에나 CNG 설비가 있는 것은 아니지만, 찾는데 고생할 정도는 아니었다. 가스를 넣은 다음 아주 좋아하는 프리미엄 탄산수 바두아(BADOIT)를 많이 사들고 호텔로 돌아왔다. 불과 며칠이었지만 일상 속에서 BfV를 사용해 본 체험은 전혀 불편함이 없다는 것이었다. 최상급 모델에 BfV가 설정되어 있다는 점은 흥미로웠는데, 볼보는 각 나라의 연료사정에 맞춘 멀

스러움 없이 이동에 사용할 수 있었다. 현지 미디어의 편집장에게 부탁해 차량을 빌리면서 LA에서 샌디에이고 주변까지 CNG를 충전할 수 있는 충전소까지 확인하고는, 시외의 도로변에 있는 모텔을 거점으로 취재할 때의 이동수단으로 CNG자동차를 사용했다. 가스 충전이 가솔린처럼 「어디서든 OK」는 아니었지만, 공급이 가능한 주유소 옆에 있는 모텔을 골랐기 때문에, 집 주변에 CNG 스테이션이 있는 것 같은 느낌이었다. 가스차 시빅의 주행성능도 뭔가 참는다는 느낌이 아니라, 그냥 평범한 자동차였다. 연료비나 공적인 보조금 같은 인센티브가 추가로 더해진다면 다소의 불편함은 감수할 수 있다.

CNG는 연료로서의 자질도 뛰어나다. 같은 배기량 엔진과 CO2배출을 비교하면 가솔린의 약 반 밖에 안 된다.

CNG=Compressed Natural Gas Engine

도쿄가스 × HKS

[의외의 콤비가 가스자동차를 개척하다]

HKS라고 했을 때, 가장 먼저 「레이스 세계」를 떠올린다. 그런 HKS를 개발 파트너로 선택한 곳은 거대 인프라 기업인 도쿄 가스였다.
양사가 진행한 CNG프로젝트는 이미 많은 실적을 남기고 있다.

본문&사진 : 마키노 시게오

앞에 주차공간이 있는 싼 호텔을 시내에서 찾기는 힘들기 때문에 「앗~, 여기다!」하고, 사진을 보고 바로 결정한 호텔이었다. 내가 탈 차를 볼보프랑스가 보내줄 것이라고 호텔 측에 전달했더니, 약간 특이한 VIP로 오해했던지 이것저것 편의를 봐 주었다. S80은 볼보의 플래그 십으로서, 오리지널 가죽 내장에 2004년 당시의 유럽사양에서는 아직 드물었던 팝 업식 순정 카 내비게이션까지 장착한 사양을, 내가 도착하기 전날에 호텔 측에서 받아 주었다.

세느 강변을 따라 난 지하도로를 먼저 가솔린으로 달리고 나서, 스위치를 눌러 LPG로 전환한 해 순환도로까지 나온 뒤에는 가솔린과 LPG를 교대로 실험해 보았다. 어쩌면 LPG 쪽이 과도영역에서의 응답성이 약간 좋은

티 퓨얼의 방법을 거의 모든 모델에 적용했던 것이다. 그런 사실도 처음 알았다.

CNG와 가솔린을 사용하는 사브 BfV도 비슷한 인상이었다. 이것도 주행 중에 스위치 하나로 연료를 전환할 수 있다. CNG를 다 사용하기 전에 자동적으로 가솔린으로 바뀌어 「PETROL」램프가 점등하는데, 언제 가솔린으로 주행했는지 전혀 모른다. 연료를 주고 받는 것이 부드럽다. 전환할 때는 실린더 마다 점화순서대로 다른 연료가 연소실 안으로 들어갔겠지만, 최종적으로는 람다센서 수치가 맞도록 제어되었을 것이다. CNG 100%라면 이론공연비는 17.2이다. 가솔린은 14.7인데, 이 차이를 잘 제어하고 있다.

미국에서 타보았던 혼다 시빅 CNG도 아무런 부자연

하지만 개인적으로는 「지구환경을 위해 나는 이런 연료를 선택했다」는 감정보다, 다른 사람과는 다른 급유노즐 앞에 자동차를 세우는 행위에 오너의 만족감이 있는 것이 아닌가 하는 생각도 들었다. 내 앞에 사람이 있더라도 전기의 급속충전처럼 30분이나 기다리지 않아도 된다. 기껏해야 5분이다.

「아하, 당신도 CNG군요. 일본인?」

가스를 충전하는 도중에 같은 CNG 유저끼리 대화가 이어진다. 「가득 채우려면 어떻게 하면 되죠」라든가 「물 쓰듯이 가솔린을 사용하는 사람들한테는 세금을 더 거둬야 한다」등등, 우연히 같은 연료를 사용하고만 있을 뿐인데, 헤어질 때는 「See you friend!」사이가 된다. 97년 말에 1세대 프리우스를 탔을 때, 주유소에서 다른 프리우

스 유저와 만났을 때도 이런 느낌이었다는 생각이 든다. 결국 가스 자동차는 아직 「특수한 자동차」인 것이다.

그러고 보면 초소형차 「스마트」가 발매되었을 때, 프랑크푸르트시 공원에서는 출입구에서 가장 가까운 곳에 「For Smart Parking Only」라는 문자와 그림이 그려진 주차구역이 있었던 기억이 떠올랐다. 스마트 이외 다른 차는 선을 넘게 된다. 지면에 그려진 스마트의 투영도 위로 딱하고 주차하는 것이 오너의 재미라고 들었다. 아직도 숫자가 적은 CNG자동차의 오너도 그와 똑같을지 모른다.

그리고 올 3월, 도쿄가스 소유의 VW(폭스바겐) 파사트 CNG를 탈 기회가 있었다. 가솔린과의 BfV이다. 가솔린 트윈차저 사양을 베이스로 메이커에서 BfV로 만들어져, 일본에서 달릴 수 있도록 일본 기준에 맞춰 개조한

「유로사양 탱크입니다. 일본에서는 허가가 안 나서 사용할 수는 없습니다」

그렇다. 일본은 CNG이든 LPG이든 완전히 국내규격의 탱크밖에 사용할 수 없다. 일본은 국제연합유럽경제위원회(ECE)의 98년 협정을 비준한 나라이기 때문에, 원래는 EU기준의 탱크를 받아들이지 않으면 안 되지만, 완강하게 「용기는 별도」라고 주장하고 있다. 차량탑재 탱크는 도로운송차량의 보안기준(국토교통성 령)이 아니라 고압가스보안법의 규제를 받는다. 유럽의 R110기준 탱크는 20년간 무검사이지만, 일본의 탱크는 2년에 한 번 육안검사를 받도록 되어 있다. 차량탑재 LPG 탱크는 6년마다 검사를 받아야 하는데, 이 검사가 꽤나 번거로워 택시는 6년이 됐을 때 교체하고 있다.

20MPa로 가스를 충전하는데, 탱크 내에 잔량이 있을 경우는 반드시 압이 20까지 올라가는 것은 아니다. 탱크 내 온도가 올랐을 때도 마찬가지이다.

가솔린 급유구 옆에 있는 주입 가스구에 호스를 끼워넣는다. 주입 3분 만에 가득 차서 공급기 표시를 보았더니 압력이 18.3MPa를 나타내고 있었다. 공급가스량은 24m^{3}이었다. 공급 측이 25MPa 정도면 더 들어갈 것이다.

「이런 CNG자동차가 몇 대 계속 충전하면, 리저브압력을 다 사용하는건 아닌가요?」하고 물어본다.

「리저브하고 있는 분량을 다 사용하면, 분명히 자동차에 넣기는 어려워집니다」

한 번 더 물어본다.

「전에 CNG자동차를 빌려서 여행했을 때, 그 차가 자

도쿄가스 NGV사업부와 HKS가 도요타 「SAI」를 천연가스 HEV로 만들었다. 아래 사진은 엔진룸 안에 설치된 가스 레귤레이터. 탱크에서 고압가스를 받아 저압화해서 각 실린더로 공급한다. 그 끝에 필터가 있고, 딜리버리 어셈블리를 거쳐 엔진의 각 실린더로 인젝터를 통해 가스가 공급된다. 보닛 후드에 쓰여 있듯이 CO₂배출량은 60%나 더 감소된다(JC08모드). 사진에서 보듯이 번호판도 취득했다.

자동차이다. 유럽에서는 일상적으로 VW의 카탈로그 모델로 BfV가 판매되고 있다.

「자동차를 들여다보시기 바랍니다」

도쿄가스 직원이 자동차 밑으로 큰 거울을 넣어주었다. 트렁크 룸 바닥 아래로 2개의 검은 CFRP(탄소섬유강화수지) 탱크가 보인다. 타입4로 불리는 가스압 25MPa 대응의 경량 탱크로서, 중량은 개당 24.5kg. 강철 탱크의 3분의 1 이하이다. 도요타합성 제품으로, 일본국내의 용기규격을 충족하고 있다.

「이쪽은 다른 겁니다만…」

거울을 휠베이스 안으로 이동시키니 후부 뒷좌석 바닥 아래로는 파란 탱크가 있었다. 강철의 타입 2라 불리는 저가 타입이다.

고속도로를 CNG로 주행해 보았는데, 과급과 천연가스의 궁합이 혀를 내두를 만큼 잘 맞는다. 무과급 CNG자동차보다 역시 가속 페달 조작에 따라 토크가 잘 따라온다. 과급 다운사이징과 같은 자동차의 진화가 그대로 CNG엔진에도 옮겨온 인상이다. 가스를 다 사용하더라도, 원래부터 BfV 사양이기 때문에 31ℓ 짜리 가솔린탱크가 있다. 멈춰 선채 오도가도 못할 염려 없이 어든디 달려갈 수 있다는 점이 정신적 상쾌함을 가져다준다.

「아, 가스를 충전해 줄까요」

가스연료의 주행가능 거리표시를 보고, 도쿄가스 직원이 말한다. 고속도로를 내려온 뒤에 목적지인 HKS까지 가는 길 중간에 있는 CNG충전소로 향했다. 마침 가스충전 모습을 꼭 봐야겠다고 생각하던 때이다. CNG탱크에

기네 계약차가 아니라는 이유로 충전을 거부당한 적이 있었거든요」

「지금은 그런 점이 상당히 개선되었습니다. 머, 말씀하신 것처럼 충전소에 따라서는 있겠지만요…」

다시 거의 가득 채워진 파사트로 긴 경사길을 달린다. 저회전 속도 고부하에서도 기어가 내려가는 상황은 벌어지지 않는다. 그렇다고 지긋하게 운전하는 것도 아니다.

「도요타 SAI의 CNG사양이나 프로박스의 바이 퓨얼도 HKS에서 만든 자동차입니다. 정말로 잘 달리죠」

왜 HKS가 CNG에 손을 댔을까?

조금 생각에 잠겼던 나는 옛날 일을 떠올렸다. 모터스포츠를 위한 엔지니어링회사였던 HKS는 80년대 전반에 일본차를 대상으로 애프터마켓용 볼트 온 터보로 무

장시키기 위해 운수성(당시)으로부터 애프터마켓용 터보의 정식적인 인가를 받으려고 분주했었다. HKS의 하세가와 히로유키 사장(2016년 사망)의 집념으로 분명 1대만 개조인가를 받은 기억이 있다. 내가 운수성 기자클럽에 속해 있던 신문기자 시절 때의 일이다. 그런데 그 인가취득에 든 수고와 비용이 당시 하세가와 사장한테 들은 바에 의하면 터무니없이 비쌌는데, 아마도 이 때 배기가스 시험이나 제출서류작성 등에 관한 노하우를 배웠을 것이라 생각된다.

애프트 마켓용 터보라는 것은 기술적 호기심을 불러일으키기에 충분하다. 엔진의 특성을 살피면서 과급을 제어하고, 그 엔진의 능력을 한계까지 끌어낸다. 마찬가지로 HKS에게 있어서는 가솔린 이외의 연료로 엔진을 작동시

가스 연소를 하고 다음 4번 실린더가 가솔린으로 전환했다 하더라도, 조금 전까지 배기를 하고 있었기 때문에 실린더 안에 가솔린이 타고 남은 가스가 없을 리가 없다.

「확실히 말씀하신대로입니다. 흡기밸브와 배기밸브의 오버랩이 있기 때문에 완전히 없어진 것은 아니죠. 양쪽 연료가 섞여 있어도 최종적으로 전체적으로 보았을 때 (람다)=1, 즉 이론공연비만 되면 상관이 없습니다」

그렇다는 말은 원래 달려 있던 엔진의 ECU를 손보았다는 뜻이다.

「그렇습니다. 우리들이 BfV화하면서 추가하는 ECU는 어디까지나 서브 ECU입니다. 원래 ECU는 가솔린 쪽만 제어하지만, 천연가스와 가솔린이 어떻게 섞여 있는가는 연소가스 속의 산소(O_2)로 감시할 수 있습니다. 연

BfV의 엔진 룸을 살펴본다. 부품이 가지런히 장착되어 있어서, 의식하지 않으면 개조차라는 생각이 들지 않을 정도이다.

「차종별로 개조키트를 설정하고 있습니다. 엔진 주변에는 가스용 인젝터, 레귤레이터, 필터를 애프터 장착합니다. 그리고 탱크가 있는데요, 브래킷이나 커버, 고정용 비스, 저압호스, 그와 관련된 클립 등, 차종별로 최적화해 놓고 있습니다」

그렇군. 그래서 엔진룸 안이 깨끗하게 보였던 거였다. 그럼 가격은?

「개조키트와 개조비용을 합쳐 대당 600~1,000만 원 정도합니다. 프로박스용은 수량이 있어서 싸게 공급하고 있습니다」

VW 파사트 BfV의 콕핏. 속도계와 엔진회전속도계 사이의 디스플레이에 CNG로 주행이 가능한 거리가 표시된다. 가스잔량이 제로가 되기 직전에 자동적으로 가솔린으로 전환된다. 약간의 경사로에서 가속페달 일정. 기어를 하향변속하지 않고 시속 60마일(96km/h)을 유지하는 것도 매우 간단했다.

CNG 탱크는 일본의 기준에 맞는 제품으로, 33ℓ 짜리가 2개, 트렁크 룸 바닥 아래에 장착되어 있다. 거의 시작품에 가깝기 때문에 「가격은 아직 맞지 않는 제품」이라고 한다. 가스이용에서 실적이 있는 유럽제품 탱크를 왜 사용하지 못하는지 의문이다. 불필요한 비용을 왜 내야 할까.

CNG 충전소에서 충전하는 모습. 가솔린에 비하면 꽤나 노즐이 가느다랗지만 20MPa나 되는 고압을 통해 탱크에 가스를 충전한다. 가스충전 시간은 약 3분. 다만 가스충전 장치를 취급하려면 자격이 필요하다.

키는 것도 기술적 호기심의 대상이었을 것이다. HKS와 가스와의 협업은 02년에 승용차 LPG믹서(가솔린차로 치면 기화기에 해당)에 관한 기초실험을 위탁받은 것에서 시작된다. 배기가스규제가 심해진 디젤상용차용 엔진을 천연가스화하는 프로젝트에 이스즈자동차 등과 손을 잡고, 여기서 얻은 노하우를 기초로 06년부터 가솔린/CNG 바이 퓨얼 시스템 개발에 나섰다. 현재는 대형상용차 메이커 납품 CNG엔진 조립까지 손대기에 이르렀다.

HKS제 CNG개조 키트를 장착해 BfV화된 자동차를 시승했다. 다이하쓰의 경상용차 「프로박스」인 BfV인데, 이것도 VW 파사트 BfV와 똑같이 잘 달린다. 연료가 전환되었을 때의 충격도 느껴지지 않는다. 어떻게 제어하고 있을까. 공연비가 다른 연료로, 게다가 1번 실린더가

료를 전환할 때는 메인ECU의 가솔린제어를 서브ECU로 제어하는데요, 신호를 속이는 겁니다. 이와 관련된 부분은 애프터마켓 제품의 노하우라 할 수 있습니다」

HKS 엔지니어가 한 말이다. 이해가 간다. 그럼 전환할 때 충격이 나지 않도록 하는 제어라는 것은 CNG의 분사방법인 셈일 것이다.

「상세하게는 말씀드릴 수 없지만(웃음), 개발 당시는 느낌이 전달됐습니다. 메인 ECU는 O_2센서로부터의 데이터를 통해 『공기비(λ)는 맞다』고 판단하기 때문에, 변속기와의 협조제어도 그대로 유용할 수 있습니다. 이 부분을 완전히 CNG 쪽 ECU로 넘긴다고 한다면 CAN 통신이 필요합니다. 그렇게까지 하지 않아도 되게 『신소 조작』을 사용하는 것이죠」

토크는 어느 정도 떨어집니까?

「이론 상 15~20%입니다. 지금 이 부분을 원심식이나 흡기와 밸브타이밍을 변경해 제로로 맞추려고 생각 중입니다」

맞다. 그런 것이 HKS의 노하우가 아닐까 싶다. 무엇보다 베이스가 과급기가 장착된 엔진이라면 하기가 쉬울 것이다. VW 파사트도 과급 덕분에 매칭이 잘 되고 있을 것이다.

「CNG전용 엔진설계도 생각하고 있습니다. 지금 대형 상용차용 엔진을 개조하는 일에 협업하고 있는데, 모두 디젤입니다. 원래 CNG는 오토사이클과의 궁합이 잘 맞는데, 디젤밖에 베이스 엔진이 없다는 것이 문제입니다. 게다가 디젤용 VG(가변 지오메트리) 터보는 CNG의 배기가스온도에 견디질 못하기 때문에 당사에서는 우치 터보로 교환합니다. 피스톤도 디젤의 오목형(reentrant)이

아닌 것을 사용해 보려고 합니다. 생각하고 있는 것은 텀블류를 사용하고 헤드 쪽을 펜트 루프로 하는 것입니다」

아하, 그 방법은 괜찮네! 이론공연비나 압축비, 실린더 내 유동 모두 CNG에 최적으로 맞게 설계할 수 있다. 그러고 보니 CNG전용설계 엔진이 궁금했다.

「아직 없습니다」

만들고 싶기는 하겠군요?

「물론입니다(웃음)」

그럴 때 플러그는 어떻게 합니까? 디젤엔진을 불꽃점화로 하게 되는 건데.

「커먼레일 장치 등, 」

「커먼레일 장치 등과 같은 경유계통을 떼어내고 플러그와 코일을 장착하죠. 실린더 내의 스월로 실화가 일어

나지 않도록 코일도 전용제품이고요. 사실은 지금 루테늄을 사용한 가느다란 플러그 개발을 의뢰해 놓은 상태입니다. 또한 다회수(多回數) 점화와 다점 점화를 실험 중입니다. 스월에서 실화하지 않을 뿐만 아니라, 공연비 26정도의 희박연소가 가능한 CNG엔진입니다. 피스톤을 개량해 텀블을 사용하면 더 희박하게 할 수 있을 것으로 생각합니다. EGR량도 늘릴 수 있고요」

괜찮네요, 그런 전향적인 자세. 여하튼 다양하게 해보려 하고, 물건을 만들어 실험해 보려는 자세야 말로 중요하다. 지금 일본의 자동차 메이커는 이런 점에 여유가 없다. 조금 난폭한 방법을 사용해도 줄곧 애프터 마켓을 상대하고 있는 HKS는 해내고 있다. CNG 전용엔진은 그 끝이 아니면 실현되지 않을 것이다. CNG를 위해 개발비

를 투자하려는 등의 자동차 메이커는 현재 일본에 없다.

「지붕형 실린더헤드, 전용플러그와 전용피스톤, CNG 최적의 밸브타이밍 등등, 지금도 CNG화로 열효율 42%를 달성하고 있기 때문에, 더 갈 수 있을 겁니다」

CNG의 불씨로 경유를 분사하는 듀얼 퓨얼 이야기로 넘어갔다. 열효율이 50%를 넘을 것이라고…. 자언스럽게 시승에 동행했던 하타무라박사가 끼어든다.

「유로6 규제 같은 경우는 저온시동 때의 배기가스가 어떻게 되느냐는 걱정은 있지만, 크지는 않습니다. 앞으로는 CNG인 것이죠」

그래서 HKS는 조금 재미있는 것을 생각하고 있다.

「R32 GT-R을 BfV로 만들어 보고 싶습니다. 가속페달을 완전히 밟고 달려도 10km/ℓ인 R32인 것이죠(웃음). 응답성과 토크를 희생시키지 않고 연료를 바꿔 효율을 높이는 겁니다. 당연히 밸브개폐시기도 가변이고요. 다점 점화와 냉각EGR을 넣어 보고 싶습니다. 지금 기술로 R32를 개조하면 어떻게 될까 말이죠!」

찬성이다. 거기에 가정용으로 신뢰성 높은 충전가스용 콤프레서를 만들어 주었으면 좋겠다. 예전에 혼다의 시빅 CNG 북미사양에 덤으로 딸려온 콤프레서는 작아서 좋았지만 신뢰성이 떨어졌다. HKS가 만들면 좀 더 좋게 할 수 있을 것이다.

「그렇습니다. 1m³/h 콤프레서가 있으면 한 번 충전소에서 가득 채운 다음에는 보충은 가정의 가스관에서 할수 있죠」

도쿄가스 직원이 말한다. 그렇다. EV나 CNG 모두 집에서 에너지를 보급할 수 있어서 좋다. 사회적 인프라로

서의 부담이 되지 않아도 되는 장점을 더 늘려야만 한다. 급속충전소를 전국에 만드는 등의 계획을 나는 동의하지 않는다. EV는 단거리 스프린터와 같기 때문에 전문 종목에만 참가하면 되는 것이다. 「장거리도 뛰어보지 않겠는가?」하고 던져보는 것은 지나치다.

「맞아요. 지금의 일본 상황에서 EV가 지구에 친화적이니 어떻다느니 말할 형편이 아니죠」

하타무라박사도 한 마디 거들어 주었다.

「가스업계로서는 어떻습니까. 가솔린 승용차를 BfV로 바꾸는 것보다 대형 디젤자동차를 CNG전용으로 만드는 쪽이 가스 매상 측면에서는 절대로 유리하겠죠?」

도쿄가스 직원에게 질문한다.

「그렇죠. 승용차에 10m³을 파는 것보다 대형차에 150m³을 파는 편이 좋죠(웃음). 경유부터 대체해도 CO_2저감효과가 20%나 됩니다」

나는 다른 것을 생각하고 있었다. 가솔린을 대체하는 것인데, 가솔린세 징수원인 재무성이 가만히 있지 않을 것이고, 그렇게 되면 CNG는 과세를 받을 것이다. 자동차의 에너지에는 항상 이런 이야기가 쫓아다닌다. 순수하게 연료의 잠재성이나 적재소라는 관점만으로는 논의가 안 되는 것이다.

CNG에는 큰 가능성이 있다. 천연가스 가격의 급등도 생각하기 어렵다. 에너지 안전보장이라는 의미에서도 자동차 에너지의 다양화는 절대로 진행되어야 할 것이라 생각하면서도, 내 머릿속에는 R32 GT-R의 BfV가 이미 기분 좋게 언덕길을 달리고 있었다.

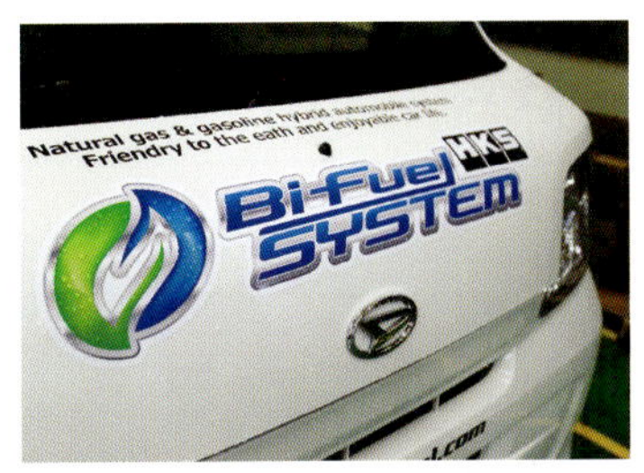

HKS의 BfV 개조 키트는 다이하쓰 하이제트에도 장착할 수 있다. 660cc에 괜찮을까 하고 걱정했지만, 시승해 보았더니 동력성능에 전혀 문제를 못 느꼈다. 매일 일정거리를 달린다면 연료비 차이로 개조 비용은 회수할 수 있다.

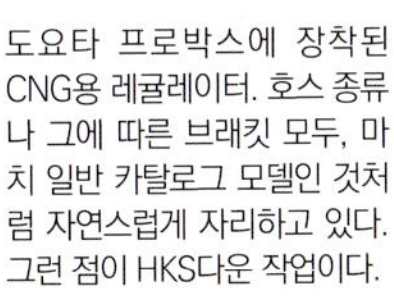

도요타 프로박스에 장착된 CNG용 레귤레이터. 호스 종류나 그에 따른 브래킷 모두, 마치 일반 카탈로그 모델인 것처럼 자연스럽게 자리하고 있다. 그런 점이 HKS다운 작업이다.

이것도 프로박스. 흡기 매니폴드마다 CNG인젝터가 장착되어 있다. 자동차 메이커용 OEM으로 닛산의 NV200이나 미쓰비시 미니캡 등의 BfV를 개조하고 있는 만큼, 거의 「순정」을 연상케 하는 마무리이다.

High-pressure Hydrogen Tank

수소를 "저장한다"는 것

[도요타 미라이를 통해 보는 수소저장 테크놀로지]

연료전지 자동차의 핵심인 수소. 기체를 얼마나 효율적으로 차량에 저장할 것인가.
대량판매가 아니라 일반 판매되는 자동차에 사용되는 방법도 다양하다.
그리고 무엇보다 가격을 낮추면서 고성능을 확보하기 위한 수단이 강구되고 있다.

본문&사진 : 세라 고타　　사진 : 도요타/BMW/MFi

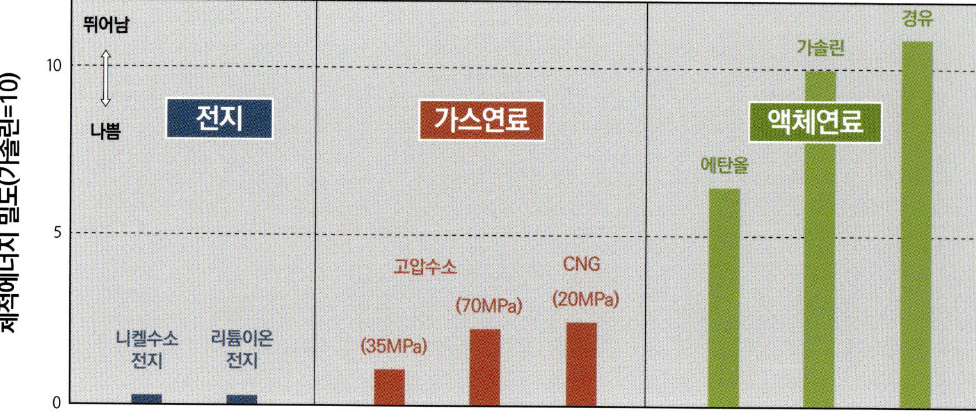

체적에너지의 밀도비교

모터구동으로 달리는 자동차의 에너지로 무엇이 어울리느냐는 관점에서 각종 에너지를 살펴보았을 경우, 「체적에너지 밀도」라는 척도로 비교해 보면 전지에 비해 가스연료가 뛰어나다는 것이 일목요연하다. 에너지밀도가 낮은 배터리 체적을 아무리 크게 해도 의미가 없다는 것을 표를 통해 알 수 있다. 전지 대 고압수소에서는 압도적인 차이로 수소가 뛰어나지만, 액체연료의 뛰어난 에너지 밀도에는 상대가 되지 않는다. 수소는 가솔린의 3배가 조금 안되는 중량에너지 밀도를 자랑하지만, 체적을 척도로 하는 순간에는 불리해진다. 아무리 고압으로 한다 하더라도 표를 보면 분명히 파악된다.

자료:도요타

옥외에 놔두지는 못하고 차량에 탑재해야 하기 때문에 수소탱크는 가벼워야 한다. 탱크가 크면 탑승객 공간을 침범할 수 있으므로 작아야 한다. 개발차량이라면 어떨지 모르지만, 양산모델에 탑재해야 하므로 싸게도 만들어야 한다. 도요타가 2014년 11월에 발표하고, 12월부터 시판을 시작한 세단형 연료전지 자동차 미라이의 수소탱크는 이런 요건들을 충족시킬 필요가 있었다.

수소를 "저장하는" 수단으로는 고압수소탱크 외에 수소흡장합금이 있다. SUV 크루거를 베이스로 만든 01년의 FCHV-3는 수소흡장합금을 사용했었다. 향후 상황을 감안해 사용했느냐면 그렇지도 않은 것이, 「일본에서는 고압수소가스가 인정받지 못할 것이라 생각했다」고, 96년부터 연료전지 자동차 프로젝트에 관여한 곤도 마사아키씨(도요타자동차 주식회사 기술개발본부 FC기술·개발부 수소저장설계실장)는 당시의 상황을 설명한다. 법규대응문제가 있었던 것이다.

천연가스 봄베에 담아 탑재한 다음, 개질기(改質機)로 수소를 만드는 방법도 검토했다고 한다. 고압수소탱크의 차량탑재가 법률로 인정받게 되면서, 금속에다가 무겁기까지 한 수소흡장합금을 사용할 필요가 없어졌다. 이것이 고압수소탱크가 표준이 되어 현재에 이른 이유이다. 20MPa(약 200기압)에서 시작한 사용압력은 35MPa로 높아졌다가, 미라이에서는 70MPa까지 올라간다. 한정된 용량에 저장량을 늘리기 위해서는 압력을 높이는 것이 빠른 길이다. 35MPa로는 충분한 항속거리를 확보할 수 없기 때문에 70MPa이 되었다. JC08 주행모드 패턴을 바탕으로 도요타가 측정한 주행거리는 약 650km이다.

최근까지 법규상 가스온도에 상관없이 70MPa을 초과하는 압력으로 충전할 수 없는 상황이었다. 빈 탱크에 충전하게 되는 조건에서는 온도상승 영향으로 압력이 높아져 정확하게 수소가 들어가지 않는다. 87.5MPa로 압력을 높이면 냉각 상태에서 70MPa이 되고, 이 경우의 항속거리는 약 700km가 된다. 국제연합유럽경제위원회 산하에 설치된 자동차기준조화세계포럼(WP29)에서 세계통일기준인 GTR(Global Technical Regulation)이 채택되어 경제산업성 인가가 떨어졌기 때문에 16년부터 순차갱신 예정인 신규격 수소충전소에서는 압력을 87.5MPa까지 높여 충전할 수 있게 된다. 용기는 이미 대응이 끝난 상태이다.

사용압력 설정에 대해서는 이견도 있었다. 35MPa을 70MPa로 높여도 밀도가 높아서 분자간 간격이 크게 줄어들지 않기 때문에 저장되는 양은 배가 되지 않는다. 압력과 저장되는 수소의 양이 정비례하는 것은 50~55MPa 부근으로, 35에서 70으로 높여도 저장되는 양은 1.6~1.7배 정도밖에 증가되지 않는다고 한다. 그래서 100MPa은 난센스인 셈이다. 하지만 압력과 양적인 효율을 중시해 50MPa짜리 탱크를 만들면 탱크가 커지면서 실내공간이 줄어들게 된다. 최선의 타협이 70MPa였다는 것이다.

알루미늄 등과 같은 금속재료가 아니라 탄소섬유(도레이 제품)를 사용한 것은 경량화 때문이다. 그냥 단순하게 재료를 바꾼 것뿐만 아니라 감는 방법을 개선해 얇아도 강도를 확보할 수 있는 식으로 해서 가볍게 만들었다.

도요타 미라이(연료전지 자동차)의 주요 부품 구성

도요타 미라이는 전기자동차가 탑재하는 배터리를 고압수소탱크로 바꾼 자동차라고 이해할 수도 있다. 배터리로 가솔린차와 동등한 항속거리를 확보하려면 바닥 전체 면에 쫙 까는 수밖에 없지만, 수소탱크라면 실내공간이나 짐칸을 줄이지 않고도 패키징할 수 있다. 탱크 양 옆에 있는 검은 원형테두리는 충격흡수효과(제조공정에서의 낙하를 감안)와 단열·차염(遮炎)효과를 겨냥한 보호 장비이다. 탱크는 바닥아래에 설치된다. 수소를 객실과 분리시켜 놓겠다는 설계.

고압수소탱크의 구조

대형 탱크 1개만 사용하고 싶지만 실내공간이 크게 침해 받게 된다. 2개를 장착한다면 같은 사양으로 했으면 좋겠지만, 뒤쪽이 타이어와 간섭하게 된다. 그 때문에 뒤쪽은 좌우길이를 줄이고 두껍게 했다. 수소를 넣고 뺄 때는 앞뒤 탱크를 병렬로 사용함으로서 똑같이 압력을 올리고 내린다.

공칭사용압력	70MPa(약 700기압)
탱크저장성능	5.7wt%
탱크 내용적	122.4 ℓ (앞 60.0 ℓ, 뒤 62.4 ℓ)
수소 저장량	약 5.0kg

탄소섬유강화 플라스틱층

수소탱크는 3층으로 구성. 가장 안쪽 층은 플라스틱. 빈 탱크일 때와 가득 찼을 때는 압력 차이로 인해 직경에서 3mm, 길이에서 3mm가 변화한다고 한다. 이런 신축에 견디기 위해서는 (알루미늄보다) 플라스틱이 적합하다.

형식1~4

탱크는 구조에 따라 형식1부터 4로 분류된다. 형식1은 금속으로만 만들어진 형식. 형식2는 통에 유리섬유와 탄소섬유를 감아 형식1을 강화한 형식. 형식3은 금속용기를 랩으로 전체를 강화. 형식4는 플라스틱 용기를 풀 랩으로 보강한 형식. 사진은 형식1이다. 미라이의 탱크는 형식4.

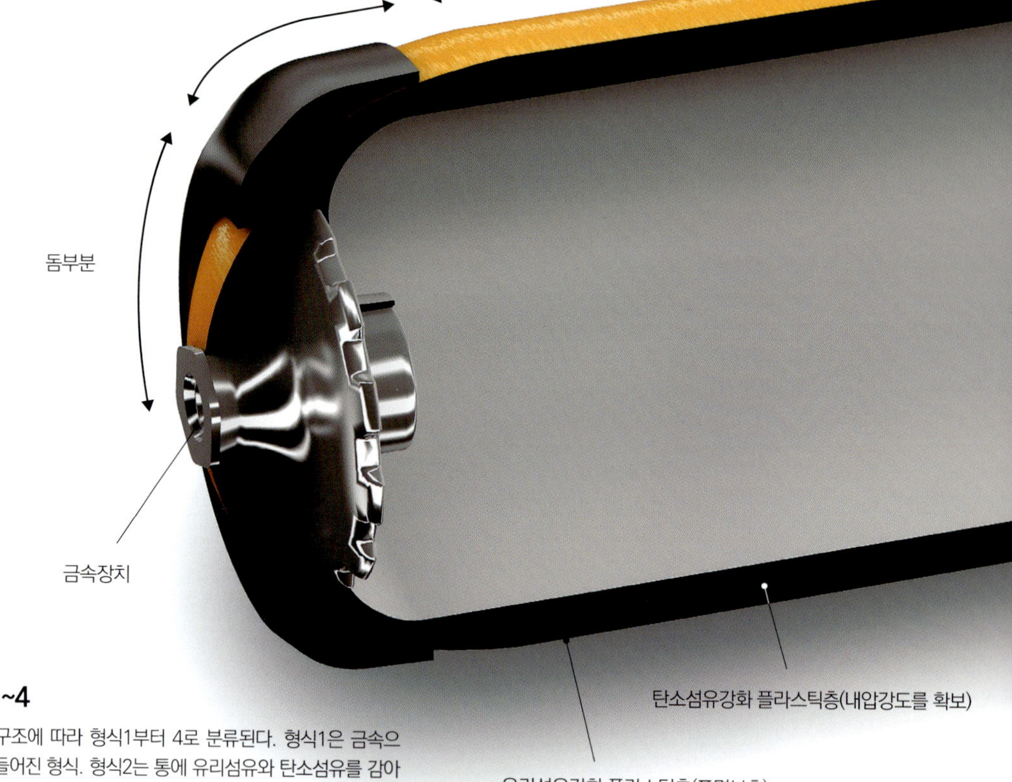

대각선 방향으로 실을 감을 때, 기계만 움직이면 만드는 데 시간이 걸리기 때문에 탱크를 좌우로 움직이는 등으로 개선했다. 인장강도적으로는 「항공기 사용등급에 가까운 수준」이라고 한다.

자사에서 탱크를 제조하는 것은 기술을 확보하는 것일 뿐만 아니라 재료에 대한 이해를 높이려는 목적도 있다. 비용구성에서 가장 비싼 것은 탄소섬유인데, 그 비용을 낮게 억제하도록, 아니 싸게 할 수 있도록 오랫동안에 걸쳐 안정적으로 구입할 약속을 했다. 속은 같더라도 가격은 적당한, 자가 상표(PB)와 똑같은 이론이다.

법률적으로 탱크 내부의 가스온도는 85℃를 넘어서는 안 되도록 되어 있다. 충전시간을 단축하기 위해서는 높은 압력으로 단숨에 충전하고 싶지만, 급격하게 압력을 높이면 온도가 올라간다. 그래서 –40℃로 수소를 냉각시킨 상태에서 충전하기로 했다. 이때 빈 탱크를 가득 채우는, 온도적으로 가장 혹독한 조건에서 충전해도 80℃까지 밖에 안 된다. 한편 한 겨울의 아우토반에서 풀 탱크가 다 빌 때까지 한 번에 계속 달렸을 경우, 가스가 소비될 때 에너지를 뺏어 가기 때문에 (스프레이 캔이 냉각되는 원리와 동일) –60℃정도까지 냉각된다. 즉, 수소탱크는 실 등의 내저온화(耐低溫化) 대책을 포함해 140℃의 진폭을 허용할 수 있도록 설계하고 있다.

충격흡수 패드

탱크 양쪽의 프로텍터는 충격흡수효과가 있는 우레탄 상에 단열효과와 차염효과가 있는 우레탄+팽창흑연을 배치한 구조. 열을 받으면 팽창하여 탱크를 불로부터 보호하는 역할을 한다. 부피를 늘리지 않고 내화성능을 확보했다.

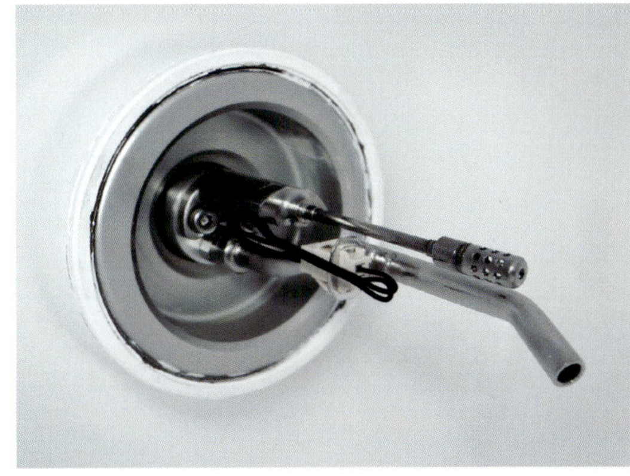

온도센서

수소를 충전할 때는 급격하게 온도가 상승한다. 밀도는 온도에 의해 변하기 때문에, 정확하게 계측한 다음, 적외선 통신을 이용하여 충전 노즐 쪽(수소충전소 쪽)과 통신을 함으로서 풀 탱크에 대한 정확도를 높이고 있다. 수소가 유입, 유출되는 입구가 비스듬한 것은 고르게 확산시키기 위해서이다.

밸브

플라스틱 라이너(수소를 밀봉)

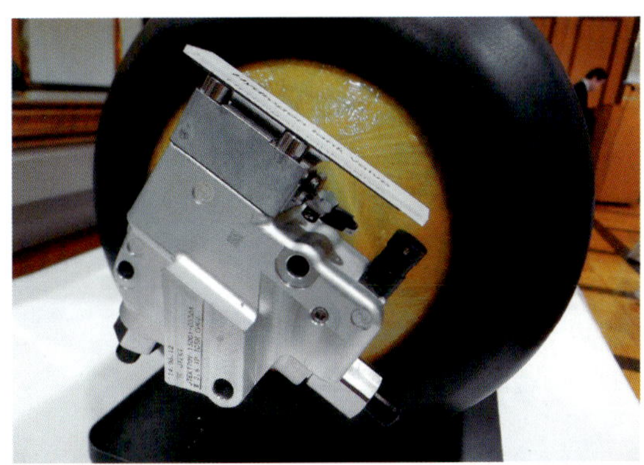

밸브

제이텍트 제품. 역류방지 밸브가 달려 있어서 일단 압력이 올라가면 밖으로 누설되지 않는 구조. 수소를 연료전지 스택에 공급할 때는 솔레노이드 밸브를 개폐. 감압밸브로 10기압으로 감압한다. 2개의 탱크에 설치되어 있는 밸브는 동시에 열린다.

충전가능기한

현행법규에서는 제조일로부터 15년 경과 후에 탱크를 폐기(교환)하도록 되어 있다. 유럽은 20년. 미국에는 법규가 없이 자유기준. 미라이의 탱크는 유럽향 시험을 통과하는 설계이다.

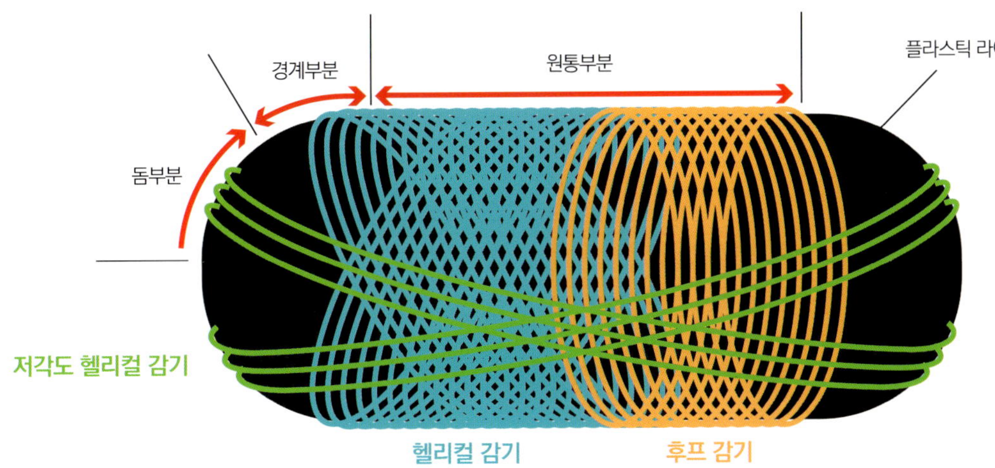

적층 패턴

경계부분의 보강에 필요한 고각도(高角度) 헬리컬 감기는 필연적으로 동체부분에도 감기게 된다. 응력이 떨어져 동체에서는 유효하지 않기 때문에, 경계부분에도 후프 말기를 적층할 수 있는 방법을 개발(즉, 고각도 헬리컬 감기를 폐지). 이 신기술을 통해 탄소섬유 사용량을 20% 줄였다.

이제 **가솔린**은 **필요없을까?**   >>> 새로운 에너지에 대한 대처   실제 예 : **3**

Hydrogen Supply and Refueling

수소를 "공급한다"는 것

[JX닛코닛세키 에너지를 통해 보는 수소공급 테크놀로지]

연료전지 자동차의 보급에 맞춰 수소충전소가 증가해 나갈 것인가.

그렇지 않으면 수소충전소의 보급에 맞춰 연료전지 자동차가 증가할 것인가.

「연료전지 자동차의 보급을 촉진하기」위한 수소충전소 구축에 대해 현장을 둘러보았다.

본문&사진 : 세라 고타   사진 : 도요타/BMW/MFi

수소충전소

JX닛코닛세키 에너지는 수소를 효율적으로 공급할 목적으로 「에네오스(ENEOS) 수소 서플라이&서비스」를 14년 10월에 설립. 수소제조 출하센터를 요코하마시 중구에 두고, 거기서 수소를 만들어 트레일러에 담아 운반한다. 운영은 지금부터이다. 사진은 단독형 에네오스 요코하마아사히 수소충전소. 충전노즐 장착방법은 전기자동차의 급속충전 노즐과 비슷한 면이 있지만, 현행법에서는 셀프 충전은 아직 안 된다. 20년까지 셀프로 충전할 수 있도록 검토가 진행 중이다.

업계	제조능력	여분
석유	189	47
석유화학	31	10
소다	12	6
암모니아	41	6
철강	86	12
합계	363	184

단위 : 억Nm³/년 출전 : JPEC *Nm³:Normal m³

정유소에서 발생하는 여분의 수소를 이용

정유소의 석유제품 제조과정에서 발생하게 되는 수소를 적절하게 활용한다는 것이 JX닛코닛세키에너지의 수소공급에 대한 입장이다. 발생되는 수소, 즉 여분이 47억Nm³으로, 연료전지 자동차 500만대 분량이라고 한다. 수소는 철강 생산현장에서도 발생하지만, 안정적 공급과 품질(99.7%의 고순도일 필요가 있다)확보가 과제.

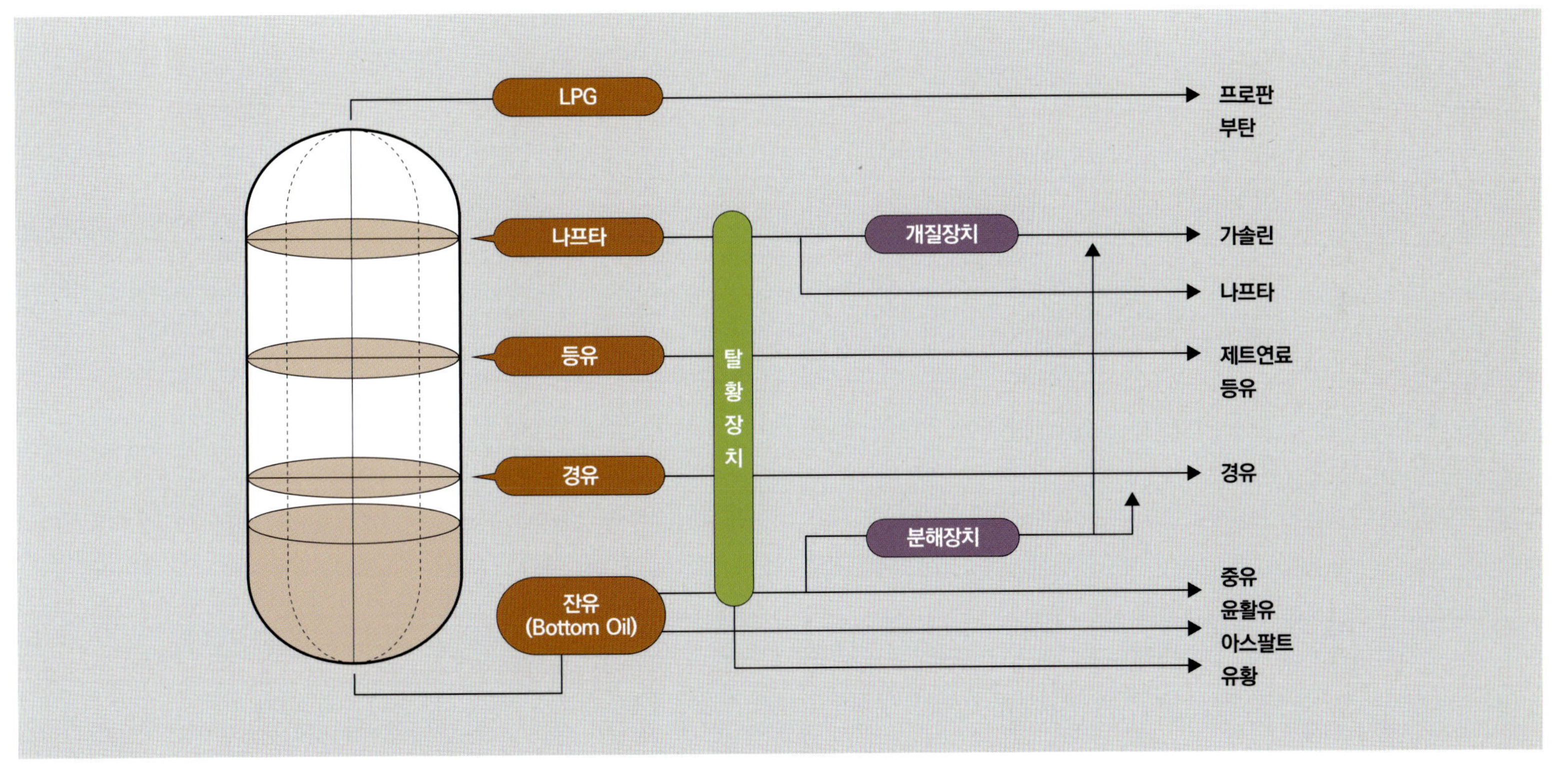

정유소에서의 수소 이용 | 원유를 증류장치(Topper Unit)에 넣어 비점이 낮은 유분(留分)부터 LPG, 나프타, 등유, 경유 등을 추출한다. 나프타와 등유, 경유는 유황성분을 최대한 줄이기 위해 수소를 반응시킨다. 이것이 수소화탈황장치이다. 이 장치에서 이용하는 수소는 수소제조장치로 만드는데, 여기서 여분이 발생한다. 개질장치에서도 수소 부산물이 발생한다.

JX닛코닛세키를 예로 들어, 석유 메이커가 수소충전소 네트워크를 구축한 다음, 그곳에 수소를 공급하는 경우를 살펴보겠다. 일본의 1차 에너지와 소비에너지 대부분을 석유가 차지하고, 여러 가지 문제를 안고 있다는 것은 닛코닛세키도 자각하고 있다. 석유로부터 어떤 에너지를 추출하여 어떻게 공급할 것인지에 대한, 회답 중 하나로 수소를 올려놓고 있다. 중요한 과제로는 도요타 미라이의 에너지를 어떻게 공급할 것인가에 대한 점이다.

정유소에는 수소 공급능력이 있다. 그것도 그 규모가 상당히 크다는 점이 석유회사가 수소를 취급하는 배경이다. 평상시에 수소를 생산하고 있다. 원유는 다량(몇 %, 100분의 1 이상)의 유황성분을 포함하고 있는데, 유황성분은 대기오염을 일으키는 원인이 되기 때문에 줄이지 않으면 안 된다. 다시 말하면 유황을 완전히 제거해야 하기 때문에, 유황성분 함유량을 10ppm 이하, 즉 10만분의 1이하로 줄일 필요가 있다.

그때 수소가 필요하다. 원유에서 가솔린의 원료가 되는 나프타나 등유, 경유 등과 같은 제품을 추출할 때는 먼저 증류를 한다. 이것만 해서는 유황성분이 남기 때문에 수소화탈황장치 안에서 수소와 반응시켜 유황을 제거한다. 등유나 경유는 겨울철에 수요가 많기 때문에 겨울에 많은 수소가 필요하게 되는데, 이것은 반대로 여름철에는 수소 공급능력에 여력이 생긴다는 의미로서, 이것을 수소충전소에 공급하게 된다.

수소화탈황장치에서 이용하는 수소는 일부러 만든 수소이지만, 예를 들면 나프타를 촉매로 반응시켜 벤젠, 톨루엔 등과 같은 석유화학원료를 만들거나, 가솔린 옥탄가를 높이는 유분을 취할 때 개질장치를 통과시키면 수소가 부산물로 생성된다. 일부러 만들지 않아도 생성되는 이런 수소도 「여분」이 된다.

JX닛코닛세키에너지에는 이런 여분의 수소가 연간 47억Nm³(노멀 입방미터:1기압/15℃로 환산했을 때의 용량)가 발생한다. 연료전지 자동차 500만대 분을 유통

수소충전의 흐름

① 수소충전소를 검색

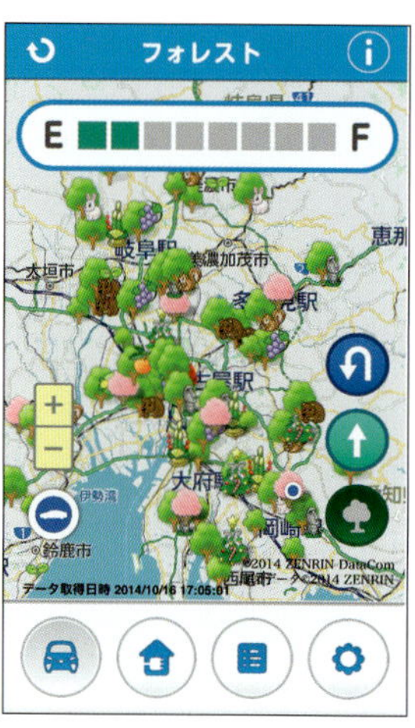

도요타 미라이를 타고 수소를 충전하러 가는 상황을 실제로 체험해 보았다. 수소충전소 위치와 가동상황은 내비게이션으로 검색이 가능. 스마트폰 앱으로도 똑같은 검색이 가능할 뿐만 아니라, 차량정보도 확인할 수 있다.

③ 수소충전

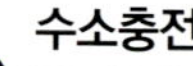

현행법에서는 고압가스 취급자격을 갖고 있지 않으면 소수를 충전할 수 없다. 공장 안에서 수소를 다루는 것을 바탕으로 제정한 법률이 적용되고 있기 때문이다. 충전소의 수소관리에 대해서도 마찬가지로, 어느 쪽이든 수정하는 방향으로 검토가 진행 중이다.

도요타 미라이는 EV주행만으로도 장거리 주행이 가능한 하이브리드 자동차 또는 수소로 전기를 만들어 주행하는 전기자동차로 이해할 수 있다.

② 수소충전소에 도착

에네오스 요코하마아사히 수소충전소에 도착. 수소만 충전할 수 있는 「단독형」. 노즐 한 개당 1시간에 6대(1대당 50Nm³)를 커버할 수 있는 공급능력을 갖추는 것이 목표. 1노즐당 6대는 가솔린 경우와 똑같다.

할 만큼의 양이라고 한다. 이 수소를 가솔린이나 경우와 마찬가지로 정유소에서 전용 트레일러에 담아 수소충전소로 운반한다. 가솔린이나 경유와 완전히 다른 사업모델로 진행하는 것이다. JX닛코닛세키에너지는 이미 24군데의 수소충전소를 운영하고 있으며 계속해서 늘려나간다는 방침이다.

몇 가지 과제가 있는데, 그 중 하나가 토지확보(특히 수도권)가 어렵다는 점이다. 수소충전소는 주유소와의 일체형이 이상적이지만, 토지가 한정되어 있을 경우는 단독형(수소충전소만 운영)으로 운영하고, 그것도 어려울 때는 이동식 충전소를 만들어 나갈 생각을 하고 있다.

또 다른 과제는 가격이다. 먼저 수소. 14년에 경제산업성이 발표한 『수소·연료전지 로드맵』에는 20년 무렵까지 「하이브리드 자동차의 연료대와 비슷한 수준이나 그 이하의 수소가격을 실현」이라고 나타나 있다. 이 내용을 토대로 수소가격을 추측하면 1kg당 1만원이 된다(미라이의 경우, 가득 채우면 5만원이 조금 안 됨). JX닛코닛세키에너지는 「연료전지 자동차 보급을 후원하는 의미」에서 이 가격을 설정했지만 아직은 궤도에 오르지 못하고 있는 것이 실상이다. 자율적으로 운영해 나가기 위해서는 비용을 줄일 필요가 있다고 한다.

수소충전소의 건설비용도 과제 중 하나이다. 일반 주유소는 한 곳당 약 10억 원의 건설비용이 발생하는데 반해, 수소충전소의 경우는 지금까지를 평균하면 약 46억 원이 소요된다. 보급초기이기 때문에 어쩔 수 없는 부분도 있지만, 2020년까지 이것을 줄이는 것이 목표이다.

현실적으로는 수소충전소 운영비도 과제이다. 연료전지 자동차 자체가 미미하게 밖에 보급되지 않은 상태이기 때문에, 수소충전소를 개설해도 거의 고객이 오질 않는다는 것이다. 그래도 충전소를 열어놔야 하기 때문에 손실이 발생할 수밖에 없다. 건설비의 반액과 영업시간 중 고객이 오지 않는 시간의 3분의 2를 국가의 보조에 의존하고 있는 것이 실상이다.

차량 쪽 충전구와 수소충전소 쪽의 노즐에 적외선 통신기능이 있어서, 고압수소 탱크 내의 온도와 압력정보를 바탕으로 충전을 제어한다. 08년형 연료전지 자동차에서는 약 10분을 소비했던 충전시간을 3분으로 줄이기 위한 기술이다.

ENEOS
納品書(領収書)
2015年04月16日 08:49
売上
VISA カード カイイン   様
XXXXXXXXXXXX6129
提携カード
車両番号   実車番   4371
6879-00
水素
    0.57(kg)   *
        @1080   ¥615
合計   ¥615
(内消費税等(8.00%)   ¥46)
クレジット支払
有効期限：XX/XX NC
支払方法：一括払い
現金でお買上げの場合は領収書に、
かえさせて頂きます。
消費税額表示のない場合は消費税を
請求書にてご請求いたします。
消費税には、地方消費税が含まれて
います。

JXE（EH水素）
横浜旭水素ST
神奈川県　横浜市　旭区
上白根町１１５１－５
TEL:045-958-1220   SS-995072
レシートNo 0448-17　データNo0167-0167
クレ通番21

가솔린이나 경유와 같은 용량으로 수소를 거래한다면 ℓ 당 가격이 되지만, 익숙하지가 않아서 중량(kg)으로 거래하는 것으로 통일되었다. 가격은 1kg당 10,800원(세입). 미라이는 122.4 ℓ 탱크에 약 5kg이 들어간다.

끝

오프 사이트냐 온 사이트냐
고압이냐 저압이냐
기체로 운반하느냐 액체로 운반하느냐

각종 연료의 성질

	수소	천연가스	LPG	가솔린	공기
무게(상대치)	1	8	22	50	15
확산속도(상대치)	100	25	20	8	——
연소범위(공기중 농도)	4~75%	5~15%	2~10%	1~7%	——
자연발화온도	570℃	580℃	450℃	300℃	——
독성	없음	없음	약간 있음	있음	——

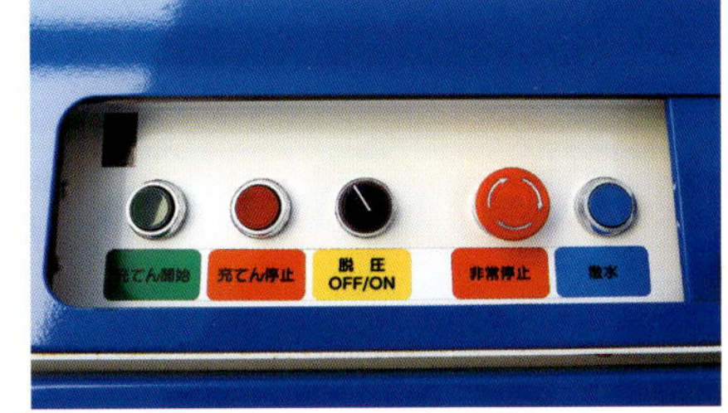

현재는 20MPa(약200기압)로 해서 트레일러의 압력용기(타입3)에 담아 수소충전소로 옮기고 있다(오프 사이트형 공급). 충전소에서 축압기(蓄壓機)를 이용해 82MPa까지 압력을 높이고 있다(자동차 쪽이 요구하는 87.5MPa에는 아직 대응하지 않고 있다. 87.5MPa에 대응하려면 추가 비용이 필요). 45MPa로 저장할 수 있는 복합재료를 이용한 압력용기(타입4)를 개발 중. 이것이 실현되면 수송효율이 좋아진다. 더불어 유기화합물의 일종인 톨루엔에 수소를 첨가해 메틸시클로헥산이라는 액체(통칭해서 「유기하이드라이드」)로 만들어서 운반하는 연구가 진행 중이다. 유기하이드라이드의 경우는 기존 트레일러를 사용할 수 있다. 충전소에서 수소를 취출(取出)한다.(온 사이트형). 수소를 취출하는 기술의 확립이 과제이다.

발화를 방지하기 위해(불길이 잘 안 보이는 경우도 있음) 급유완료 후에는 급유구에 물을 쏘아 본다. 옷으로 옮겨 붙어도 눈으로는 확인이 잘 안 되기 때문에 춤추는 것처럼 날뛰어 주위에 알린다. 나스카는 E15를 사용.

Illustraiton Feature : **FUTURE FUELS**

이제 가솔린은 필요없을까?　　　▸▸▸　새로운 에너지에 대한 대처　　실제 예 : **4**

Ethanol Racing Engines

알코올 연료 레이싱 엔진

[미국에서 오랜 역사를 자랑하다 유럽까지 파급되는 흐름]

가솔린이 아니라 알코올. 레이싱 엔진이라는, 가혹한 상황에 노출되는 장치에 대체연료를 사용하는 이유는
특성차이나 정책적인 추진 등, 여러 가지 요인이 있다.
여기서는 특히 연료특성에서 오는 운전상태의 차이에 대해 살펴보도록 하겠다.

본문&사진 : 세라 고타　　사진 : 혼다/GM/아우디

에탄올 / 메탄올 / 가솔린의 연료특징 비교

		에탄올	메탄올	가솔린
중량조성(%)	C	52	38	86
	H	13	12	14
	O	35	50	0
이론공연비		9	6.4	14.7
저 발열량(MJ/kg)		26.8	19.7	42.7〜43.5
기화잠열(kJ/kg)		904	1110	380〜500
밀도(kg/ℓ)		0.79	0.79	0.715〜0.765
발화온도(℃)		420	450	300〜400
기화온도(℃)		78	65	25〜215
옥탄가	MON	92	91	82.5〜88
	RON	111	112	91〜100

알코올은 기화잠열이 높고 옥탄가가 높아서 이론공연비가 작다

IRL은 사용연료를 메탄올에서 에탄올로 바꿀 때, 배기량은 500cc 높여 3.5ℓ로 하는 동시에 연료탱크 용량을 8갤런 줄인, 22갤런으로 했다. 발열량은 에탄올이 메탄올을 상회하긴 하지만, 기화잠열에서는 에탄올이 메탄올에 뒤지기 때문에 배기량이 같을 경우 출력이 떨어진다. 그것을 보완하기 위해 배기량을 올린 것이다. 연료탱크 용량을 작게 한 것은 이론공연비 차이에 의한 것이 크다. 1탱크로 달릴 수 있는 거리는 거의 비슷했다.

아메리칸 오픈 휠 모터스포츠의 최상위 카테고리(예를 들면 전통의 인디500을 포함)와 알코올 연료의 관계는, 1930년 전후로 가솔린에 첨가제로서 메탄올을 사용한 기록이 남아 있을 정도로 오래되었다. 알코올 연료가 가진 높은 옥탄가, 즉 항노킹성 향상을 기대한 채택이었는데, 바로 성능향상 요구 때문에 이용한 것이다.

69년부터는 메탄올 100% 사용이 의무화되었다. 가솔린에 인화되는 화재가 계속해서 발생했기 때문으로, 알코올 연료는 발화할 때 불길이 잘 안 보인다는 결점이 있긴 하지만, 물로 소화시킬 수 있다는 점을 중시해 채택하게 되었다. 또한 발화온도가 높아 자기착화가 힘들다는 점도 환영받았다.

06년 당시의 최상위 카테고리였던 인디 레이싱 리그(Indy Racing League)는 이 해에 메탄올 90%, 에탄올 10%를 혼합한 연료사용을 의무화하며, 다음 해인 07년에는 에탄올 100%로 규정했다. 정확하게 말하면 에탄올 98%에 2%의 가솔린을 혼합하고 있다. 가솔린을 섞는 것은 음용을 막으려는 목적과 발화했을 때 불길이 보이도록 하기 위해서이다.

당시 미국은 재생가능한 대체연료로서 바이오에탄올의 생산 및 소비를 장려하고 있었다. 옥수수나 사탕수수, 목재 등을 원료로 하여 생산한 에탄올을 E10(가솔린90%+에탄올10%)나 E85(가솔린15%+에탄올85%) 형태로 해서 주유소에서 판매하기도 했다. 1990년 이후로 생산된 시판 자동차는 E10에 대응했으며, E85는 가솔린과 에탄올 모두 사용가능한 FFV(Flex Fuel Vehicles)로 이용할 수 있었다. E100이나 E85의 이용을 장려하는 광고수단으로 IRL이 일익을 담당한 것이다. 06년부터 08년 동안 사이드 푼툰(Pontoon) 측면에 「ethanol」로고를 배치한 에탄올 머신이 미국 각지의 서킷을 누비고 다녔다.

광물에서 추출한 메탄올과 식물에서 추출한 에탄올 사이에도 성질 차이는 있지만, 가솔린과 비교했을 정도의 큰 차이는 없다. 94년부터 아메리칸 오픈 휠의 최상위

100% 메탄올

Honda HI5R
— 2005 —

3.0ℓ·V8 무과급 엔진. 최고회전속도 상한이 10300rpm으로 정해져 있었다. 94년~02년에는 2.65ℓ·V8 터보를 사용하던 CART에 참전. 역시 연료를 메탄올. 회전속도 제한이 없어 17500rpm을 시야에 두었다.

100% 에탄올

Honda HI7R
— 2007 —

메탄올과 에탄올의 특징 차이로 인해 같은 배기량이라면 출력이 떨어지기 때문에, 500cc를 높여 3.5ℓ가 되었다. 최대 내경이 93mm로 규정되었기 때문에 행정을 늘려 배기량을 확대하는 식으로 대응했다.

E85 (에탄올85%+가솔린15%)

Honda HI13RT
— 2013 —

12년에 2.2ℓ·V6 직접분사 터보로 변경. 06~11년까지는 혼다 원메이커였지만, 12년에 쉐보레 팀들과 경쟁하게 된다. 혼다는 처음에는 싱글터보를 선택했지만, 14년에 트윈터보가 의무화되면서 변경이 이루어졌다.

카테고리(당시는 CART)에 참전했던 혼다는 그래서 별다른 어려움 없이 메탄올에서 에탄올로 변화하는 과정에 적응할 수 있었다.

광물에서 유래했든 식물에서 유래했든 상관없이 알코올은 친수성이 있는 산소함유 연료이기 때문에, 금속에 대한 부식작용이나 고무 등과 같은 수지계통 재료에 대한 팽윤(액체를 흡수해 체적을 증대시키는 현상)작용이 문제가 된다. 고무부품이 팽윤하면 팽창~경화를 통해 탄력성이 없어지고 실성(Seal性)을 상실하기 때문에 연료가 새는 원인이 된다. 그 때문에 표면처리에 대한 배려가 필요하다. 연료가 직접 닿는 부위의 실(Seal)에는 팽윤대책의 일환으로 불소계 O링을 사용한다.

부식대책으로는, 철 재료 같은 경우는 SUS계통을, 알루미늄의 경우는 경질 알루마이트 처리재(處理材)를 사용하는 것이 일반적이다. 짧은 기간에 정비가 가능한 경우는 표면처리 재료를 사용하지 않아도 문제 되지 않지만, 몇 일이고 방치해 두어야 할 경우는 가솔린으로 엔진을 작동시키고 알코올로 씻어내는 작업을 한다.

알코올은 가솔린에 비해 윤활성이 떨어지는 것도 특징 중 하나이다. 실린더로 공급된 연료 일부가 타지 않고 남는 것은 가솔린이나 알코올 모두 마찬가지이지만, 가솔린은 그 자체가 어느 정도 윤활성을 가지고 있는데 반해, 알코올에는 그런 것이 없다. 오히려 오일을 씻어내는 효과가 있기 때문에 피스톤 냉각용 오일 제트에 윤활기능을 갖게 하는 경우도 있었다.

이런 알코올 일반에 대한 대책이 갖추어져 있으면, 가솔린에서 알코올계통 연료로 바꾸었다 하더라도 구조면에 있어서는 특단의 배려를 필요로 하지 않는다. 내연기관으로서의 구조는 동일하다. 다만 연소는 다르다. 알코올계통 연료와 가솔린에서 가장 두드러지게 다른 것은 이론공연비와 발열량, 옥탄가이다(29페이지 참조). 이론공연비는 가솔린이 14.7인데 비해 에탄올은 9이다. 같은 배기량·회전속도의 엔진을 작동시키는데 에탄올은

연료특징 비교표

연 료	옥탄가(MON)	열효율	기화잠열	발열량
에탄올	2	5	2	2
메탄올	1	6	1	1
시판 가솔린	6	2	6	5
레이스용 가솔린	4	1	5	6
E30	5	3	4	4
E85	3	4	3	3

각종 연료의 특징 차이를 순위화했다. 숫자가 작을수록 「뛰어남」을 의미한다. 77페이지의 표에서 알 수 있듯이, 중량당 발열량은 에탄올이나 메탄올보다도 가솔린 쪽이 높다. 하지만 이론공연비 차이에 따라(알코올계통 쪽이 진하다) 1사이클당 발열량은 알코올계통 쪽이 높아진다. 때문에 순위가 높다.

E100이나 E85 등, 에탄올 혼합 가솔린의 이용을 촉진하기 위한 목적으로 프로모션을 하는 EPIC(Ethanol Promotion and Information Council)이 한 때 스폰서가 된 적도 있었다.

WEC | E20 (에탄올20%+가솔린80%)

좌상&하 : WEC 참전차량의 연료는(디젤도 포함) 쉘이 공급. 인디카 시리즈도 그렇지만 연료개발에 의한 경쟁은 없다. F1은 연료개발에 의한 경쟁이 14년 이후 격화되고 있다.

우 : WEC의 가솔린엔진은 13년까지 E10을 사용. 14년부터 E20으로 바뀌었다. E20 정도로는 금속부식이나 팽윤작용을 무시할 수 없는 수준이었다고 한다. 또한 기화잠열의 영향도 없다고 한다. F1은 바이오에탄올을 5.75% 혼합하도록 의무화되어 있다.

가솔린에 비해 약 1.6배의 연료를 공급해야 한다. 바꿔 말하면 대용량 인젝터를 필요로 한다.

알코올은 기화잠열이 큰 것도 특징으로, 인젝터에서 분사되면 기화하면서 급격하게 주위의 열을 빼앗는다. 흡기온도를 대폭 낮추기 때문에 항노킹성은 향상된다. 옥탄가가 가솔린보다 높다는 점과 더불어 점화시기를 진각(進角)시킬 수 있어서 토크향상으로 이어진다.

또한 알코올은 연소온도가 가솔린보다 낮아 냉각손실이 적다는 점, 기화잠열에 의한 흡기의 냉각효과나 고옥탄가 덕분에 압축비를 높일 수 있다는 점 등, 일반적으로 높은 열효율을 얻을 수 있다. 도요타가 2세대 프리우스 엔진(1.5ℓ·직렬4기통/압축비13)을 이용해 실행한 실험에서는 에탄올 농도를 높일수록 토크가 향상됨으로서, 열효율이 높다는 것을 확인한 바 있다. 일반 가솔린(RON92)에서 31.7%였던 열효율은 E100(에탄올100%)에서 39.6%까지 올라갔다(『불꽃점화기관에 대한 에탄올 연료적용에 대하여』/2006년 12월 15일/도요타자동차).

기화잠열에 따른 흡기의 냉각효과는 체적효율을 향상시키는 측면에서도 반가운 현상이지만, 반대로 반갑지 않은 현상도 나타난다. 「에어 블로킹현상」이다. 급격하게 냉각되어 팽창한 혼합기가 실린더로 들어오려고 하는 흡기를 밀어내는 현상을 말한다. 기화시키는데 열중하다 보니 원래 들어와야 했던 공기가 못 들어오게 되는 것이다. 포트분사의 경우, 인젝터 방향이나 위치를 개선함으로서 기화상태를 조정했다고 한다.

15년 시점에서의 아메리칸 오픈 휠의 최상위 카테고리는 인디카 시리즈로서, 12년 이후에는 2.2ℓ·V6 직접분사 터보로 경쟁했다(혼다와 쉐보레가 참전). 변함없이 알코올계통 연료를 사용하고 있지만, 에탄올 100%가 아니라 E85이다. 충전소에서 살 수 있는 연료를 사용함으로서, 레이스와 일반 차량이 가까운 관계에 있다는 것을 적극적으로 알리기 위해서이다.

약 100대의 차량을 보유하고 있는 네리마교통은 택시회사 가운데서는 중견급 규모이다. 도쿄무선의 일원으로서, 세드릭 이외의 차량은 도쿄무선 컬러로 칠해져 있다. 나가야마 가즈마사사장에게 최근의 택시 사정을 물었더니, 택시 업계가 직면해 있는 문제를 들려주었다.

LP가스의 주요고객 택시는 「365km × 365일」

[LPG의 주요 고객, 택시회사의 경우]

법규로 택시에 허가된 1일당 주행거리 상한은 365km이다.
80ℓ 짜리 LPG탱크를 장착한 차량은 10%의 마진을 보고 연비 5.07km/ℓ 를 항상 상회해야 한다.

본문&사진 : 마키노 시게오   회사 : 네리마교통 주식회사

일본의 택시는 가솔린 자동차를 LPG사양으로 개조하는 방법으로 연료를 전환해 왔다. LPG 전성시대에는 일부 개인택시만 가솔린 자동차를 사용했다. 그런데 지금 LPG사양 택시전용 자동차가 전멸의 위기를 걱정하고 있다. 닛산은 세드릭 생산을 종료하고, 도요타는 2018년 2월에 크라운 컴퍼트 생산을 중단한다고 발표한바 있다.

「세드릭 택시의 후속모델이 NV인데, 기사들이 싫어했습니다. 고객한테 특수한 차로 인식된다고 주저하는 겁니다. 실차율(實車率, 승객을 태우고 주행하는 거리의 비율)이 낮았죠. HEV(하이브리드 자동차)는 저 자신이 좋아하

지 않습니다. 택시회사는 차량정비를 스스로 합니다. 우리도 공장을 갖고 있지만, HEV는 판매회사에 수리를 의뢰하지 않으면 안 되는 겁니다. 또 시내 같이 평균차속이 낮은 도로를 달리면 연비는 좋지만, 역이나 호텔에서 대기를 하게 되면 연비가 바로 나빠집니다. 이 점은 LPG 자동차와 똑같지만, 연료는 가솔린이기 때문에 비싸지게 되죠」

나가야마 가즈마사사장은 이렇게 말한다. 택시의 주행거리는 하루 365km가 상한이라는 법규상 제한이 있다. 주행거리를 줄이지 않으면 시간당 매상액을 늘리는 수밖에 없는데, 그것과 직결되는 것이 실차율이다. 미니밴 타

입 택시는 아직 인지도가 낮아 네리마교통에서 도입시험을 할 때는 크라운 컴퍼트보다 실차율이 낮았다고 말한다.

「그리고 연료가격입니다. LPG가격은 13년 겨울철에 사우디아라비아CP(Contract Price=일방적으로 통보되는 매매계약가격)가 1200달러를 기록해 최고점을 찍었습니다. 근래에는 480달러까지 떨어져 우리도 한 숨 돌리고 있는데, 그 배경에는 미국의 셸 가스가 있습니다. 한 번 셸 가스를 산출했으면 2년 동안은 계속해서 공급하라는 것이 미국의 룰이기 때문에, 2년 정도는 뛰어오르지 않을 것이라 예상하고 있습니다. 하지만 그 다음은

1

매일아침 6시 30분경부터 8:00시까지 30분마다 일정대수가 질서 정연하게 출차한다. 도쿄무선의 LPG 충전소는 나카노신바시에 있어서 복귀할 때 가득 채우지 못할 경우는 출차할 때 충전한다. 충전 시점은 기사마다 제각각인 것 같다.

2

이른 아침 역 앞에는 아직 택시들의 대기가 드문드문하다. LPG자동차라도 줄지어 대기할 때는 통상적인 주행보다 연비가 10% 정도 나빠진다고 한다. 아이들링 스톱 기구가 있어도 탑승하는 승객을 위해 에어컨을 끄지 않기 때문이다.

LPG 탱크는 이와 같이 트렁크 룸 안에 장착한다(사진은 현대XG). 탱크설치 이후 6년경과 후에 의무적으로 검사를 받아야 하기 때문에, 이 시점에서 차량을 교체하는 경우가 많다. 자동차인데 「도로운송차량의 보안기준」으로 일체화되어 있지 않다.

4

네리마교통 주식회사	
보유차량	약 100대
아이들링 스톱 자동차 비율	약 90%
하이브리드 자동차 비율	0%
차량가동율	86%
하루 주행거리	360km
평균연비	5.8km/ℓ
차량점검	매월(법규상으로는 3개월마다)
점화 플러그 교환기준	8~10만km
에어클리너 교환기준	약 10만km

3

5

저녁은 택시의 주요 활동시간. 촬영을 위해 택시를 따라다녔지만 바로 실차(승객을 태우는 것)가 된다. 전차와 버스가 운행되지 않는 시간대는 택시만 공공수단이 되기 때문에 사회적으로는 필수불가결하다.

6

아침 무렵에는 택시가 드물다. 귀사시간과 출차시간이 겹치는 시간대라서, 실제로 시내도로에서 관찰해 보았더니 오전 6시 무렵이 가장 택시가 적었다. 이미 전차와 버스가 움직이는 시간이다.

어떻게 될지 모르죠. CP=600달러 근방이라는 예측도 있습니다. 연료가격과 차량가격이 택시회사를 경영하는 데 있어서는 큰 부분입니다」

예전 90년대 후반까지 택시의 연료공급방식은 기화기와 비슷한 믹서방식이었다. 액체 LPG를 「분사」하는 것은 가스제조 행위로 간주됐었기 때문이다. 이 규제가 철폐되어 현재는 가솔린엔진과 똑같이 인젝션으로 바뀌었지만, 연료탱크는 고압가스안전법 규제를 계속 받고 있어서 차량과는 별도로 검사 받을 의무가 있다. 규제가 많다는 점도 경영상의 어려운 점이다.

택시의 미래는 어떻게 될까?

세드릭 세단은 이미 생산이 중지되었다. 「마지막에는 자동차 쟁탈전이었다」라는 말은 여기저기 택시 회사에서 듣는 이야기이다. 크라운 컴퍼트는 18년 2월까지 생산되는데, 이 자동차를 좋아하는 기사들이 많다. 프리우스 택시를 탈 때마다 평가를 물어보곤 하는데, 적잖이 「회사 입장에서 연료비를 절약하고 싶으니까 프리우스를 사용하는 거겠죠」라고 말하는 승객이 있다고 한다. 도요타는 LPG사양의 HEV택시를 개발하겠다고 하지만, 차량가격 상승을 택시사업자가 어떻게 받아들일지가 관건일 것이다.

세드릭 세단

크라운 컴퍼트

for the spreading of Natural Gas Vehicles

일본을 깨끗하게

[와세다대학 마케팅 커뮤니케이션 연구소의 대처]

일본에도 천연가스 자동차를 보급해야 한다.
그런 생각을 가지고 산학관이 삼위일체 한 팀이 되어 인지도 향상을 도모하고 있다.
와세다대학의 온조 나오토교수가 이끄는 멤버는 국내외 사례를 통해 NGV로부터 어떤 장점을 느끼고 있을까.
본문 : 만자와 류타(MFi)　　그림 : 와세다대학 마케팅 커뮤니케이션 연구소

PROFILE. **온조 나오토** 교수
와세다대학 이사(홍보, 입시담당)교수 박사(경영학)

PROFILE. **나가이 류노스케**
와세다대학 상학학술원 종합연구소 조수

PROFILE. **오히라 스스무**
와세다대학 상학학술원 조수

가스풍로에서 깨달은 장점

천연가스 자동차(NGV)라고 들어는 봤지만 주변에서 그런 차를 보기도 힘들고, 기존의 가솔린엔진이나 디젤엔진에 비해 얼마만큼의 장점이 나에게 있는 것인지 알려주는 사람도 좀처럼 없다. 자신의 지갑이나 건강에 대해서조차 이런 상황이기 때문에, 하물며 환경문제에 얼마만큼 기여할 것인가 하는 큰 시각에서 이야기가 진전되면 더

말할 나위도 없다. 온조 나오토교수도 애초에 NGV의 보급에 대해 언급 받았을 때, 솔직히 잘 모르겠다는 감상을 가졌다고 한다. 온조교수에게 그런 이야기를 건넨 것은 학창시절의 친구이다. 그만큼 친밀한 사람이 숨김없이 털어놓으며 상담을 해와도 쉽사리 확신을 못 했던 것은, 아마도 누구나가 수긍할 수 있는 대목일 것이다. 하지만 그 지인은 포기하지 않고 계속해서 온조교수를 설득했다. 몇 번이고 만나는 과정에서 온조교수의 흥미를 끈 것이 가스

풍로 이야기이다. 요컨대 「매일 요리로 사용하고 있지만 그을음으로 더러워지지는 않죠」. 연소를 해도 PM이 생기지 않는 이유는 앞선 페이지에서 설명한 바와 같지만, 거기서 온조교수는 처음으로 천연가스를 이용하는 자동차의 가능성을 생각하기 시작했다.

더불어 「마케팅3.0」이라는 큰 조류가 뒤를 밀어주었다. 온조교수는 마케팅 연구 전문가로서, 항상 이 분야의 최일선에 서있다.

「간단하게 설명하면 1.0은 기능적 가치를 말합니다. 상품이나 서비스가 근원적으로 완수해야 하는 가치이죠. 2.0은 정서적 가치입니다. 기능적 가치를 바탕으로 더 만족을 얻기 위한 부가가치입니다. 그리고 3.0은 사회적 가치입니다. 제품이나 서비스에 대한 은혜를 누릴 뿐만 아니라, 바야흐로 사용자는 전인류적인 시야를 가질 필요가 있습니다. 세제로 예를 들자면, 1.0이 오염을 없애는 것, 2.0이 마무리 정도와 향기를 주는 겁니다. 3.0에 대한 좋은 예가 가오주식회사의 어택네오(편집자 주 : 세제 상품명)라고나 할까요. 헹구는 것이 한 번에 끝나는 겁니다. 기존제품들은 2번을 헹구어야 하죠. 요컨대 지금까지의 세제기능에 더해 사회적 가치가 추가된 셈이죠」

물론 기능적 가치나 정서적 가치까지 충분히 만족시킨 다음의 이야기이다. 헹구는 것을 한 번으로 끝낼 수 있다면 환경적 이점을 어느 정도 만들어내느냐에 대해서는 설명할 필요도 없을 것이다. NGV에 있어서도 앞서 말한 PM을 배출하지 않는다는 점을 비롯해, 온조교수는 마케팅3.0의 견지에서 보급에 대한 의의를 판단한 것이다.

하지만 NGV 보급에는 산학관의 연대가 필수적이다. 연료공급에는 반드시 인프라 시설문제가 수반되고, 아무래도 차량가격이 비싸기 쉬운 차세대 차량을 보급하려면 정부의 정책을 통한 우대조치도 필요하다. 시장으로 눈을 돌려보면, 운전자가 NGV를 찾지 않으니까 메이커가 자동차를 준비하지 않는다는 의견과 메이커에서 NGV를 제공하지 않으니까 사용자가 눈길을 주지 않는다는, 마치 닭이 먼저냐 알이 먼저냐는 식의 논의야 필수적으로 있을 수 있다. 하지만 논의는 차치하고라도 적어도 일본에 있어서는 아직 NGV가 일반적으로 널리 보급되어 있다고 말할 수 없는 상황이다.

한편으로 해외로 눈을 돌려보면, 천연가스의 장점에 착안해 NGV를 활성화하는 나라가 헤아릴 수 없을 만큼 많다. 예를 들면 프랑스에서는 모노프리나 까르프 같은 대형유통회사가 적극적으로 NGV를 포함한 환경자동차를 물류운송 부문에 도입하고 있다. 파리 시내는 환경자동차 이외의 진입을 원칙적으로 금지한다는 정책에 따라, 국내 각지에서 올라오는 물자를 일단 센터로 모은 다음, 시내에는 환경자동차로 배송하는 방법을 취하고 있다. 나아가 현재는 상용차를 대상으로 하는 규제이지만, PM을 극도로 싫어하는 국민성까지 더해지면서 2020년 이전에 승용차에도 적용을 검토하고 있다. 한국에서는 서울 시내를 달리는 노선버스 거의 전체가 NGV사양이다. 예전에는 경유를 이용하는 일반 디젤엔진 사양이었지만, 정부의 적극적인 교체정책으로 신속하게 대체되었다. 시민들한테도 NGV의 장점이 널리 알려지면서 「예전에는 옷깃이 하루면 더러워졌다」고 하는 구체적인 감

상도 들려온다. 물론 대기오염 개선에도 크게 기여하고 있다는 점은 두말할 필요도 없다. 또한 미국 LA에서도 「대 로스」라 불리는 지역에서는 환경대책 차원에서 주행하는 모든 노선버스(2,200대)에 NGV를 사용하고 있다. 쓰레기차 등과 같은 작업차량에 환경자동차 도입에도 적극적이어서, 예전에 광화학 스모그에 고심했던 대기오염은 상당한 개선을 보고 있다. 나아가 도로에는 환경자동차 우선 차선이 설치되어 있어서, 온조교수 일행의 방미 당시에는 하이브리드 자동차라 하더라도 주행할 권리가 없었다고 한다.

왜 보급되지 않는 것일까

도쿄는 2020년에 올림픽 개최를 맞이해 세계 각국에서 많은 관광객을 맞이하게 된다. 그때 적어도 도쿄 도심지에 있어서 「알기 쉬운 환경대책」이 이루어지지 않는 것은 부끄러운 일이라고 온조교수는 말한다. 세계 유수의 최첨단 기술을 가진 나라이면서 환경에 대해 누구나가 쉽게 알 수 있는 시책을 펼치지 않는다는 것은 체면이 아닌 것이다.

그럼 일본은 왜 좀처럼 NGV가 보급되지 않는 것일까. 온조교수는 가스충전을 위한 인프라가 적다는 점, 천연가스 사양의 자동차가 없다는 점을 이유로 든다. 후자에 있어서는 탑재할 탱크의 기준법이 엄격하다는 것도 보급을 어렵게 하는 원인 중 하나이다.

그리고 NGV는 버스나 트럭 같이 상용차에 보급해야만 의의가 있다고 말한다. 현재 전기자동차나 연료전지 자동차는 차세대 자동차로서의 가능성 때문에 사실 세계 각국의 메이커가 많은 대처를 진행하고 있다. 즉 휠을 구동하는 수단으로 승용차에는 전기를 비롯한 많은 대안이 있다. 그런데 대형 상용차 정도 되면 전기로 모터를 구동하는 것이 현재의 기술로는 현실적이지 않다. 그래서 천연가스가 부각되는 것이다.

CO_2배출량 내역을 봐도 물류부문에서의 양이 결코 적지 않다. 이 부분을 NGV로 바꾸면 환경문제 개선에 크게 일조하게 될 것이라는 기대이다. 더불어 버스와 트럭에 사용하는 것에도 이유가 있다. 장거리 수송을 담당하는 대형 트럭 같은 경우는 고속도로 서비스 에어리어나 인터체인지 부근에, 택배차나 청소차 같은 경우는 기지에, 노선버스는 정류소에, 이런 식으로 비교적 주행 루트가 정해져 있는 차들은 미래에 충전시설을 늘린다 하더라도 설치장소를 결정하기가 쉬운 것이다. 이런 관점은 배터리EV에 있어서도 마찬가지일 것이다.

CSR 도입도 고려 중

온조교수는 앞서 말한 마케팅 3.0의 견지에서 CSR(사회적 책임)에 대한 의의도 지적한다. 예를 들면, 사가와 택배의 배송트럭에는 적지 않은 수의 NGV가 도입되어

있는데, 잘 알려져 있지 않다. 더 적극적으로 「NGV를 업무로 사용하고 있다는 점」을 어필해야 한다. 예를 들면, 오사카의 에코트럭이라는 배송회사는 보유하고 있는 거의 모든 차를 NGV사양으로 개조해 업무에 사용하고 있다. 처음에는 통상적인 디젤엔진 자동차로 배송업무를 운영하고 있었지만, 사장의 가족이 아토피로 고생한 경험이 있어서 배기가 깨끗한 천연가스로 바꾼 경우를 가진 회사이다.

거기에 착안한 것이 파나소닉이다. 파나소닉은 자사 TV 「비에라」의 배송업자로서 에코트럭 회사를 지정한 것이다. '환경성능을 간판으로 내세우고 있는 비에라는 NGV로 배달합니다'라는 홍보를 카탈로그에도 실어 소비자의 마음을 잡는다. 파나소닉에서 직접 에코트럭 회사를 지정하는 것은 회사 규모 상 매우 이례적으로, CSR을 중시하는 파나소닉을 NGV 배송이라는 수단을 선택하게끔 한 것이다.

여러 가지 장점이 있음에도 불구하고 보급이 잘 되지 않는 것은 「천연가스 자동차 자체를 모르기 때문」이라고 온조교수는 말한다. 그 때문에 와세다대학 마케팅 커뮤니케이션 연구소는 정부와 함께 학술대회를 개최하는 등, 우선은 인지도 향상이 급선무라고 한다. 산학관의 시너지를 도모해 깨끗한 일본을 만들어 갈 수 있을 것인가. 온조교수 일행의 도전은 계속된다.

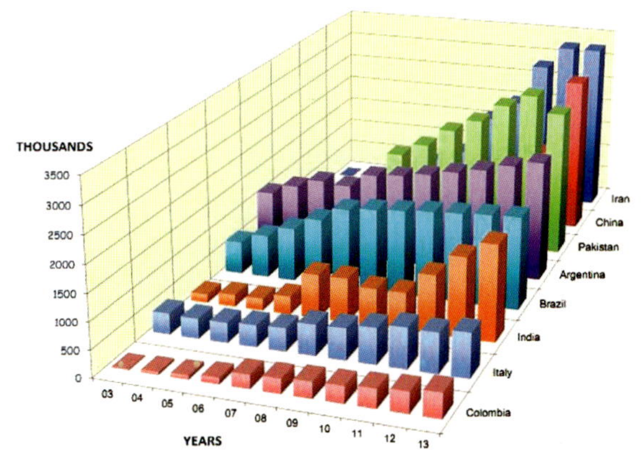

NGV 이태리 제공 자료에서 발췌. NGV의 보급대수 세계 랭킹 7위를 보여주는 그래프. 13년 현재 1, 2위인 이란과 중국은 최근 몇 년간 급격한 신장세가 눈에 띈다. 한편 아르헨티나와 브라질 등과 같은 나라들은 일정한 증가세를 나타내고 있다.

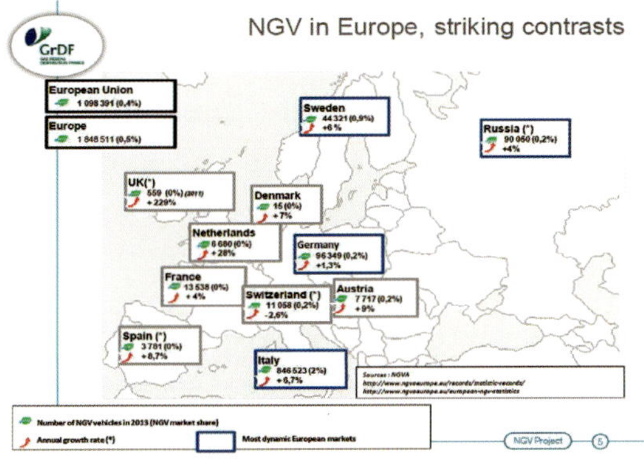

GrDF 제공 자료에서 발췌. 유럽에서의 NGV 보급대수를 나타낸 그래프. 2013년 통계. EU 전체적으로 약 110만대를 나타내는 가운데, 이탈리아에서만 약 85만대로 압도적 다수를 점하고 있다는 것을 알 수 있다. 그 밖에 독일이나 러시아, 스웨덴 등이 많이 등록되어 있다.

LA에서 운행하는 CNG버스. 약 3700km^2 구역 내에 2,200대의 버스가 운영하고 있다. 2010년에 전체가 교체되었다. 가스는 자사가 운영하는 충전소를 이용하며, 대략 6분이 걸린다.

태국에서의 사례. 천연가스를 충전하고 있는 CNG트럭으로서 좌측은 히노자동차, 우측은 이스즈 제품이다. 태국은 국가정책으로 천연가스 충전소 약 500여 곳을 설치할 만큼, 승용차를 포함해 NGV가 널리 보급되어 있다.

한국의 사례. 서울 시내를 달리는 노선버스는 전체가 CNG버스로 운행되고 있다. 버스 차선 정비를 통해 아침 저녁 출퇴근 시간대에는 상당히 많은 노선버스가 도로 상에 붐빈다.

이제부터는 CNG

천연가스 엔진이야말로 차세대의 주역

엔진의 다운사이징을 경기호조세일 때 혼자 주장해
현실로 연결시킨 하타무라 고이치박사.
그 후 환경문제를 해결할 차세대 수단으로서
예혼합축차화연소(HCCI)에 착안해 계속해서 연구해 왔다.
그런 하타무라박사가 다음으로 눈길을 준 것이 천연가스.
과연 천연가스 자동차에서 어떤 장점과 이점을 본 것일까.
「엔진은 없는 것이 좋다」는 궁극적 목표를 향한 해법이 될 수 있을 것인가.
천연가스에 대한 견해를 들어보았다.

본문 : 하타무라 고이치

1. 차세대 환경대책 자동차의 배출량

자동차의 배출가스규제가 강화되면서 최신 자동차의 배출가스는 상당히 깨끗해졌다. 가장 깨끗한 자동차에서는 도시 공기보다 배기 쪽이 깨끗할 정도로서, 그런 자동차로 달리면 공기가 정화된다고 해도 과언이 아닐 만큼의 상황까지 와 있다. 배출가스규제는 앞으로도 강화될 것이기 때문에 거기에 대한 대응으로 미래의 파워 트레인을 예상해 보자면, 지구온난화의 원인인 이산화탄소(CO_2)의 배출저감이 최대과제라 할 수 있다.

이에 대한 환경대응 자동차로서 전기자동차(BEV), 플러그 인 하이브리드 자동차(PHEV), 연료전지 자동차(FCV), 하이브리드 자동차(HEV), 천연가스 자동차(CNGV), 클린디젤 자동차(DICEV)가 거론되면서 개발이 이루어지고 있다. 제 각각 붐을 일으키며 시장에 도입되었지만 HEV를 빼고는 본격 보급단계에 이르지 못하고 있다. 특히 일본에서는 소형 CNGV가 거의 관심 밖에 있는 것이 현실이다.

여기서 환경대응 자동차가 가지고 있는 CO_2저감효과에 대해 생각해 보기로 하자. 다양한 파워 트레인의 "Well to Wheel"(유정에서부터 차륜까지)에 있어서 의 총 CO_2배출량을 체계적으로 산출한 결과가 〈일본의 공식 이산화탄소 배출량〉으로서, 일본에서 공식적으로 CO_2배출량을 거론할 때는 이 수치가 사용되고 있다. 이에 따르면 BEV의 CO_2배출량은 가솔린 자동차의 1/2.5 이하, 천연가스 개질수소인 FCV는 1/2이다. BEV의 경우, 발전할 때의 CO_2배출량의 영향을 받기 때문에 어떤 수단으로 발전(發電)한 전기를 사용하느냐에 따라 배출량 수치가 많이 변한다. 전기는 색깔로 표시되지 않아서 여기서는 전력평균을 사용하지만, 2009년에 원자력발전이 최대로 가동되었을 때의 수치이기 때문에 후쿠시마 사고 이후를 고려해 2012년 수치를 사용하면 적색으로 나타낸 수치로 증가한다. FCV 자동차도 천연가스로부터 수소를 만들면 거의 비슷한 수치가 된다.

가장 아래쪽에 필자가 CNG-HEV일 경우의 추정치를 기입했다. 이 조건에서는 CNG-HEV의 CO_2배출량이 가장 적어 환경대응 자동차로서 유망하다는 것을 알 수 있다. 다만 엔진자동차는 워밍업 중의 연비가 매우 나쁘다는 문제가 있기 때문에, 수 km 이하의 단거리 주행으로 한정하면 BEV 쪽 CO_2배출량이 적을 것이다.

2. 천연가스와 천연가스 엔진의 특징

천연가스의 주성분은 메탄이기 때문에, 환경대응 자동차용 연료로서의 천연가스는 다음과 같은 특징을 가지고 있다.

● 혼합기에 불꽃점화로 착화해 가솔린과 똑같은 화염전파연소를 시킬 수 있다. 다만 기체연료인 만큼 체적효율이 떨어지기 때문에 토크가 10% 정도 낮아진다.

● 예혼합연소 때문에 그을음이 발생하지 않고, 메탄(CH_4, 탄소가 적다)이 주성분인 천연가스의 에너지당 CO_2배출량이 가솔린보다 26% 적다.

● 옥탄가가 높기 때문에(약130) 높은 체적비를 이용해 고효율 엔진을 실현할 수 있다. 또한 과급 다운 사이징과 궁합이 잘 맞는다.

● 천연가스는 기체연료이기 때문에 고압탱크의 중량 등을 추가하면 중량당 에너지밀도가 가솔린이나 경유의 1/10밖에 되지 않는다. 액화시킨 LNG에서는 그 3배 정도의 에너지밀도를 나타낸다.

● CNG 탱크를 포함한 에너지밀도(체적당 에너지밀도)가 수소와 비교하면 3.5배, 전지와 비교하면 10 정도로 크다.

즉, 가솔린엔진과 똑같은 연소방식이기 때문에, 베이스 가솔린엔진에 천연가스 연료를 공급하는 시스템을 추가하고 일부 부품을 변경하면 쉽게 천연가스 엔진을 만들 수 있다. 그 때문에 천연가스 산출국인 이란과 파키스탄, 아르헨티나에서 각각 200~300만대 규모로 보급하고 있다. 다만 에너지밀도가 낮기 때문에 주행거리가 충분하지 않아서 대부분 가솔린과 겸용으로 사용한다.

PM(그을음)발생이 거의 없기 때문에 HDT(대형트럭) 분야에서 디젤엔진을 대체하는 식의 이용이 증가하고 있다. 이 경우는 디젤엔진을 개조하게 되기 때문에 연료분사 노즐을 바꿔서 점화 플러그를 장착하고, 저체적비의 화염전파연소용 피스톤 등으로 개조할 필요가 있다. 개중에는 경유를 실린더 안으로 분사해 경유의 압축착화로 점화하는 듀얼 퓨얼 엔진도 있다. 그을음과 NO_x 문제를 동반하지만, 희박하게 연소시킬 수 있기 때문에 열효율이 높다. 천연가스 탑재에 있어서 대형트럭은 매일 정기적으로 장거리를 주행하기 때문에 액체상태를 유지하는 것이 쉬우므로, 에너지밀도가 큰 LNG를 사용하는 것이 많다. 셸가스 혁명으로 들끓는 미국에서는 몇 년 전까지 LNG를 사용하는 대형트럭이 매년 8% 정도 계속해서 증가하기도 했다.한편 옥탄가가 높기 때문에 천연가스 엔진을 전용으로 설계하면 체적비를 대폭 높일 수 있다. 밀러 사이클을 사용하지 않아도 무과급엔진에서 13~14, 터보과급에서 12정도는 가능할 것이다. 과급 다운 사이징을 한 천연가스 엔진의 경우, 고과급·고체적비로 설계하면 토크 저하 문제가 해결될 뿐만 아니라 고효율 엔진을 구현할 수 있다. 또한 가솔

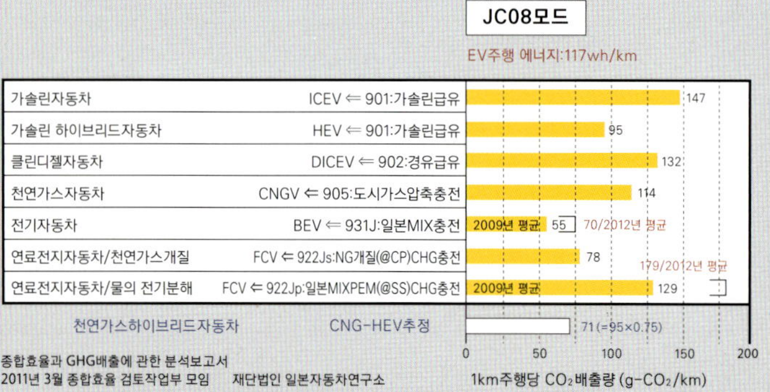

● **일본의 공식 이산화탄소 배출량**
Well to Wheel(JARI 산출)

종합효율과 GHG배출에 관한 분석보고서
2011년 3월 종합효율 검토작업부 모임　　재단법인 일본자동차연구소

● **환경대응자동차의 CO_2배출량 산출**
Well to Wheel(HERO 산출)
· 각 차량의 EPA 복합연비 수준의 연비값을 사용
· 전기자동차는 PHEV의 EV주행 연비값(180wh/km)으로부터 산출

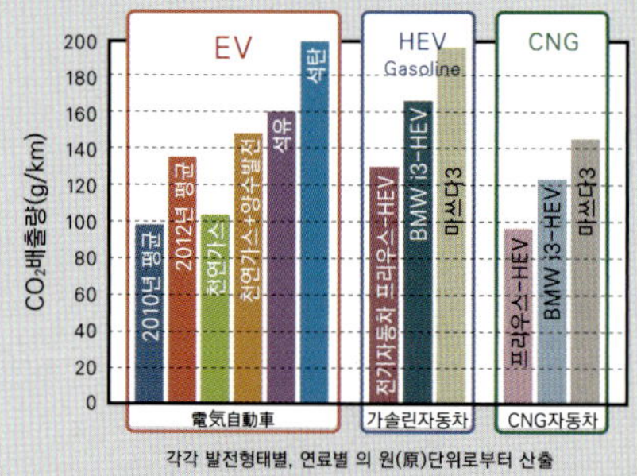

각각 발전형태별, 연료별 의 원(原)단위로부터 산출

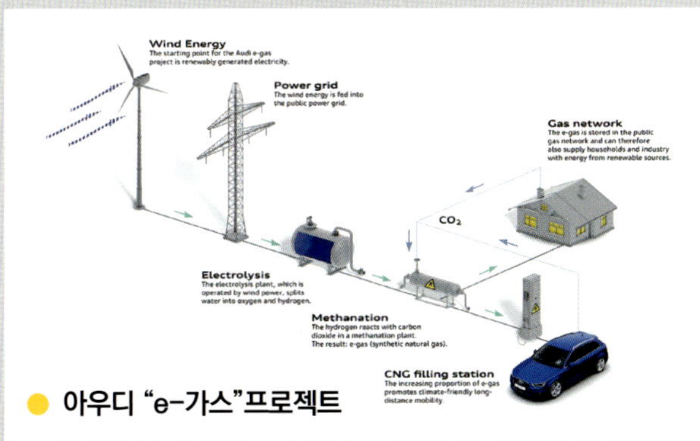
● 아우디 "e-가스"프로젝트

린을 사용할 때는 과급압을 낮춤으로서 노킹을 방지할 수 있기 때문에 바이 퓨얼도 용이하다. 고효율과 더불어 에너지당 CO2배출량이 적기 때문에, CO2저감에 더 많이 공헌할 수 있다.

BEV나 FCV를 보급시키려면 각각 전기충전소, 수소충전소를 현재의 주유소에 버금갈 정도로 구석구석까지 설치할 필요가 있는데, 그러기 위한 투자는 엄청날 수 밖에 없다. 각 자동차들이 보급될 때까지는 보조금 지원을 피할 수 없다. HEV나 DICEV는 기존 주유소를 사용할 수 있어서 문제는 없지만, 가격이 비싸다는 문제가 있다.

한편 CNGV의 경우는 기존 파이프라인과 LNG의 수송시스템을 이용할 수 있다. 미국에서는 LNG 대형트럭의 급속한 보급에 맞춰 보조금에 의존하지 않고 간선도로변을 따라 LNG충전소가 설치되고 있다. CNG 천연가스 승용차의 경우는 가정까지 들어와 있는 도시가스(천연가스)를 야간에 충전하고, 장거리 주행을 할 때는 간선도로변에 있는 충전소를 이용하면 연료공급 인프라에 애를 먹을 일이 없다. 실제로 미국에서는 가정용 천연가스충전기가 일부지역에서 보급되어 있다.

현재 일본에서는 천연가스 충전소 설치나 고압탱크 정비에 여러 규제가 있기 때문에 CNGV 도입에 걸림돌로 작용하고 있지만, 다행이 국가적인 FCV 보급활동에 따라 기체연료관련 규제 개정이 시작됨으로서 CNGV 보급을 촉진할 토양이 만들어지고 있다. 천연가스 충전소 설치가 진행되지 않을 경우라도, CNGV를 가솔린으로 주행할 수 있는 바이 퓨얼 자동차로서 도입하면 주행거리 문제는 거의 해소된다. FCV개발에 따라 70MPa의 고압탱크를 낮은 가격으로 제작할 수 있게 되면, 수소의 3.5배나 되는 에너지밀도의 천연가스를 사용하는 CNGV 주행거리와 탱크 공간 문제도 해결된다.

3. BEV의 CO2배출량의 재평가

최상의 환경대응 자동차는 CO2배출이 제로인 자동차이다. 거기에는 재생가능 에너지를 토대로, 자동차까지 에너지를 운반한 다음 탑재하고 이용하는 사회적 시스템을 구축하지 않으면 안 된다. 재생가능 에너지는 수력, 풍력, 태양광·열, 지열로부터 전기에너지 형태로 얻을 수 있다. 하지만 이들 재생가능 에너지에서 기원한 전력이 충분히 보급될 때까지는 원자력이나 화석연료를 통한 발전(發電)에 의존할 수밖에 없는 것이 현실이다.

화석연료를 통한 발전에서 배출되는 CO2를 필자가 산출한 결과를 〈환경대응 자동차의 CO2배출량 산출〉 그래프로 나타낸다. 정부의 공식계산과 다른 것은, 양산차인 미국의 복합연비와 복합전기비를 연비치로 삼아 적용했다는 점, CNGV를 추정해 추가한 점이다. 미국의 주행모드는 JC08보다 속도와 가속도가 높고, 평균구동출력이 1.5배 정도 크기 때문에 낮은 부하가 장기인 BEV에는 불리한 모드이지만, 전 세계적인 보급과 일본에서도 실용연비나 앞으로의 세계 공통모드를 감안하면 이것이 적절한 평가가 될 것이라 생각한다.

BEV가 배출하는 CO2평가에서 전기에 색깔이 없으므로 발전평균 CO2를 이용하는 것에는 문제가 없지만, BEV를 CO2감축 때문에 보급해야하느냐에 대한 판단에는 어울리지 않는다. 정확하게는 BEV가 보급되었을 경우의 발전(發電)과 보급되지 않았을 경우의 발전차이에 대한 CO2배출량을 비교할 필요가 있다. 재생가능 에너지에 의한 발전과 BEV가 계획대로 충분히 보급되었을 경우인 2030년의 전력사정을 예측한 사례가 있는데, 그에 따르면 주로 야간에 이루어지는 BEV 충전을 위해 야간 전력수요가 크게 증가하는 것으로 나타난다. 그 때문에 화석연료에 의한 발전 또는 주간전력, 야간에 사용하는 양수발전 등을 증가하는 BEV의 충전수요에 충당하게 된다. 재생가능 에너지가 충분하게 보급되어도 전력부족과 조정여력 때문에 화력발전은 일정한 비율로 발전해, 발전소에서는 CO2를 계속 배출하고 있다.

여기서 BEV의 보급을 정책적으로 멈추었을 경우를 생각해 보자. BEV가 없으면 야간전력이 몇% 감소하기 때문에 화력발전의 출력을 낮추든지 양수발전을 감소시키게 된다. 현실적으로는 비용이 많이 들어가는 양수발전을 감소시키기 때문에 주간의 천연가스 발전이 감소되는 만큼의 CO2배출량이 줄어든다. CO2를 감소시키는 것이 목적이라면 석탄화력을 감소시키는 것도 가능하다.

BEV 대신에 프리우스를 사용하면 10% 정도의 CO2감축에 이바지할 수 있다. 악셀라 CNG차량으로 바꾸면 비슷한 수준의 배출량을 보인다. BEV는 전지의 제조에너지로 2만km 주행에 상당하는 CO2를 배출한다는 예측결과가 있는 만큼, CNGV를 보급시키는 편이 전체 CO2배출량이 낮아질 가능성이 높다. 석탄화력을 감소시킬 수 있다면 기존 가솔린엔진 자동차를 사용해도 배출량은 감소한다.

4. 차세대 환경대응 자동차의 주역은 천연가스 엔진

셸가스 혁명으로 천연가스가 저가로 풍부하게 공급될 것이 기대되면서, 그 자체로도 CO2감축에 공헌할 것이라는 기대와 더불어, 궁극적으로는 바이오

에서 유래한 메탄을 이용해 CO2제로로 실현하는 것도 가능하다. AUDI에서는 〈아우디 "e-가스"프로젝트〉라 이름붙여 바이오에서 유래한 메탄과, 동시에 생성되는 CO2에 풍력발전으로부터 물을 전기분해해 만든 수소를 반응시켜 만든 메탄을, 바이 퓨얼 자동차에 공급하는 사업을 시작하고 있다. 저장할 수 없는 전기에너지를 수소로 바꾸어 이용하는 것이 수소회사인데, 히다치조선에서는 거기에 CO2를 추가해 메탄으로 이용한다는 메탄회사 연구를 실증실험 중이다.

바이오연료로서는 〈바이오매스 수송연료〉에 나타나 있듯이 다양한 연구개발이 진행되고 있는데, 액체연료의 제조개발도 진행 중이다. 자동차용 연료로는 에너지밀도와 취급용이성 관점에서 액체연료가 이상적이다. 그 때문에 대부분의 운수연료는 가솔린이나 경유 같이 액체연료가 차지하고 있는 것이 현실이다. 여기에 바이오에서 유래한 재생가능 액체연료를 사용할 수 있게 되면, 현재의 인프라를 크게 바꾸지 않고 편리성을 희생시키지 않으면서 CO2를 배출하지 않는 자동차를 구현할 수 있다. 거기에는 열효율 50%를 넘는 엔진이 하이브리드 시스템과 더불어 사용될 것이다.

재생가능 에너지로 전력을 모두 만들 수 있게 되었을 때 BEV 또는 FCV가 주역이 될지, 바이오에서 유래한 액체연료의 고효율 엔진이 주역이 될지는 필자로서도 예측하기 어렵다. 하지만 현실적으로는 화력발전이 없어질 것은 먼 장래의 일이고, 바이오에서 유래한 액체연료가 적절한 가격으로 대량 제조가능하게 되는 것도 가까운 장래라고 말하기 어려울 것이다.

지구온난화 대책은 더 이상 지체할 수 없는 상황에 처해 있다. 현재 상태에서의 이행이 비교적 쉽고, 대변혁을 동반하지 않으면서 전 세계적으로 확실하게 CO2감축으로 이어지는 CNGV 보급이 바람직하다. 천연가스 엔진을 탑재한 CNGV를 정책적으로 당면한 환경대응 자동차의 주역으로 도입할 것을 제안하고 싶다. 장기적으로도 e-가스가 보여주는 메탄회사가 CO2감축의 유효한 수단이 될 가능성도 있다. 본격적으로 천연가스와 더불어 개발한 과급 다운 사이징 천연가스 엔진의 등장에 기대하는 바도 크다. 또한 밀드 하이브리드로 만들면 연비와 주행거리를 더욱 향상시킬 수 있다. 엔진 워밍업이 끝날 무렵에 목적지에 도착할 만큼의 단거리 주행에 한해서는, 충전한 전력으로 BEV주행을 하는 PHEV로 하면 더 합리적이다.

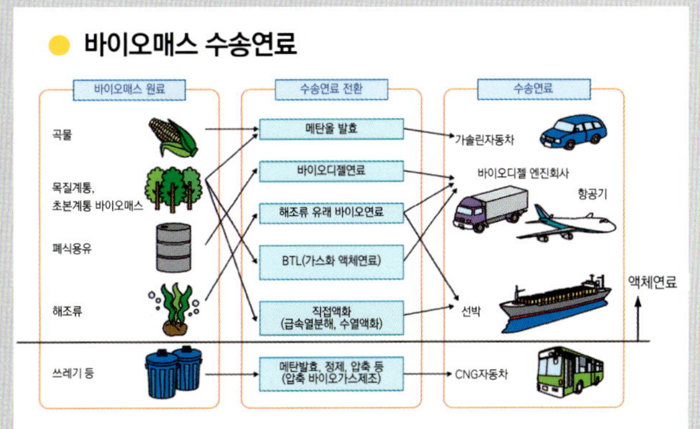
● 바이오매스 수송연료

이스즈 × 유글레나 = 듀젤(DeuSEL)

연두벌레가 세계를 바꾼다?!

[바이오디젤 연료에 대한 새로운 접근]

누구나 「연두벌레라고?」하며 다시 물어볼 만큼 강렬한 프로젝트이다.
편모를 갖고 물속을 자유롭게 돌아다니는 한편, 광합성도 한다.
심지어 동물과 식물 양쪽의 특징을 가진 이 미세조류를 디젤엔진의 연료로 삼는 연구가 진행되고 있다.

본문 : 고이즈미 겐지(MFi)　　사진 : MFi/유글레나

어찌됐든 「벌레」는 벌레이다. 근처에 날아다니는 벌레가 자동차 연료가 된다고 한다면 이것은 일대 뉴스가 아닐 수 없다.

「벌레라고는 하지만 정확하게는 미세조류(微細藻類)이기 때문에, 세계적으로 연구, 운용되고 있는 바이오매스 연료의 일종이라고 생각하는 편이 좋겠죠」라고 말하며 웃는 사람은, 이스즈자동차에서 연두벌레(Euglena)에서 유래하는 디젤연료인 「DeuSEL(듀젤)」을 연구하고 있는 고바야시 히로시씨이다.

연두벌레는 5억년 이상 전에 탄생한 생물로서, 편모를 통해 물속을 돌아다닐 수 있다. 이렇게 보면 벌레라고 할 수 있으므로 동물로 볼 수 있지만, 체내에 엽록소를 가지고 광합성을 하기 때문에 놀라지 않을 수 없다. 동물과 식물 양쪽의 특징을 겸비한 생물이다.

「2012년에 사내의 젊은 엔지니어를 대상으로 2~30년 후를 내다본 연구개발 워킹 팀이 조직되었습니다. 3개월의 연구기간을 거쳐 발표한 사내기획이었던 것이죠 (고바야시씨)」

고바야시씨의 팀은 미래의 석유자원 고갈이나 먹거리 위기에 대비해 어떻게 대처해야 하느냐는 주제를 내걸고 바이오디젤 연료에 착안했다.

「자가용 자동차라면 전기나 수소 같은 대안도 있습니다. 하지만 트럭이나 버스에는 현실적이지 않죠. 화물칸 반 정도를 배터리가 차지해도 상관없다면 괜찮겠지만요. 대형수송기기에 유용하고, 이스즈가 쉽게 공헌할 수 있

이스즈 후지사와공장 역내에 있는 듀젤 급유기. 급유방법은 통상적인 경유나 가솔린과 차이가 없으며, 냄새도 경유와 똑같다.

듀젤을 연료로 하는 노선 버스가 이스즈 후지사와 공장과 쇼난다이역까지 정기적으로 운행되고 있다. 운전가가 말하길 일반 경유연료와 전혀 차이를 느끼지 못한다고 한다. 버스에 직접 타보기도 했는데, 물론 차이 등을 느끼지 못했다.

좌 : 엔진에는 전혀 손을 대지 않았다. 「차체 쪽 변경을 필요로 하지 않는다는 것이 보급을 위해서도 중요합니다」라며, 같은 개발 팀에서 연구하고 있는 고바야시씨와 오무라씨는 이구동성으로 말한다.

우 : 셔틀버스 측면에 붙여진 듀젤 설명문. 초등학생도 알 수 있도록 어려운 한자를 사용하지 않았다. 그런데도 불구하고 「연두벌레를 사용한 연료」라는 문구의 임팩트(impact)가 강하다.

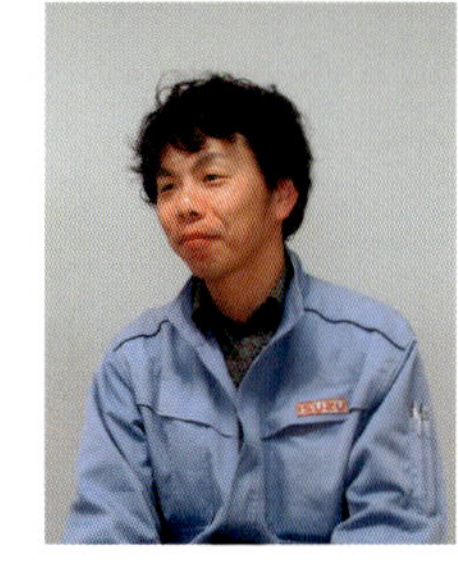

듀젤의 개발을 지휘하고 있는 이스즈 CV섀시설계 제2부의 고바야시 히로시(위)와 이스즈 PT전자제어 개발부의 오무라 히로히사씨.

어야 한다는 관점에서 바이오디젤 연료는 장래성이 높다고 판단했습니다」

그들은 유글레나라는 회사가 연두벌레에서 유래한 제트연료를 개발하고 있다는 것을 알고 있었다. 제트연료와 경유는 비슷하다. 전자가 가능하다면 후자도 가능할 것이라고 판단해 유글레나의 문을 두드렸다. 유글레나의 반응은 「환영」이었다고 한다. 기간이 한정되었던 워킹 팀이지만 이것을 계기로 본격적인 개발연구가 시작되었다.

그렇다 하더라도 왜 연두벌레일까?

「식물에서 유래한 바이오연료의 경우는 먹거리문제와 상반됩니다. 연료에 사용하기보다 먹거리가 먼저이기 때문이죠. 그런 점에서 연두벌레 같은 경우는 식용수요와 경쟁할 일이 없습니다」

정확하게는 연두벌레도 먹거리로 제공할 수 있기는 하지만, 그것은 유글레나를 계속 연구해 상품화했을 때의 결과이지 사람들이 애초부터 먹거리로서 의존해 왔던 것은 아니다.

유글레나의 이사로서, 연구개발을 지휘하고 있는 스즈키 겐고씨는 「처음에는 세계의 기아를 없애기 위해 뭔가 할 수 있지 않을까하고 생각했던 것이 시작이었습니다」라고 말한다.

「연두벌레는 광합성을 하기 때문에 이산화탄소를 흡수해 산소를 방출합니다. 즉 연두벌레를 식용으로 할 수 있다면 환경문제와 식량문제를 해결하는데 일조하게 되는 셈이죠」

식용 다음으로 눈을 돌린 것은 제트연료로서의 활용이다.

「연두벌레에는 연료로 가공하기 쉬운 기름기를 만드는 성질이 있습니다. 지하에서 파낸 화석연료를 사용하면 지하자원을 없앨 뿐만 아니라 지상의 CO_2가 증가합니다. 연두벌레를 지상에서 만들어 지상에서 태운다면 지상에 있던 CO_2만 사용하는 셈이기 때문에 전체적인 CO_2를 늘리지는 않게 되죠. 석유에서 유래한 것보다 상대적으로 환경친화적인 연료라고 할 수 있습니다」

먼저 제트연료부터 착수한 이유는 단순명쾌해서, 수요

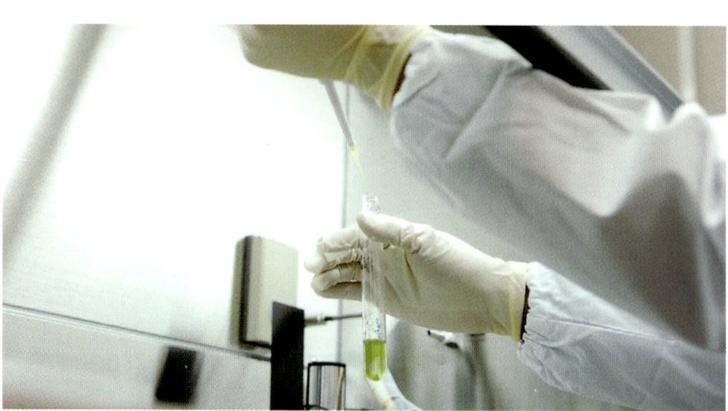

좌 : 연두벌레는 오키나와현 이시가키섬의 연구플랜트에서 배양되고 있다. 하루에 약 2배씩 증식해 나가는데, 약간의 잡균에 의해서 일거에 괴멸되는 경우도 있기 때문에 철저한 관리체제가 갖추어져 있다.

하 : 연료에 적합한 유분을 많이 포함한 종류나, 식용에 적합한 영양소를 풍부하게 갖춘 종류 등, 유글레나에서는 용도에 맞춰 약 20가지의 연두벌레를 배양하고 있다.

가 높았기 때문이다. 자동차에는 선택 가능한 에너지가 많이 있지만 항공기는 액체연료가 주로서, 지금으로서는 항구적으로 시장이 존재한다고 생각할 수 있다. 게다가 가까운 미래에 유럽을 다니는 항공기에는 바이오에서 유래한 연료 10%를 넣어야 한다는 규칙이 도입될 공산이 높다고 한다.

이렇게 제트연료 개발을 진행 중일 때 이스즈에서 제안이 왔다.

그렇다면 듀젤은 실제로 어떻게 만들어지는 것일까.

유글레나에서는 이시가키섬의 연구플랜트에서 연두벌레를 배양하고 있다. 이시가키섬을 선택한 이유는 세 가지가 있다. 먼저 일조량이 충분해 광합성이 촉진된다는 점. 기온이 안정적이어서 겨울에도 특별히 문제가 없다는 점. 그리고 오키나와 본섬보다 높은 산이 있어서, 덕분에 풍부한 수자원 혜택을 받을 수 있다는 점이다.

연두벌레는 하루에 약 2배 속도로 세포분열을 한다. 그리고 일정한 양으로 불어난 시점에서 원심분리기에 넣어 세포를 모은 다음, 스프레이 드라이어로 건조시킴으

로 연두벌레 분말이 만들어진다. 그러면 이 분말에 유기용매를 섞어 세포 안에 존재하는 기름기를 추출하게 된다. 이 유기용매는 드라이클리닝 등으로 기름의 얼룩을 제거하는 것과 비슷해서, 유지류(油脂類)와의 친화성이 높아 연두벌레의 유지만 배어나온다. 또한 유기용매는 비점이 낮기 때문에 상온에 가까워지면 유기용매가 증발해 유지만 남게 된다.

이 시점에서 연두벌레의 유지는 왁스 에스테르라 불리는 왁스 같은 상태가 된다. 그것을 촉매반응을 이용해

바이오디젤의 분류와 듀젤

		분자구조	규격	원료	제조방법	특징	현상
바이오디젤연료	종래형	FAME (지방산메틸에스테르)	일본내B5규격 (5%까지 경유와 혼합가능)	팜, 유채씨, 대두, 폐식용유, 연두벌레 등	에스테르교환 등	경유와 매우 비슷한 특징을 갖지만, 100% 사용에는 적당하지 않은 면도 있다	이스즈의 정기운행 버스에서 사용
	차세대형	탄화수소 (수소화바이오경유 등)	일본 규격없음		수소화처리 등	분자구조가 경유와 똑같아 100% 사용도 가능	이스즈와의 공동개발 테마로 진행 중
통상 디젤연료(경유)		탄화수소	JIS, 품확법, 세법 등	원유	증류 등	가솔린 대비 CO_2배출량이 20~30% 적고, 일본에서는 세율도 낮다	——

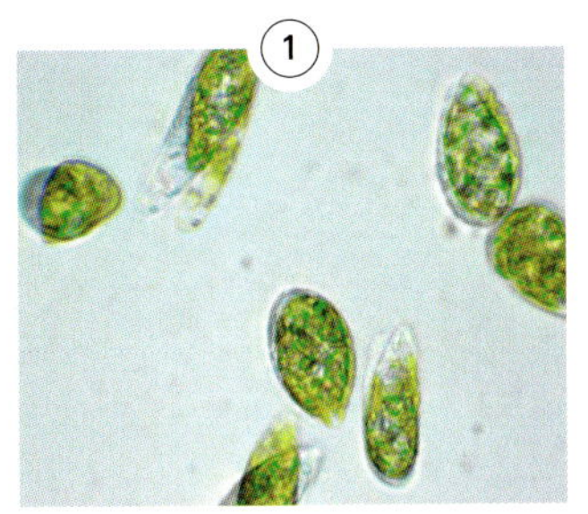

동물과 식물의 중간적 생물

배양 중인 연두벌레. 몸길이는 약 0.05mm, 폭은 0.01mm이다. 동물과 식물 양쪽의 특징을 가진 미세조류이다.

분말로 변한 연두벌레

성장한 연두벌레는 수확한 다음에 분리기로 갈아 세정·농축시킨다. 그리고 스프레이 드라이어로 건조시켜 분말상태로 만든다.

왁스 에스테르 / 유글레나 FAME

유글레나 분말에서 유분을 추출한 것이 왁스 에스테르(좌). 이것을 FAME화시켜 유글레나 FAME(우)을 만든다.

경유에 혼합시켜 연료로

유글레나 FAME는 산와에너지와의 협력 하에 경유와 혼합된다. 현 단계에서는 유글레나 FAME 비율을 5% 이하로 맞추고 있다.

FAME(Fatty Acid Methyl Ester/지방산 에틸에스테르)화시켜 경유와 섞으면 듀젤이 완성되는 것이다.

현재의 듀젤에 유글레나 FAME의 함유율은 1%이다. 일본 내 B5 규격에서는 혼합이 5%까지 가능하다고 되어 있다. 이스즈의 고바야시씨에 따르면 「100%로 사용해도 기능상 문제는 전혀 없다」고 말하지만, 유글레나를 통한 생산량에는 한계가 있어서 연간 사용하는 양과의 균형 상 1%에서 멈추고 있다.

이 듀젤을 사용한 버스가 현재 이스즈의 후지사와공장과 쇼난다이역 사이를 왕복운행하고 있다. 엔진을 비롯해 차량 쪽에는 전혀 손을 대지 않고 있다.

「변경할 필요가 없다는 점이 중요합니다. 아무리 환경친화적이라 하더라도 사용하지 않으면 의미가 없기 때문이죠(고바야시씨)」

하지만 정말로 아무런 문제가 없는 것일까. 계속되는 고바야시씨의 이야기이다.

「FAME은 변질되기가 쉬운데, 변질된 것은 고무종류에 대한 공격성을 갖고 있기 때문에 계속해서 100%로 사용했을 경우에는 약간의 문제가 나타날지도 모릅니다. 하지만 이것은 유글레나 FAME만 그런 것이 아니고 식물에서 유래한 바이오연료도 마찬가지입니다」

고바야시와 팀을 이룬 오무라 히로히사씨의 「실제로는 전 세계 모든 상황에서 사용할 수 있도록 상정해 설계하고 있습니다」라는 말처럼, 이스즈 엔진은 어떤 연료를 사용할지 모르는 글로벌 시장을 추구하고 있기 때문에 100%로 사용한다 하더라도, 하물며 5%나 10%에서는 일단은 문제가 발생하지 않을 것이다.

또한 「에스테르는 분자 안에 산소가 두 개 들어가 결합되어 있어서 산화가 진행되는, 말하자면 약간 연소된 상태이기 때문에, 자기착화로 얻을 수 있는 칼로리가 경유보다 약간 적습니다(고바야시씨)」라고 말하지만, 「운전자는 느끼지 못할 정도이고, 연비에도 거의 차이가 없습니다(오무라씨)」라는 정도이다.

장래에는 분자 안에 산소가 포함되지 않는 탄화수소를 만들어 제조할 계획이라, 작금의 개발 주제 중 하나를 차지하고 있다. 분자구조가 경유와 똑같아서 100%로 사용해도 문제는 전혀 없다. 법적정비가 진행되지 않은 측면도 있어서 실제로 몇 %로 운용하게 될지는 확정되지 않은 상태이지만, 「경유와 완전 똑같아서 문제가 없다는 것을 조사나 데이터를 통해 증명해 나가는 것이 우리들 자동차 메이커의 역할입니다」라는 고바야시씨. 2018년에는 이 차세대형 연료의 기술적 확립을 목표로 하고 있다. 또한 스즈키씨는 「회사로서의 공식적인 언급은 아니지만, 올림픽이 열리는 해인 2020년까지는 사업성을 갖출 계획입니다」라는 비전을 그리고 있다. 이스즈와 유글레나의 2인3각은 이제 막 시작된 느낌이다.

유글레나의 이사이자, 연구개발부장도 맡고 있는 스즈키 켄고씨. 동대(東大)농학부에서 식물 시스템 공학을 전공하고, 2005년에 현 사장과 함께 유글레나를 설립했다.

LNG / HFO 듀얼 퓨얼

LNG&HFO : 2행정 저압 듀얼 퓨얼 엔진

[대형선박용 2행정 저속기관도 듀얼 퓨얼화]

선박용 대형 2행정 디젤 기관에도 환경성능이 요구되고 있다.

그래서 등장한 것이 연료에 LNG와 HFO(중유)를 사용하는 듀얼 퓨얼화(Duel Fuel化)이다.

윈터 툴 가스&디젤사가 개발한 저압가스 2행정 듀얼 퓨얼 기관의 기술을 살펴보겠다.

본문 : 스즈키 신이치(MFi)   사진 : Winterthur Gas & Diesel/BP

DU-Wärtsilä **W6X72DF**

앞쪽으로 보이는 3개의 파이프가 연료 파이프. 실린더 원주 상에 120도 간격으로 배치된 인젝터를 통해 연료(C중유)가 실린더 내로 분사된다. 이 부분은 자동차용 디젤과 마찬가지로서 커먼레일 시스템에서 분사압력은 최대 1000bar. 가스밸브는 실린더 라이너에 2개. 위에서 봤을 때 시계반대 방향으로 스월이 형성되기 때문에, 거기에 편승하듯이 비스듬하게 가스를 분사한다.

DU-Wärtsilä **W6X72DF** 테크니컬 스펙

기통수 : 6
내경×행정 : 720×3086mm
회전속도(R1) : 89rpm

MCR(R1) : 19350kW
BMEP : 17.3bar
중량 : 561톤

Pre Combustion Chamber

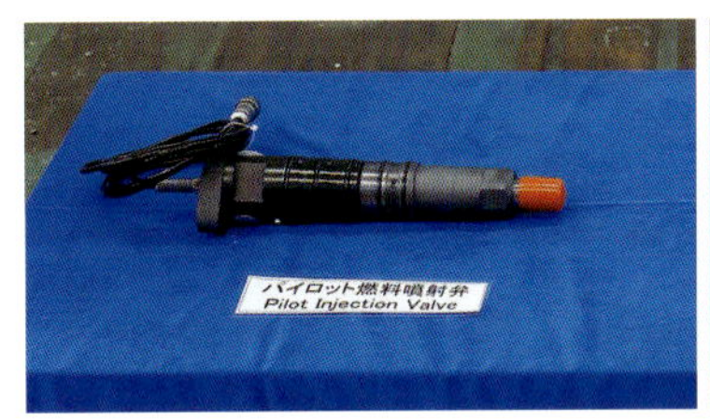

파일럿 분사 밸브는 1기통에 2개. 1600bar의 고압으로 우측의 예연소실로 파일럿 연료(A중유)를 분사. 자기착화를 통해 불씨가 되어 예혼합된 희박혼합기에 착화된다. 실린더 내경이 72cm나 되어 인젝터도 거대하다. 전장 40cm 정도.

대형선박용 추진기관은 2행정 디젤엔진이 일반적이다. 본지 78호에서도 「바르질라사의 초대형 저속 2행정 디젤기관」을 다루어본 적이 있다. 최대급 기관은 내경 960mm에, 행정 3500mm에 달할 만큼 내경이 크고 행정이 길지만, 회전속도에서는 70~80rpm 정도의 저속인 것도 특징이다. 이 저속 2행정 디젤의 연료로는 통상 중유를 사용한다. 종합 열효율이 50%를 넘을 만큼 고효율을 자랑하는 저속 2행정 디젤엔진이지만, 엄격해지는 환경기준을 따라가기 위해 다양한 기술적 시도가 펼쳐지고 있다. 이번에는 스위스에 본거지를 둔 윈터툴 가스&디젤(이하 WinGD)사가 개발하고, 디젤 유나이티드가 파일럿 엔진으로 제작한 「2행정 저압 듀얼 퓨얼 엔진 DU-Wärtsilä W6X72DF」를 살펴보겠다.

기술적 설명으로 넘어가기 전에 WinGD사에 대해 먼저 설명하겠다. 핀란드 바르질라사(1997년에 스위스 술처사의 디젤엔진 개발설계부문을 인수)의 2행정 디젤사업을 바르질라와 중국선박공업집단공사(CSSC)의 합병회사가 이어받는다. 이 합병회사(바르질라 30%, CSSC 70%)가 WinGD이다.

이번 취재의 주역인 DU-Wärtsilä W6X72D(이하 X72DF)는 내경 720mm×행정 3086mm인 6기통 엔진이다. 엔진회전속도 89rpm에서 19350kW, BMEP 17.3bar이다. 이 X72DF는 세계 최초의 「큰 내경 2행정 저압 듀얼 퓨얼 엔진」이다.

먼저 「듀얼 퓨얼(Duel Fuel)」부터 살펴보자. 통상적인 대형 선박용 2행정 디젤기관 같은 경우는 연료로 C중유를 사용한다. 하지만 이 X72DF는 C중유와 LNG(액화천

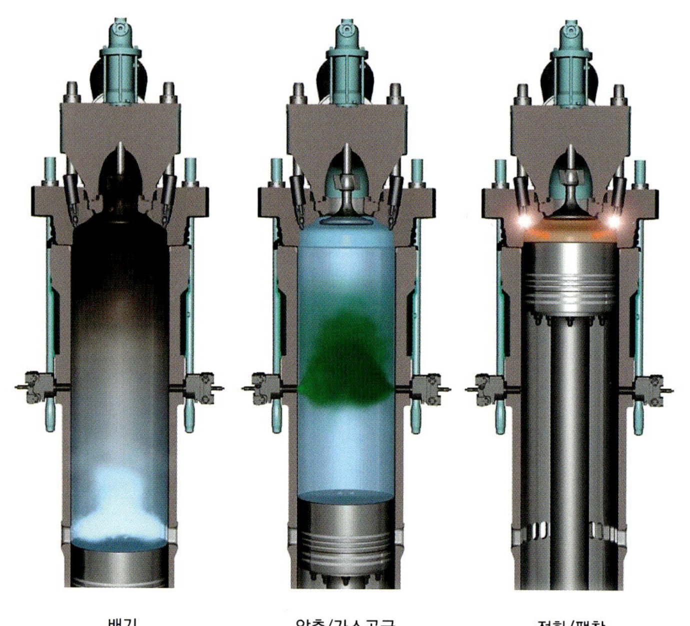

좌 : 예혼합희박연소

피스톤이 상승과 하강(2행정)함으로서 1사이클이 완료되는 것은 디젤모드와 똑같다. 선박용 2행정 기관은 실린더 벽면 하부에 배기구가 열려 있다. 벽면에 대해 수직이 아니라 비스듬하게 돌아들어간 형상을 취함으로서 스월유동을 발생시킨다. X72DF에서는 실린더 벽면에 가스공급 밸브를 2개 설치하고, 압축행정에서 저압(16bar)으로 가스를 분사. 압축행정에서 가스와 공기가 혼합되고, 파일럿 연료분사를 통해 착화~팽창행정이 이루어진다. 내경이 큰 실린더에서 예혼합희박 혼합기를 불꽃점화하기 위해서는 큰 에너지를 필요로 한다. 그래서 파일럿 분사로 착화시키는 것이다.

가스연료분사 밸브

1실린더 당 두 개의 가스분사 밸브(Gas Admission Valve)를 장착하고 있다. GAV는 배기구 동용과 똑같이 서보 오일로 구동한다. 가스 분사 압력은 16bar.

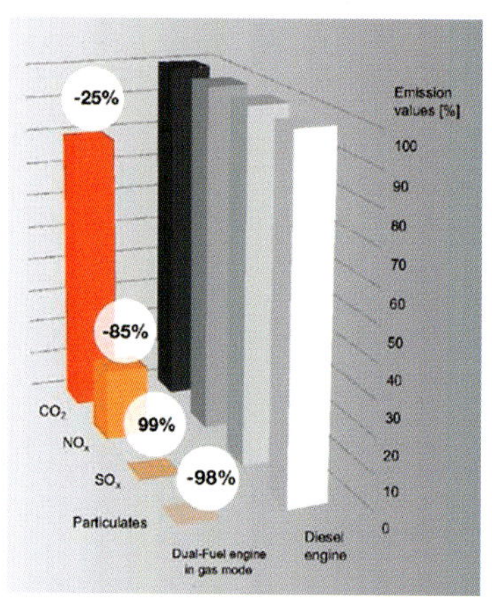

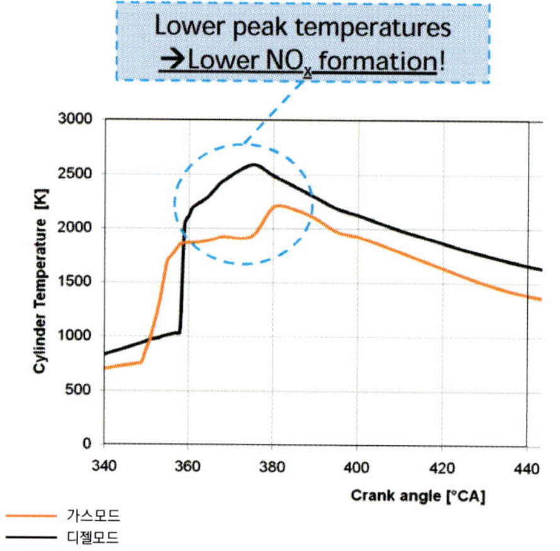

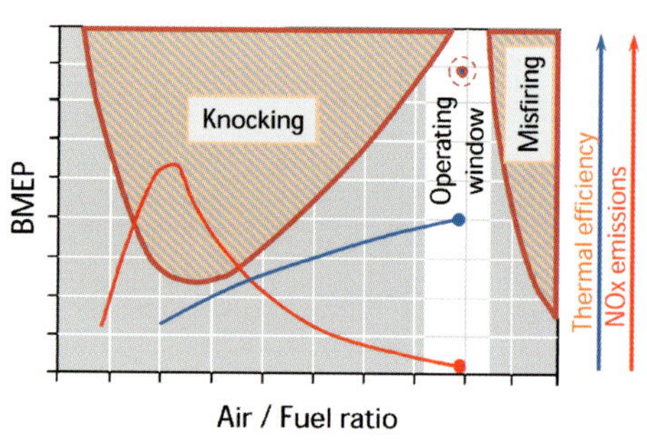

LNG의 배기는 청결

통상적인 HFO(C중유=Heavy Fuel Oil)를 연료로 사용하는 디젤기관과 비교해 저압방식의 듀얼 퓨얼 가스 모드 같은 경우는 CO_2를 25%, NOx를 85%, SOx를 99%, PM을 98%나 줄일 수 있다. SCR이나 EGR 없이 IMO의 Tier3 규제수준을 통과할 수 있다.

연소온도가 낮기 때문에 NOx 생성 수준도 낮다

흑색선이 디젤모드. 황색선이 가스모드 운전. 실린더 내 온도가 디젤모드와 비교해 낮다는 것이 NOx 감축으로 이어지는 원인이다. 충분히 예혼합되어 있기 때문에, 부분적으로 농후한(rich) 연소가 없어 PM발생도 적다. NOx는 85%나 줄일 수 있다. 같은 가스모드라도 300bar의 고압방식에서는 25% 정도밖에 감축하지 못한다고 한다.

노킹 회피

공연비에 관한 구체적 수치는 밝혀지지 않았지만, 착화되지 않는 한도까지 희박 영역을 사용하는 것 같다. 공연비를 올리면 노킹이 줄어드는 경향을 보이면서 열효율도 올라가고 NOx도 감소한다. 공연비는 노킹과 실화를 하지 않는 영역에서 조정된다. 실린더마다 노크 센서가 장착되어 있다.

연가스)로 이루어진 듀얼 퓨얼화를 계획했다. LNG는 메탄을 주성분으로 한 천연가스를 냉각한 다음 액화(液化)시킨 무색투명한 액체로서, 약 −162℃로 액화하면 체적이 액체상태에 비해 약 600분의 1로 줄어든다. 발전(發電)이나 도시가스로서 수요가 많아 LNG탱커(LNG캐리어)를 통해 운반되고 있다.

LNG를 연료로 사용시 장점은 비용과 환경성능이다. 현재의 하락한 원유가격에서는 C중유와 LNG 가격이 거의 비슷하지만(그 전에는 LNG 쪽이 상당히 낮은 가격이었다), 향후 유황 감축이 의무화되면 C중유의 가격은 상승할 것으로 예상된다. 또한 IMO(국제해사기관)의 해양오염방지조약을 통해 지난 2016년부터 환경기준 IMO Tier3로 질소산화물(NOx), 황산화물(SOx) 배출규제를 대폭 강화하고 있다. LNG와 예혼합 희박연소기술을 조합함으로서 NOx는 80~90%, SOx는 거의 제로, CO_2는 20~25%의 감축이 가능하다는 LNG의 큰 특징을 살릴 수 있다. 앞으로 C중유를 사용한 2행정 디젤기관에서도 자동차와 마찬가지로 SCR(선택촉매환원)이나 EGR 등과 같은 후처리장치가 필요하게 되는데, 저압 듀얼 퓨얼 엔진의 경우는 그런 후처리장치 없이도 환경기준을 통과할 수 있다. 이것은 초기투자라는 측면에서도 큰 이점이 아닐 수 없다.

LNG는 비용과 환경성능에서 장점을 가진 한편으로, 문제는 연료인 LNG의 저장이다. LNG의 비중은 약 0.43으로, C중유의 반 정도밖에 되지 않는다. 같은 발열량을 확보하기 위해서는 연료탱크 용량이 2배가 필요하다는 뜻이다. 이것은 화물공간의 감소로 직결된다. 화물운반선의 목적을 감안하면 큰 장애물이다.

이번에 X72DF를 처음으로 장착하려고 하는 배 종류는 LNG탱커이다. LNG탱커는 수송하는 동안 태양열 등으로 인해 어떤 식으로든 LNG가 증발하게 된다. 그 양이 하루에 카고 탱크 용량의 약 0.06~0.1%가 된다고 한다. 그런 증발가스(Boil Off Gas)를 연료로 유효하게 이용하면 더 효율적이 된다.

LNG 탱커용 저압가스 시스템

X72DF가 상정하는 배는 사진 같은 LNG탱커(LNG캐리어)이다. -162℃로 LNG를 저장하는 탱크는 타입A, B, C와 얇은 막(membrane) 4종류. 선상에 돔 형태의 탱크가 보이는 종류는 타입B이다.

저압가스 vs 고압가스

위 : LNG탱커에 저압 듀얼 퓨얼 2스트로크 기관을 탑재했을 때, 증발가스에 대한 취급 흐름을 나타낸 그림. 각 탱크에서 증발된 가스는 6스테이지, 850kW의 터보 컴프레서 유닛에서 16bar로 높아진 다음, 메인엔진과 보조엔진으로 보내진다. 컴프레서 유닛의 중량은 20톤.

우 : 이 그림은 고압방식에 트윈 스크류일 때의 그림. 가스는 보조엔진용의 저압과 메인엔진용의 고압(300bar)용 2계통으로 나누어진다. 환경기준을 맞추기 위해 후처리장치가 필요하고, 300bar의 고압을 만들어내기 위한 컴프레서 유닛은 1400kW의 출력과 120톤이나 되는 대형 장치가 되어버린다.

트윈 스크류 선박용 고압가스 시스템

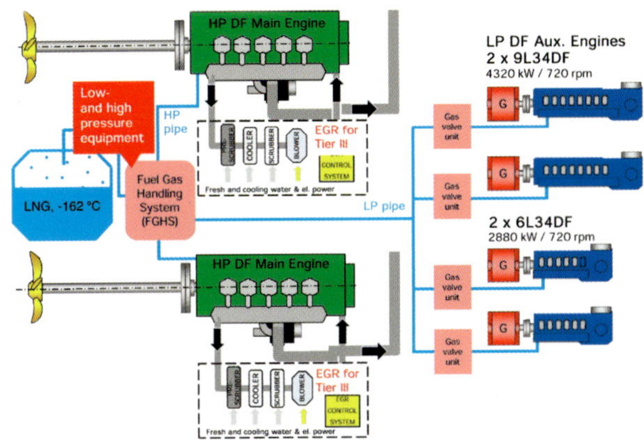

좌 : 증발가스vs필요한 연료가스((18만m³ LNG탱커)

LNG는 1일당 카고 탱크 용적의 0.06~0.1% 정도가 증발한다고 알려져 있다. 18만의 LNG 탱커에서는 놀랍게도 하루에 75톤의 증발가스가 발생한다. 배 속도를 18~19노트로 올리면 증발하는 가스양과 엔진이 필요로 하는 가스양이 똑같아진다고 한다. 회색선의 ME&AE는 메인엔진(ME)과 발전용 보조엔진(AE)을 가리킨다.

X72DF 같은 경우, 기동발정(起動發停, 항구 내에서의 엔진시동이나 미속 전후진)에서는 통상적인 중유를 사용한 디젤사이클(디젤모드), 그 이외는 LNG를 사용한 오토사이클(가스모드)로 운전하는 것을 상정하고 있다.

가스모드에서는 파일럿 착화기술을 이용해 불꽃점화가 아니라 예연소실(Pre-Combustion Chamber)에 1600bar로 파일럿 연료(A중유)를 분사하여 불씨를 만든 다음, 그 불씨로 예혼합기를 착화해 연소시킨다. 연료는 -162℃의 LNG를 기화시킨 가스를 16bar로 분사. X72DF에서는 피스톤 압축에 의해 연소실내 압력이 상승하기 전에 연료가스 분사를 완료하기 때문에 16bar라는 저압으로 가능하다. NOx 감축을 위해서는 희박한 예혼합기를 연소시킬 필요가 있지만(린 번), 희박 예혼합기는 착화가 잘 안 되는 특성이 있다. 이 장벽을 넘어서기 위해 상사점 근방에서 극히 미량의 파일럿 연료를 분무함으로서 안정적인 착화를 구현했다. 사실은 WinGD의 경쟁사인 MAN사는 이미 ME-GI 듀얼 퓨얼 2행정 엔진을 시판하고 있다. MAN사의 경우는 300bar의 고압가스를 분사하는 디젤 사이클에서의 운전으로서, 환경기준을 통과하려면 EGR이나 SCR 등과 같은 후처리장치가 필요하다. MAN의 300bar에 비해 WinGD는 16bar로 분사하기 때문에 X72DF가 「저압」이다. 법규상으로는 10bar를 넘으면 16bar나 300bar 모두 똑같이 고압이지만, 안전성 확보라는 측면에서 300bar의 고압가스를 사용하는 것에 비하면 16bar상태의 가스를 취급하는 것이 편하다고 한다.

WinGD에서는 2013년에 X72DF와 똑같은 컨셉으로 내경 50cm인 엔진을 개발하는데 성공했다. 이번의 72cm는 한 단계 위의 「큰 내경」으로서, 대형 선박으로 적용을 넓혀갈 가능성이 높아졌다. 종래에는 큰 내경의 린 번은 혼합기를 균등하게 혼합하는 것이 어렵다고 생각했지만, 내경 50cm 내경에서의 노하우를 바탕으로 비교적 원활하게 개발이 진행되었다고 한다. 앞으로는 82cm, 92cm로 넓혀 갈 수 있도록, 몇 년에 걸쳐 개발해 나갈 계획이라고 한다.

알다시피 일본이라는 나라는 정부가 어떤 정책을 내세워도 개별화 경향이 멈추질 않는데, 별로 이상할 것도 없다. 넓지 않은 국토면적을 가진 나라의 문화가 고도로 진화하면 그렇게 되는 것은 유럽 각국의 예를 보아도 알 수 있기 때문이다. 하지만 그런 측면도 있겠지만, 원래 일본은 그러는 것이 자연스러운 측면도 있고, 현재의 인구수가 너무 많은 것도 사실이다.

총무청 통계국이 발표한 2015년 4월 시점의 개략적 통계를 보면, 총인구수는 1억 2691만 명이다. 반면에 국토면적은 38만㎢이다. 게다가 산들이 많아서 국토 가운데 주거가 가능한 면적은 31% 정도에 지나지 않는다. 이것을 일본과 비슷한 국토를 가진 선진국과 비교해

일본의 인구가 지금보다 훨씬 적은 편이 여러 가지 면에서 이치에 맞고, 일본인이 행복하게 살 수 있는 것이 아닐까. 총무성의 인구통계연보에 따르면, 2100년 무렵에 일본의 인구가 적으면 3770만 명, 많아도 지금의 반 정도인 6400만 명에 지나지 않을 것이라 한다.

이런 예측을 멀리 내다보는 한편으로, 직전의 현재를 파악하면서 자동차의 가까운 미래 상황을 그려나가야 할 것이다.

그렇게 그려본 그림에는 틀림없이 자동차에 대한 수요가 바뀌어 있을 것이다. 그렇게 된 가장 큰 원인은 인구감소에 따른 주민의 도시집중화이다. 현재 말하는 7대 도시를 비롯한 몇몇 지역으로 경제활동이 집중되는 대신

보면, 양쪽으로 분화되지는 않을까. 필요해서 타는 자동차는 소형화나 경자동차로 옮겨가는 것을 뛰어넘어, 렌트 카 또는 카 쉐어로 몰리게 된다. 여전히 도시지역의 땅값은 높은 상태일 것이기 때문에, 구입비용이 아니라 차고가격을 비롯한 유지비가 비싸게 들 것이다. 하지만 자동차를 소유하는 것이 사회적 신분이었던 시대는 이미 지나갔고, 국민과 자동차의 뜨거운 연애시절도 과거의 이야기가 되었다. 그렇다면 필요할 때만 빌리는 방향으로 사람들이 쏠리는 것은 당연하다.

아주 건조하게 비용대비 효과만 내세운 선택이 한 쪽을 차지한다면, 다른 한 쪽은 일종의 추억앓이이다. 분명 소수가 될지는 모르겠지만 사람들은 자동차와의 연애를

Epilogue

Illustraiton Feature : FUTURE FUELS

가솔린 엔진은 아직 죽지 않는다

지금까지 살펴보았듯이, 다양한 종류가 자동차의 차세대 에너지로 이름을 올리고 있다.
각각의 종류에는 장점이 있는 반면에 단점도 있어서, 보급에 이르는 과정이 확립되어 있는 종류,
과제가 많이 남아 있는 종류 등, 또 다른 각각의 상황에 처해 있다.
그렇다면 인간이 자동차를 운전한다고 하는 정서적인 시각에서 바라보았을 때, 과연 차세대 에너지는 어떤 평가를 받아야 할까.

본문 : 사와무라 신타로

보면, 상이한 점을 알 수 있다. 이탈리아는 국토면적이 약간 좁은 30만㎢이지만, 그 가운데 주거가능 면적이 80% 가까이나 되는데도 불구하고 인구는 6000만 명을 넘지 않는다. 영국은 24만㎢에, 90%가 주거가능 지역이라 면적으로만 보면 일본의 배인데도 불구하고 인구는 6400만 명. 이런 점을 감안하면 일본의 인구는 지금의 반이나 그 이하가 아마 적정선일 것이다.

상상해 보면, 인구가 반이 되면 여러 가지 문제가 해결된다. 인구의 과밀. 정체. 토지나 집값. 에너지문제. CO_2배출량을 포함한 온난화문제. 곡물로 따져서 30%가 안 되는 식량 자급률도 단순 계산으로는 배가 된다.

에, 그 이외의 지역에서는 과소화가 진행된다.

과소화된 지역에서 자동차는 살아가기 위한 필수 품목이다. 현재 상태에서도 이미 그렇지 않을까. 근처의 상점가가 셔터로 닫혔을 때, 도로 변 상점이 집중된 곳까지 나가지 않으면 일상적인 식량이나 잡화를 사기도 어려운 상태가 되고 있다. 이렇게까지 되면 사람에게 자동차 한 대는 필수가 된다. 그렇다면 그 한 대는 구입비용 측면이나 기능성 측면, 유지비용 모두 작고 싸야 하는데, 그래서 경자동차만 팔려서 신차판매율의 40%를 넘고 있는 것이다.

또 다른 한 쪽인 도시지역은 어떻게 될 것인지 상상해

잊지 못한다. 뜨거웠던 청년기의 연애는 끝났지만 사람의 추억은 잊히지 않는다. 유용성이 아니라 사랑으로 자동차를 소유하는 사람이 일정하게나마 반드시 남을 것이다. 바꿔 말하면 취미 대상으로서의 자동차인 셈이다.

돌이켜보면 20세기는 전 세계 대중의 사모와 욕구를 만족시킬만한 소비재가 갖추어지면서 탄생한 드문 시대였다. 그 선두는 자동차였지만, 전기기타나 휴대 음악재생기, 의류 등등 전 세계적으로 애용되며 그 후에도 생명력을 계속 유지하고 있는 것은 모두 20세기에 탄생한 것들이다. 그것이 전 세계로 퍼져 나간 것은 대량생산과 선전활동 때문이었다는 것도 확실하기는 하지만, 어디까지

나 보조적인 것이고, 본질적으로는 탄생했던 것들이 호모사피엔스가 생물로서 가진 기본적인 틀에 무서우리만치 잘 들어맞았기 때문이다. 그런 의미에서 20세기는 기적의 시대였다. 그런 20세기가 지났다 하더라도, 인간이 생물로서의 본질이 바뀌지 않는 이상, 개별적인 이동수단으로서의 자동차를 실리가 아니라 정서적으로 소유하려는 사람이 없어지지는 않을 것이다. 예전에는 자동차가, 이어서 오토바이가 그렇게 되었듯이, 자동차는 일상적인 소소한 시간을 채우는 취미의 대상으로서 일부 사람들에게 확실하게 사랑을 받을 것이다.

그런 그림에 적합한 파워 소스는 무엇일까. 이것을 생각해 보자는 것이 이 글의 최종적 주제이다. 자동차는 상품이다. 상품이기 때문에 갖고 싶어야 하고, 팔려야 존재할 수 있다. 환경적 부하가 적다는 이유는 연간수입의 몇 분의 일을 투자하는 욕망의 해법으로는 적합하지 않다. 사지 않으면 오히려 부하는 제로이다. 부하가 적다는 것은 만드는 쪽이나 사는 쪽의 시민적 의무를 충족시키는 필수조건이지, 사는 쪽의 욕망 해소는 아니다.

지금이 바로 그렇듯이 과소화와 고령화가 진행되는 지방에서 요구되는 자동차는 경자동차가 주역일 것이다. 한 명 또는 두 명이 단·중거리를 이동하는 광의의 시티 커뮤터로서, 그 정도의 차체 사이즈와 그에 어울리는 동력성능을 갖는 자동차 카테고리는 역시 중추가 될 것이다. 경자동차를 우대하는 행정적 정책이 완전하게 철폐된다 하더라도 사이즈와 능력이 조금 높은 유럽 A세그먼트 같은 것이 될(그러는 편이 기계적으로도 건전하다고 생각한다)뿐이다. 그리고 경자동차 또는 A세그먼트를 축으로 하고, 그 아래쪽으로 스마트 같은 협의의 시티 커뮤터가, 위쪽으로는 유럽형이 아닌 일본형 B세그먼트가 추가되는 구도를 예상할 수 있다.

하지만 이 경자동차부터 A~B세그먼트의 파워 소스는 난제가 아닐 수 없다.

여기까지 읽으신 독자라면 이에 대한 지식과 전망을 풍부하게 가진 여러 저널리스트의 글을 떠올리는 분도 있을 것이다. 그런 글들에 쓰여 있는 신세대 파워 소스에는 반드시 "if"가 붙어 있다는 것도 깨달으실까. 현재 상태에서의 그런 유용성 혹은 기대치는 만약이라는 조건 위에서 성립되는 것이다.

그것이 무엇을 의미하느냐면, 어떤 것 하나로 모든 과제를 실수 없이 해결할 수 있는 파워 소스 따위는 존재하지 않는다는 것이다. 예전 1970년대에 정밀하게 공연비를 조정하는 전자제어 인젝션과 삼원촉매가 귀신처럼 등장하면서 가솔린엔진을 구원했지만, 그런 전지전능한 구세주는 절대로 나타나지 못할 것이다. 그렇다면 이해득실을 철저히 확인한 뒤에 TPO에 따라 구분하는 수밖에 없다. 예를 들면 FCV는 수소를 부산물로 만드는 화학플랜트를 갖고 있는 지역이라면 이익이 증가하는 식이다. 천 명 규모의 사람들이 근무하는 큰 공장을 경제의 핵

로 삼고 있는 지대라면(아우디 등이 독일에서 실험적으로 실시하고 있듯이), 거기에 지열이나 풍력 같은 발전(發電)설비를 갖춘 다음 통근하는 BEV에 충전하는 식의 방법도 있다.

하지만 B세그먼트 이하의 차량에서는 이들 신세대 파워 소스가 편하지만은 않다. B세그먼트는 전 세계 자동차기술자들이 노력한 결정체인 왕복엔진을 자코사방식으로 가로로 배치하는 FWD를 사용해 패키지 레이아웃을 구성하고 있다. 그것을 HEV로 만들기 위해서는 배터리와 모터/제너레이터를 추가하지 않으면 안 된다. HEV의 선구자라 할 수 있는 도요타는 억지로 B세그먼트 자동차를 만들어냈지만, 뒷자리 거주성부터 트렁크 용량에 이르는 문제점은 명백했다.

그렇다면 거기에 더 나아가 연료전지 스택과 CFRP 봄베를 중첩해야 하는 FCV, 이것은 이미 사실상 불가능할 것이다. CNGV의 경우, 에너지밀도가 낮은 천연가스를 사용한다면, 그 저장탱크는 몇 배나 비대해져 현재 상태의 가솔린 자동차와 같이 뒷자리 좌석 아래로는 들어가지 않는다. 가솔린이나 디젤의 바이 퓨얼이라는 회피책도 2종류의 저장탱크를 가져야 하기 때문에 패키지 상으로 어려움이 따른다.

BEV도 순수한 전력 배터리 공급에서는 A세그먼트는 물론이고 스마트 같이 협의의 시티 코뮤터로밖에 성립할 수 없다. 닛산 리프의 실용성에 있어서의 실태는 그 중고차 시세의 바닥이 대변한다. '배터리 기술이 크게 도약한다면'이라는 "if"는 이미 질리게 들어서, 누구도 그것이 가까운 미래에 현실화될 것이라 생각하지 않을 것이다. 지금 여기서 보는 "if"를 뺀 실제 세계에서는 가속능력과 주행거리를 쫓을 만큼 배터리는 거대해지고, 그것을 명백한 패키지 상의 부조화로 드러나지 않도록 수용하기 위해서는 차체 사이즈가 D세그먼트를 넘어서지 않을 수 없다. 이 크고 무거운 차체를 마음대로 움직이려면 더 거대한 배터리를 필요로 하는 악순환에 빠져 쉽게 E세그먼트 영역으로 들어간다. 그런 사실은 테슬라의 모델S가 증명하고 있지 않은가.

다시 말하면 이런 것이다. 1000만 원대로 판매하니까 시장을 확보하고 있는 B세그먼트 이하의 자동차들은, 가격적인 면이나 패키지 면에서 차세대 파워 소스를 탑재하기가 불가능에 가깝다. 도요타를 보더라도 고집이나 선행투자라는 의미를 빼고 건전하게 사업을 꾸려나갈 상품으로서는 프리우스가 하한이다. 그런 프리우스는 위치적으로 보자면 C세그먼트이지만, 차체 사이즈와 가격을 보면 사실은 D세그먼트에 해당한다.

그렇다면 결론은 한 가지. 가솔린엔진밖에 없다. 데미오가 힘을 내고 있기는 하지만, 디젤마저도 몇 층이나 되는 배출가스 대책 장치를 떠올리면 미래가 열려 있다고는 말할 수 없기 때문이다.

그럼 또 다른 한 쪽의 끝, 즉 취미와 기호의 대상으로

서 요구되는 자동차는 어떨까.

취미란 결과가 아니라 결과에 이르는 과정 그 자체를 목적으로 하는 행위이다. 따라서 효율의 좋고 나쁨은 논외이다. 기호에 있어서도 마찬가지이다. 타산적으로 결혼하는 사람은 있어서 탐욕으로 사랑이 자라나진 않는다. 그렇다면 취미로서의 자동차 파워 소스에는 이것을 운전했을 때 카타르시스를 주느냐가 유일한 가치기준이 된다. 그렇기 때문에 각종 제어가 층층이 쌓여 카오스가 되고, 부자연스럽지 않게 표면을 조정하는 것이 최선인 연비추구형 HEV는 선택 외가 되는 것이다. BEV는 저회전 토크가 뛰어나 시내에서 주행할 때는 효율적으로 이점이 있지만, 고회전 속도로 올라갈수록 토크가 떨어지는 등, 마력형 체질이기 때문에 작동시키면 시킬수록, 고속으로 올라가면 올라갈수록 가속능력이 실망스러워지면서 카타르시스를 얻기 어렵다. 인간이 기계와의 사이에서 얻을 수 있는 정서라는 관점에서 EV는 어울리지 않는다. 같은 이치로 생각하면 다운 사이즈과급조차도 피해야 한다고 말할 수 있다. 그런 의미에서 경량 소형차체에 무과급 가솔린엔진을 장착한 마쓰다 로드스터가 취미의 대상으로서 생각했을 때 현재 자동차에 있어서는 모범답안일지도 모른다.

물론 넘치는 고성능을 즐기는 식의 취미도 있을 수 있다. 하야시 요시마사선생이 신의 엔진이라 표현했던 V형 12기통의 우렁찬 회전소리를 애정하는 것도 기호의 영역일 것이다. 그런 경우, 과급기라든가 모터의 도움은 필요 없다. V12의 최적배기량은 4~5리터 정도로서, 이 정도면 무과급 상태에서 300km/h를 넘을 수 있다. 그 이상의, 예를 들면 400km/h 영역은, 전 세계가 부가티 베이롱의 존재감을 떠받들지 않을 것을 보아도, 누구나가 갖고 싶어 하는 것은 아니라는 것이 증명되었다. 그것은 엔지니어링의 승리이기는 했지만, 호모사피엔스라는 생물이 수용할 수 있는 범위를 넘어서는 것이다. 과급기나 모터로 비만해진 성능 상의 숫자놀이에는 기여하겠지만, 카타르시스를 방해할 뿐이다. 그 정도의 배기량을 갖고 있다면 가변밸브 같이 거추장스러운 것들은 없애는 편이 좋았을 수도 있다.

물론 양극단의 중간적 영역이 없어지지는 않고 남아 있을 것이다. 예를 들면 D세그먼트 이상의 승용차나 SUV에서는 여러 신세대 파워 소스를 탑재할 여지가 담보되어 있으므로, 앞서 언급한 TPO에 맞춰 구분해 사용하는 식으로 회사에서 요청하는 바와 같이 조정하면 된다. 하지만 지금 그리고 바로 눈앞에 있는, 일본에서 비중이 증가할 것으로 예상되는 종류의 자동차에 있어서, 가솔린엔진은 필요불가결한 원동기이다.

가솔린엔진은 죽지 않는다. 그 시스템 체적비 및 중량비에 있어서의 출력 크기 측면에서, 그리고 호모사피엔스의 기호감각이 갖고자 하는 정서성능 측면에 있어서 가솔린엔진은 반드시 살아남을 것이다. 또 그렇게 믿고 싶다.

「점화」와「연소」

도해 특집

Illustraiton Feature
Overcome
Engine Knocking
& Pre-ignition

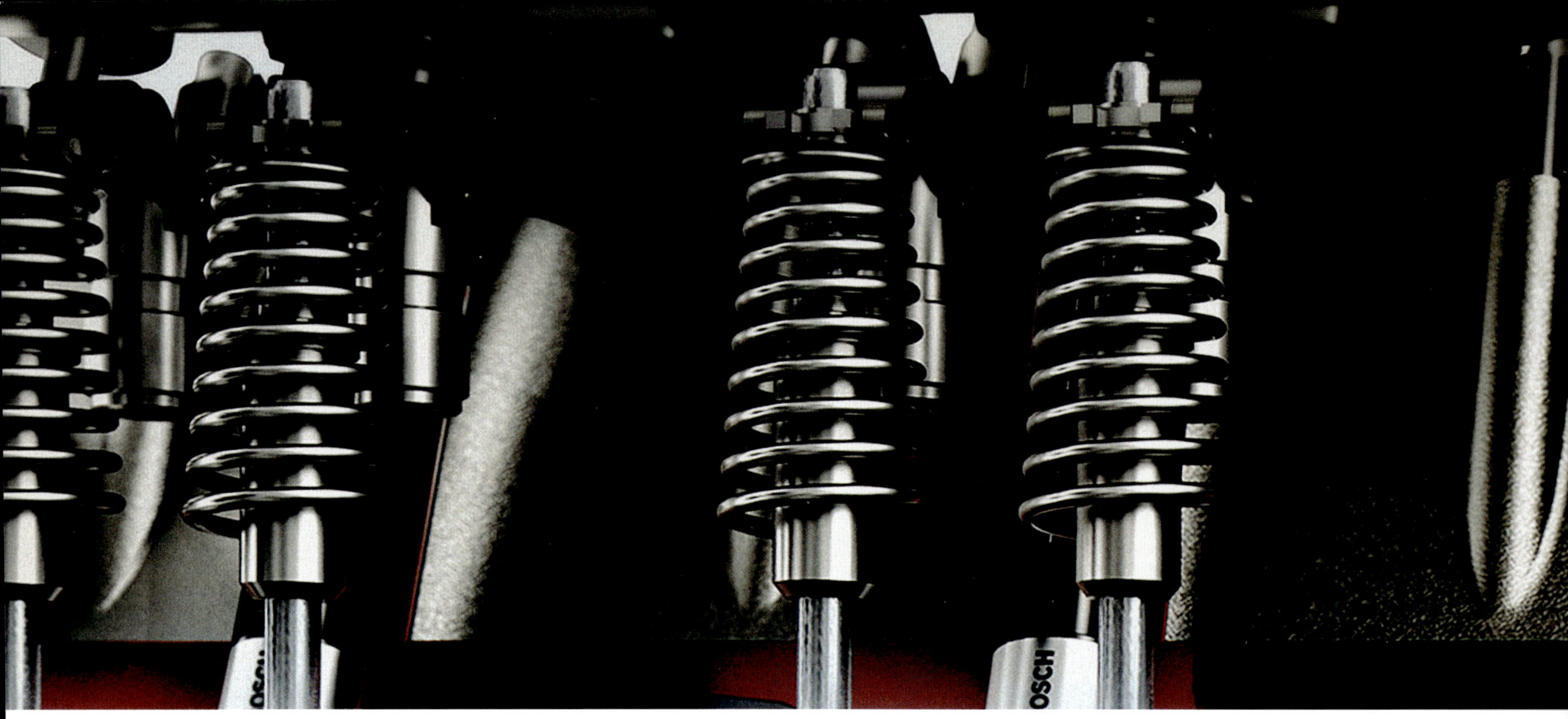

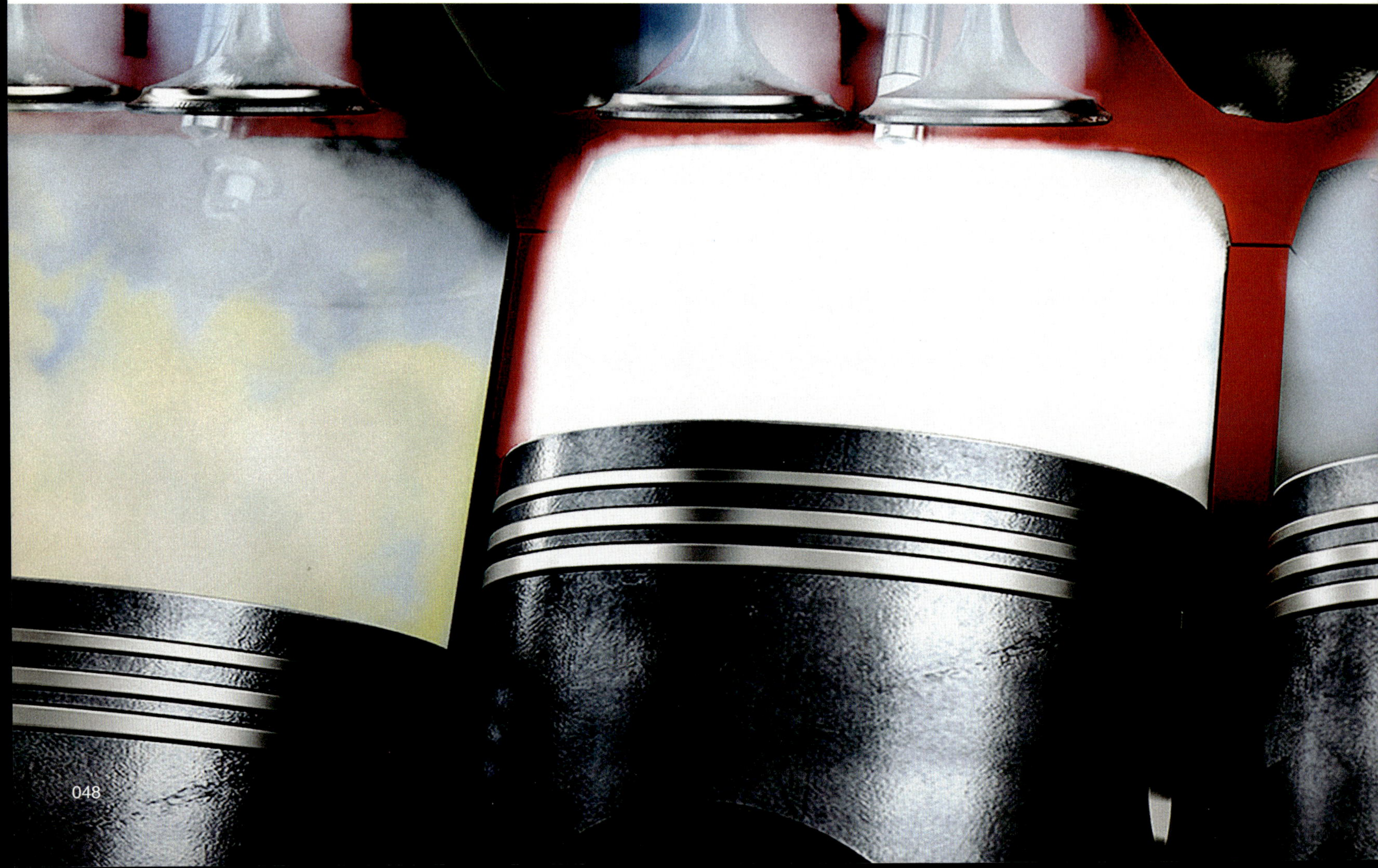

노 킹 을 없 애 라

엔진을 움직이는 힘의 원천은 연료를 연소시켜 생성한 팽창에너지이다.
과급기 같은 수단이 있기는 하지만, 실린더 안으로 유입되는 공기량은 한정되어 있다.
공기량에 맞춘 연료를 적당한 시점에 분사함으로서 양질의 혼합기를 만든 다음, 효율적으로 연소시켜 최대한의 효과를 얻는다.
이것을 실현하기 위해 기술자들은 기술을 추구한다. 그런데 이를 방해하는 것은 노킹. 완전하게 연소되지 않은 배기가스 성분의 생성이다.
오늘날 고효율 엔진의 점화와 연소는 현재 어떤 수준에 와 있는지 살펴보기로 하자.

내경 **100** mm 의

현실과 진실

다운사이징과 장행정이 정의로 여겨지게 된 가솔린엔진 세계에서 타의 추종을 불허하는 독자적 엔진이 존재한다.
이 엔진들은 100mm를 넘는, 상식을 초월한 내경을 가지고 있으며, 독자적 기술요소와 관능성으로 사람들을 매료시키고 있다.
크라이슬러 HEMI 엔진을 소재로, 미국에만 남아 있는 희소한 엔진의 본질을 추적해 보겠다.

본문 : 사와무라 신타　　사진 : 시노하라 고이치

일본 미디어에는 나쁜 버릇이 하나 있다. 일본차의 기술에 관해서는 자국의 메이커가 잘 다듬은 자료를 만들어 설명을 해주기 때문에 신기술이라느니, 굉장하다는 식으로 보도한다. 유럽의(특히 독일 메이커의) 기술에 대해서도, 메이지 이후의 서양 콤플렉스를 품은 환자를 필두로 '역시나 저쪽은 앞서 있군'하고 칭찬일색이다. 하지만 세계 제일의 자동차대국인 미국의 자동차 기술에 대해서는 바로 입을 닫아 버린다. 미국 차는 오래된 기술로 달리는 싸구려 기계라고 생각하는 것인지, 아니면 알아보고 싶은 생각이 털끝만큼도 없는 것인지는 모르겠지만, 왜 그런지 미디어의 시야에 미국차의 기술은 들어오지 않는다. 시야가 좁은 것이다.

그래서 엔진효율을 근본적으로 좌우하는 압축비에 관해서도, 미디어에서는 도요타의 하이브리드용 2AR-FS형은 13이다, 스카이액티브G 2.0은 14이다, 도요타가 1NR-FKE형에서는 13.5로 설정했다고 호들갑을 떠는 한편으로, VW이나 BMW, 메르세데스의 과급장치는 10을 넘을 만큼 굉장하다고 찬양하지만, 미국에 대해서는 말이 없다. 하지만 미디어의 확대경에 비친 일본이나 독일의 엔진은 제쳐두고, 미국의 엔진은 사실 조용하게 맹렬한 경쟁을 하고 있다.

지금은 미국에도 다운사이징 과급의 물결이 밀려들어, 저 거대한 픽업트럭인 포드 F150마저도 직렬4기통 터보를 장착하게 되었다. 하지만 그런 한편으로, 자동차를 정서로 이야기하는 세계에서는 여전히 대배기량 V8이 전면의 거대 간판으로 우뚝 서 있다. 그 거대 간판을 둘러싸고 각 메이커마다 치열한 경쟁을 펼치고 있다.

최근에 선두를 치고 나간 것은 포드였다. 포드는 예상 외의 빅 히트를 친 5세대 머스탱에, 처음에는 야마하가 설계한 V6/V8 모듈러 시스템인 4.6리터 SOHC 3밸브를 장착했었다. 그런데 머스탱의 대항마로 GM이 카마로를 새로 내놓자 포드는 배기량을 5리터로 키우는 한편으로, DOHC 4밸브화한 신형 엔진을 장착한다. 심지어는 그 5.0 V8의 연소실을 손보면서, 운동 부품들을 개량해 7500rpm 한계까지 회전하도록 한 BOSS302 고성능 엔진까지 선보였다.

압축비 11.1에, 노킹한계를 직접적으로 좌우하는 내경은 92.2mm이다. 이 정도는 무과급 시대의 BMW V8과 엇비슷해서 특별히 언급할 정도는 아니고, 미국 포드가 엔진에 있어서 유럽지향이라는 것을 시사하는데 지나지 않았다.

그런데 이에 대한 GM의 대응이 압권이었다. 원래 GM이 라인업한 스몰 블록 V8은 실린더 내경의 중심간 거리가 111.76mm로서, 포드 모듈러 시스템의 100mm보다도 여유가 있어서, 이것을 살린 6리터급 배기량에 밸브시스템은 OHV 2밸브를 그대로 사용하기로 한 것이다. 단숨에 회전속도를 높여 큰 출력을 내는 것보다는, 공전 속도 부근부터의 토크 크기가 자동차 역량

을 나타내는 지표가 되는 나라이다. 그렇다면 DOHC 같은 것들보다 OHV로도 충분하다. 그쪽이 헤드가 작고 가벼워진다. 대략 90° 위상의 크랭크 각을 가진 미국산 V8은, 배기간섭이 발생하기 때문에 고속으로 회전시켜도 출력에서의 이득이 적다. 그렇다면 배기량을 늘리고 OHV가 적절한데, 이것이 몇 십 년 전부터의 미국식 스타일이다.

이에 따라 GM 스몰 블록 엔진은 2000년대에 들어와 배기량을 6ℓ까지 끌어올렸다. 내경도 100mm를 넘었다. 이때의 압축비는 10.9였다.

이것은 그 나름대로 대단한 것이다. 어쨌든 OHV 2밸브의 경우는 연소실 형상이 문제가 된다. DOHC 4밸브 같은 경우는 필연적으로 쐐기 지붕(pent-roof)형이 되어, 적당한 스쿼시 영역과 조합하면 흡배기의 유동 측면이나 연소실의 S/V(면적비÷체적)비 모두 세련된 설계가 나오기 쉽다. 하지만 밸브 지름이 크고, 흡배기 밸브가 횡으로 배치되는 OHV 2밸브에서는 아무리 해도 연소실 모양이 일그러진다. 직경 5cm나 되는 밸브 두 개를 둘러싼 콩팥모양이 되어버리는 것이다. 더구나 흡배기 밸브가 사이좋게 횡으로 늘어서면서 그렇지 않아도 실린더 내경이 너무 큰데, 흡배기의 유동까지도 나빠서 노킹을 피하기가 더 어렵다. 그럼에도 불구하고 GM 엔진부문은 OHV 2밸브 엔진에 관한 오랫동안의 노하우를 살려 내경 101.6mm에, 6.0리터 V8을 압축비 10.9로 만들어 왔다. 심지어는 선대 콜벳의 최고속 사양 Z06에서는 내경을 104.8mm로 하여 배기량 7.0리터로 하면서도 압축비 11을 실현하였다.

이런 상황에서도 GM은 손을 놓지 않았다. 신형 C7 계열의 콜벳 V8을 이전의 LS계열에서 LT계열로 대체하면서 한 발 더 나아가기를 지향하였다.

물론 밸브 시스템은 OHV 2밸브 그대로이다. 콜벳 기준 차량에 장착한 LT1형에서는 내경을 103.25mm로 하고, 행정은 92mm로 억제해 6.2리터의 배기량을 얻고 있다. 이 정도의 수치는 선대 C6 계열 콜벳 기준 차량이 LS3형 6.2 엔진과 큰 차이가 없다. 그러나 LS3형의 압축비가 10.7이었던데 반해, LT1형은 11.5라고 하는 경이적인 수치를 달성한 것이다. 권장 연료는 역시나 고급휘발유이지만, 본고장에서의 가솔린은 RON과 MON의 평균값이 91~93 정도로서, 유럽과 일본의 옥탄가보다도 낮다.

GM의 자료를 들춰보면, OHV인 관계로 확보하기 어려운 흡배기 밸브끼리의 협각을 이전의 15°에서 24.5°까지 상당히 넓혔다는 점, VW보다 훨씬 먼저 연구해 온 1개짜리 캠의 연속가변 밸브 타이밍을 반영했다는 점 등, 세부적 요소들의 적용과 완성도에 힘쓴 모습을 파악할 수 있는데, 역시나 결정적인 것은 직접분사화일 것이다. GM은 세계전략으로 내세울 V6를 직접분사화해 오고 있는 한편으로, 그 비법을 간판인 스몰 블록 엔진에

도 적용해 왔다. 유럽과 일본의 DOHC 4밸브 펜트루프 식 연소실에 비해 맨 아래가 넓고 편평해질 수밖에 없는 OHV 2밸브로 압축비 11.5를 만든다. 유럽과 일본에서는 반세기 전의 엔지니어링이라고 생각되고 있는 구식 형식에, 첨단 디젤기술을 투입해 세계적인 엔진으로 만든다. 이것이 미국 스타일이다. GM이 직접분사 OHV를 앞세우고 있다면, 크라이슬러는 HEMI(헤미)라고 하는 전가의 보도로 승부한다.

지금은 피아트 산하에서 겨우 연명하고 있는 크라이슬러지만, 전전부터 전후에 걸쳐서는 관성주축(慣性主軸) 엔진 마운트를 발명하거나, 공기저항이 작은 차체를 발표하는 등, 의심의 여지없는 기술주도 메이커였다. 그런 크라이슬러가 1950년대에 OHV 2밸브 상태에서 반구형 연소실을 형성하는 밸브 시스템을 개발해서는, 이것을 헤미(Hemispherical = 반구형)라 이름 지은 경기용

차량의 동력원으로서 그리고 고성능 시판차량의 동력원으로 만들었다.

그 헤미가 21세기에 되살아났다. 선대 크라이슬러 300C나 닷지 램에 장착되어 화려하게 등장한 헤미는, 안쪽에 배치된 흡기밸브와 바깥쪽에 배치된 배기밸브를 로커 암으로 개폐시키는 기구를 채택하고 있었다. 그것은 뱅크 사이에 놓인 캠 샤프트에서 다른 각도로 푸시로드를 뻗어 흡기배기 각각 일렬로 늘어선 로커 암을 구동하는 것이다. 이렇게 하면 SOHC와 마찬가지로 흡배기 밸브의 상호각을 쉽사리 30° 이상이나 얻을 수 있다. 이로 인해 연소실이 반구형이 되는 것이다. 게다가 크라이슬러는 확실한 조치까지 했다. 거대한 내경을 감안해 각 실린더마다 점화 플러그 2개를 배치하였다. 다만 왕년의 트윈 플러그 같은 동시점화가 아니라, 상사점 전과 상사점 후에 시기를 바꿔 착화시키는 방식이다. 연소실의 빈 공간

에 직접분사 인젝터를 설치한 GM에 비해, 크라이슬러는 두번째 플러그를 설치하였다.

그런 헤미 V80HV는 선대 300C에 탑재된 5.7리터 모델은 내경은 99.5mm인데 비해, 압축비는 9.6에 불과했다. 그러나 크라이슬러는 리카르도의 설계감수를 받으면서 배기량을 6.1리터로 늘려 고성능화를 도모했다. 이때 내경은 103mm, 압축비는 10.3으로 올라갔다.

현재의 300에도 SRT8라고 불리는 헤미의 고성능 모델이 들어가 있다. 이번 배기량은 6.4리터. 내경은 103.9mm로 확대되었고, 압축비도 10.9로 높아졌다. 직접분사화한 GM 스몰 블록의 수치에는 못 미치지만, 이것은 이 나름대로 호평을 받을 만한 수치이다. 이 수치를 스스로의 기술적 전통을 추적하는 형태로 달성했다는 데 가치가 있다. BMW가 하는 것에는 얼굴색까지 바꿔

가면서 맹종하는 주제에, 독자기술을 전혀 키우려고 하지 않는 일본 메이커는 크라이슬러 HEMI 앞에 부끄러운 줄 알고 머리를 숙여야 할 것이다.

설계를 들여다보면 미국적 스타일이라는 것 외에는 별 특징 없이 만들어진 그런 고압축비의 대배기량 V8은, 사실은 실제차량에 탑재할 때 운전자에게 주는 정서 또한 미국적 스타일이다.

견본으로 등장하는 것은 앞에서 언급한 6.4헤미 V8을 얹은 300 SRT8. 일본사양의 공식 사양은 346kW(472ps)/6100rmp과 631Nm (64.3kgm)/4150rpm이다.

신중하게 다루겠다고 다짐한 생각은 제로 출발 때 흔들리고 만다. 300 SRT8의 출발가속감이 그만큼 맹렬하

롤 시스템이 개입하는 것은 아닐까 하는 예상도 완전히 빗나가, 가속은 시종일관 잘 길들여져 있다는 것을 깨닫게 된다. 5단 AT가 100km/h일 때 5단에서 1900rpm이라고 하는 현대적 고속 기어이지만, 그런 때문은 아니다. 수동으로 기어를 낮게 고정해도 동일하기 때문이다.

제로 출발은 야수와 같이 맹렬하고, 과도가속은 숙녀처럼 우아하다. 미국이라는 나라는, 일반도로는 50mph (80km/h) 전후, 고속도로라도 75mph (120km/h)로 속도제한이 정해져 있고, 단속도 심해서 대다수 운전자가 제한속도를 준수한다. 괜찮은 곳에서는 순식간에 튀어나가는 자동차를 종종 보게 되는 일본보다 훨씬 교통정체가 심하지 않다. 그런 나라에서 고성능을 체감하려면 제로 출발이 제격이다. 전에 셰플러에서 DCT 취재를 했을 때에도, 기술자가 클러치 수명이 혹독한 곳은 정체가 많은 일본보다 급격한 발진가속을 많이 사용하는 미

기 때문이다. 가속 페달을 우측발로 약간 누르는 것만으로 HEMI V8로 확하고 공기가 흘러들어 오는 감각과 함께 SRT8은 맹렬하게 돌진하려고 한다. 버터플라이를 스로틀 보디에 약간 비스듬한 각도로 장착해 전폐(全閉)가 되도록 설정하면, 버터플라이가 약간 움직이는 것만으로도 개로(開路) 면적이 단숨에 늘어나게 되어, 이런 식으로 거칠게 치고나간다는 이론이 뇌리에 떠오른다. 이때 5단 AT의 토크 컨버터는 순차적으로 슬립하여 토크를 증폭한다. 가속을 돕는 것이다.

이러한 안배라면 계속해서 맘을 놓지 못할 것이라고 생각하겠지만, 그것이 바로 기우라는 것을 알게 된다. 가속이 이루어진 다음, 그리고 일정 속도의 순항에서 가속 페달을 밟았을 때, 6.4 V8은 출발할 때가 거짓말이었던 것처럼 점잖은 반응을 보이는 것이다. 그래서 전방에 차가 없어서 속도를 내려고 할 때나 1차선으로 나가 추월을 시도하려고 할 때, 후륜이 급회전하면서 트랙션 컨트

국이라고 했다. 미국에서 파워가 요구되는 것은 결국 그 부분이다. 그리고 그 영역의 엔진성능은 과급으로는 보충되지 않고, 배기량이 말해준다. 대배기량에서 나오는 거친 토크는, 방치해 두면 결코 점착력이 아주 좋다고 할 수 없는 표준장착 타이어를 너무 쉽게 연기로 바꾸기 때문에, 흡기계통 설계나 스로틀 특성으로 그 부분을 교정하고, 변속기 반응도 완화시킴으로서 신경질적인 거동을 배제해 나간다. 일정속도로 담담하게 순항하는데 적합한 파워를 특성으로 한다.

섀시에 있어서도 미국다운 도로환경과 운전자 기호로 인한 성능요구가 짙게 반영되었다. 300 SRT8의 기동성은 명백하게 뒤쪽이 우세하다. 그 때문에 요(Yaw)가 충분히 발생하지 않는 동안에 뒤쪽이 재빨리 횡력(橫力)을 일으킨다. 반경이 작은 커브 선회에서는 집요하게 버티는 뒤 타이어에 반해, 앞쪽이 깨끗하게 양보하면서 드리프트 아웃 감각의 자세를 잡고 싶어 한다. 그런 반면

에 비스듬하게 이동하는 진로변경 같은 움직임은 기민해진다. 미국 도로에는 커브반경이 작은 도로가 거의 없고, 차선이 많은 고속도로가 똑바로 뻗어있다. 이런 환경에서 요구되는 기동성은 작게 도는 선회가 아니라, 요를 동반하지 않는 비스듬한 이동의 민첩함이다. 그래서 닛산은 북미시장을 타깃으로 내놓은 선대 스카이라인에서, 장비한 HICAS의 후륜조향 설정을 줄곧 뒷쪽이 우세하도록 설정했다. 뒤쪽 우세는 대배기량, 대토크에 대한 준비도 된다. 정확하게 말하면 SRT8의 뒤쪽 우세는 선대 SRT8만큼 명백하지 않아서, 조향했을 찰나에 후륜에 슬

립 앵글이 발생하는 순간이 있지만, 그 다음에는 역시 일관되게 뒤쪽 우세를 유지한다. 시장의 기호를 고려하면 당연하다.

이처럼 300 SRT8의 고성능은 일본에서 요구되는 모습도 아니고, 독일에서 필요한 것도 아니라, 오로지 미국이라는 시장에서 전형적으로 환영받고 수긍되는 성격으로 만들어져 있다. 90° 위상 크랭크의 V8을 OHV 2밸브로 작동시키는 그 방식도, 단순히 생각의 반영이라는 형이상학에 머무르지 않고, 요구되는 가속성능이라는 측면

에 있어서도 부합하고 있다. 게다가 글로벌한 성능수준을 달성할 뿐만 아니라, 연비나 배출가스 같은 점도 실수 없이 소화하기 위해서 미국의 엔진기술자는 혼신을 다한다. 그런 작업의 결과가 100mm를 넘는 내경에서 압축비 11이라고 하는 영역에 도달한다. 그것은 정체가 많은 일본에서 성립된 하이브리드나, 고속장거리 이동이 많은 유럽에서 구축된 다운 사이즈 과급이나 디젤과 마찬가지로, 엔지니어링의 첨단에서 탄생한, 미국적인 훌륭한 결실이다.

점화와 연소

V8, OHV, 2밸브
내경이 100mm인 엔진 두 종류

엔진의 다운사이징이 기세를 올려도, 오로지 자기 길을 가는 미국의 V8.
그 중에서도 이채롭다 할 만한 크라이슬러와 GM의 내경 100mm 이상의 엔진이,
지금까지 생존해 오기 위해서 밟아온 기술적 계보를 살펴보겠다.

본문 : 사와무라 신타로   사진 : 크라이슬러/제너럴 모터스

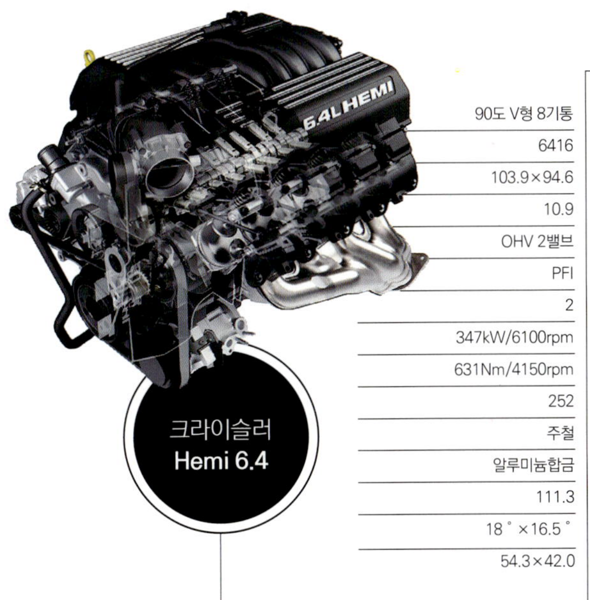

크라이슬러
Hemi 6.4

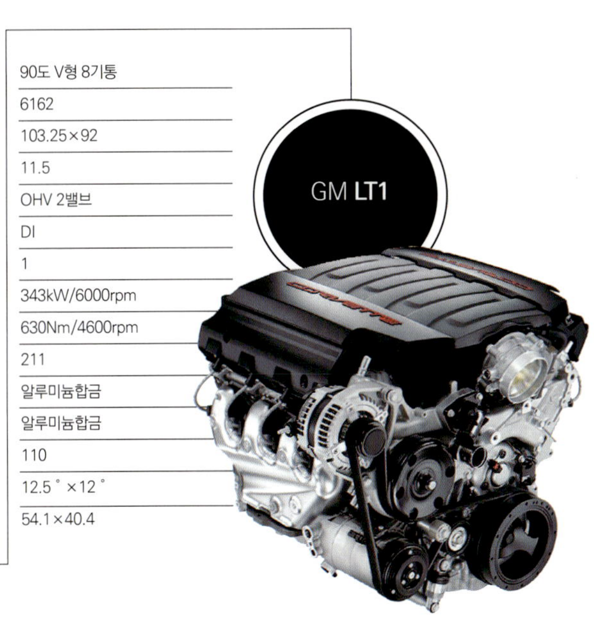

GM **LT1**

크라이슬러 Hemi 6.4	형식	GM LT1
90도 V형 8기통	형식	90도 V형 8기통
6416	배기량(cc)	6162
103.9×94.6	내경×행정(mm)	103.25×92
10.9	압축비	11.5
OHV 2밸브	밸브 배치	OHV 2밸브
PFI	연료공급방식	DI
2	플러그 수(실린더 당)	1
347kW/6100rpm	최대출력(일본사양)	343kW/6000rpm
631Nm/4150rpm	최대토크(일본사양)	630Nm/4600rpm
252	단독중량(kg)	211
주철	실린더 재질	알루미늄합금
알루미늄합금	실린더헤드 재질	알루미늄합금
111.3	실린더 내경간 거리(mm)	110
18°×16.5°	밸브협각(in×out)	12.5°×12°
54.3×42.0	밸브 헤드 직경(in×out, mm)	54.1×40.4

제2차 세계대전 중에 군수용 자동차 생산에 주력했던 미 자동차 메이커가, 새로운 기술 단계로 진입한 것은 1950년대에 들어오고 나서의 일이다. 예를 들면 크라이슬러는 1951년에 새로 설계한 V8을 선보였다. 파이어 파워로 소문난 이 유닛의 최대특징이 반구형(Hemispherical) 연소실이었다.

OHC 경우라면 간단히 실현할 수 있는 이 연소실 형상은, OHV 2밸브로는 어려운 작업이다. 뱅크 사이에 있는 캠 샤프트에서 푸시로드를 매개로 밸브를 개폐시키는 OHV에서는, 흡배기 밸브가 횡으로 배치되어 밸브각을 확보하지 못하면서 연소실이 쐐기형이 될 수 밖에 없다. 구체(球体)는 체적이 같을 경우 표면적이 최소가 되기 때문에, 반구형 연소실은 S/V(표면적÷체적)비가 이상에 가까워진다. 더구나 DOHC 4밸브 같은 경우는 필연적으로 지붕형 연소실이 되고, 흡배기 유동이 좋아진

다. 하지만 밸브 헤드 지름이 크고, 흡배기 유동이 역류(counterflow)히는 OI IV 2밸브에서는 어떻게 해도 연소실이 일그러진다. 기체유동도 힘들고, 노킹을 피해가기가 더 어려워진다.

이것을 크라이슬러는 밸브기구에 모아두는 방식으로 피해갔다. 뱅크 안쪽에 흡기밸브를, 바깥쪽에 배기밸브를 배치함으로서, 지점(支点)이 헤드 중심 쪽으로 가고 작용점이 바깥쪽으로 향하도록 한 로커 암으로 작동시키도록 했다. 그리고 각각의 로커 암을 향해 다른 각도로 푸시로드를 뻗어 구동한다. 이렇게 흡배기 밸브의 협각을 30° 이상 확보함으로서, 연소실을 반구형으로 만든 것이다.

설계기술자 윌리엄 드린카드가 제안한 궁극의 OHV라고도 말할 수 있는 이 설계를, 크라이슬러는 비싼 가격 때문에 일단 보류하다가 60년대에 들어와서 치열해진

양산개조차 레이스를 위해 부활시킨다. 그리고 시판 모델인 드래그 레이서가 머슬 카 이름으로 붐을 이루었던 64년에, 크라이슬러는 7.0ℓ의 공도용 HEMI V8을 투입한다. 미국 차의 황금기라 할 수 있는 프리머스 로드러너나 닷지 챌린지의 시대이다.

크라이슬러는 다임러의 지배하에 있던 시대에, HEMI를 재등장시켰다. 그 제3세대 HEMI는 트윈 플러그를 채용했다. 반구형 연소실에는 밸브 한 쌍만 있고, 양 옆은 비어있다. 통상의 경우는 한 쪽에만 플러그를 사용하지만, 이왕이면 양쪽으로 2개를 사용한다. 착화점부터 주변부까지의 거리가 짧아지면서 노킹 위험성이 줄어든다. 때문에 DOHC 2밸브 시대의 알파로메오를 비롯해, 반구형 연소실에 트윈 플러그를 적용하는 것은 성능을 높이기 위한 일반적 수단이었다. 다만, 크라이슬러 제3세대 HEMI의 연소실은 예전의 동시점화가 아니라 위상차

● 전통의 엔진 이름인 HEMI가 최신기술로 부활

50년대부터 60년대에 걸쳐 한 시대를 풍미한 유명 엔진 「HEMI」가 2001년에 재등장. 그 이름의 유래가 된 반구형 연소실은 펜트 루프(pent-roof)에 가까운 형상으로 개량되고, 그 이름은 상징으로만 남는다. 실린더블록은 주철제를 답습. 그래서 중량은 결코 가볍지 않다. 큰 내경에서의 화염전파를 고려해 플러그는 2개를 사용. 시간차로 점화한다. 당초 배기량 5.7ℓ·내경 99.5mm였던 엔진은 배기량 6.4ℓ·내경 103.9mm까지 확대되어 있다.

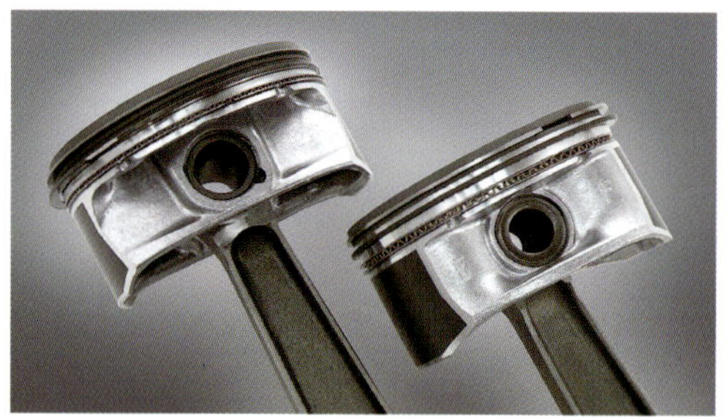

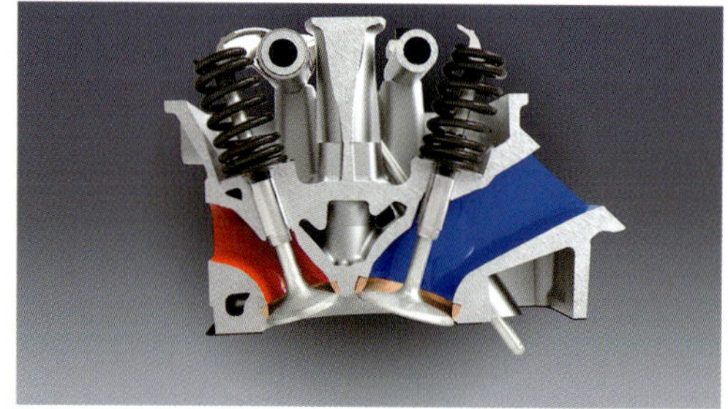

● 연소실 형상 개량에 맞춘 피스톤

편평한 헤드면 형상의 주조 피스톤. 피스톤 핀은 전부동식으로, 링의 끝부분 디자인에 맞춰 저마찰을 고려하고 있다. 뒷면에는 냉각을 위한 오일을 분사하여, 큰 내경의 피스톤 특유의 열점 발생을 억제하고, 조기점화(Preignition)를 방지한다.

● 현대풍의 콤팩트한 연소실 디자인

당시로서는 획기적인 크로스 플로 OHV와 반구형 연소실을 채용한 1세대 HEMI는, 밸브협각이 58.5°나 될 만큼 컸다. 신세대 HEMI에서는 이 각도를 34.5°까지 좁히면서 시대 감각에 맞는 작은 연소실로 만들었다. 주조할 때 특수한 모래를 사용함으로서, 후가공 없이 매끄러운 흡배기 포트 표면을 얻는다.

● 크로스 플로를 실현하는 밸브기구

일반적인 OHV와 달리 기어를 매개로 캠 위치를 뱅크 사이까지 높인 「하이 캠」. 푸시로드 길이가 짧아져 관성 모멘트가 줄어든다. 푸시로드는 각도차이를 주어 좌우의 로커 암을 구동하는, HEMI 특유의 기구이다. 37°의 위상차이로 작동하는 가변 밸브 타이밍 기구를 갖추고 있다.

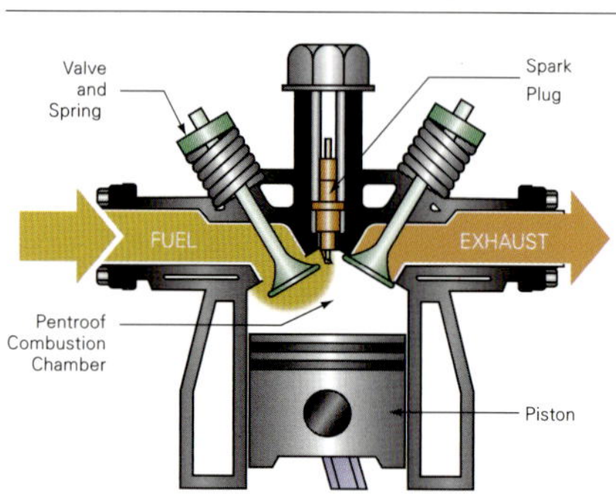

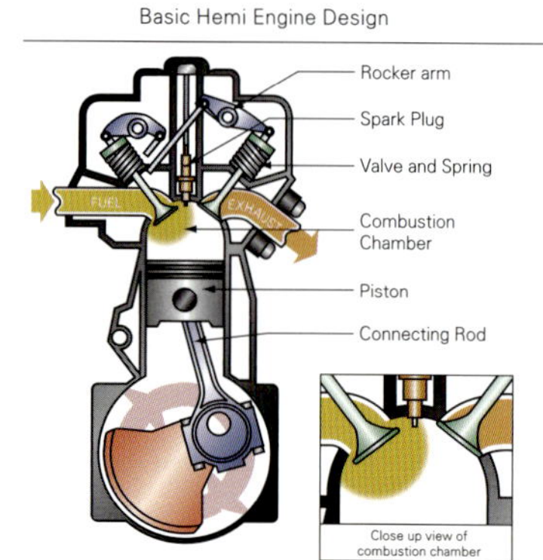

● 제3세대에서 격변한 피스톤 형상

과거 2세대의 HEMI에서는 압축비를 확보하기 위한 방법으로 헤드면이 올라온, 소위 말하는 고압축 피스톤을 채용했었다. 이 형상은 밸브 리세스를 포함해 연소에 좋지 않아 출력 향상의 족쇄가 되기 쉽다. 신세대에서는 연소실 형상이 개량된 것을 계기로, 피스톤도 헤드면이 편평한 이상적인 형상을 하고 있다.

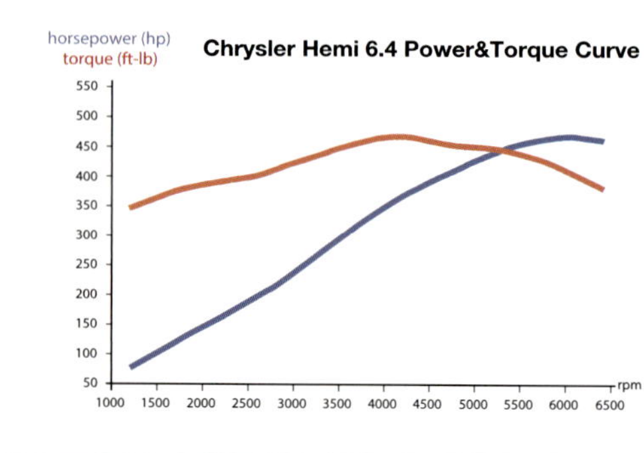

6.4ℓ나 되는 대배기량에서 편평한 토크 곡선 특성을 상상하기 쉽지만, 실제로는 최대 토크를 발생하는 4100rpm 부근에서 명확하게 솟아 있는 토크 곡선을 볼 수 있다. 시승할 때도 급발진을 시도해 보았더니, 이 회전속도 부근에서 트랙션 컨트롤의 제어를 부리치는 것 같은 휠 스핀 음이 발생했다. 기통(cylinder) 휴지에 맞춰 보통은 저회전 속도를 유지하려고 하기 때문에, 이중성을 같이 가지고 있는 특성이다.

(位相差) 점화이다. 점화 코일은 대향(對向) 뱅크의 코일을 공용한다.

제3세대 HEMI 첫 주자는 배기량 5.7ℓ로 등장했다. 블록은 내경 피치 113.3mm의 주철제로, 단독중량은 242kg에 내경 99.49mm이다. 압축비는 반구형 연소실이면서도 평범한 9.60이었다. 하지만 리카르도의 손을 빌려서 만든 고성능 버전에서 그 수치는 향상된다. 선대 300C SRT8의 6.1ℓ 모델은 내경을 103mm로 확대하면서, 10.3의 압축비를 실현. 사실 제2세대 7.0 HEMI는 10.25나 되는 고압축비였는데, 이것은 대구경 기화

● **C7 콜벳과 함께 등장한 최신 V8**

7ℓ 이상의 「빅 블록」과 비교되는 GM의 「스몰 블록」엔진이 제5세대로 진화하면서 C7 콜벳에 탑재되어 등장했다. HEMI와 달리 알루미늄 합금제 실린더블록이다. 실린더 헤드는 새로 설계되면서 기존 LS계와는 차별화되었다. 엔진

단독중량은 HEMI보다 40kg이나 가볍고, OHV의 특징인 높이가 낮은 엔진과 어울려 중심이 낮아지는데 공헌. 그리고 무엇보다 주목을 끄는 것은 GM V8 최초의 직접분사형식이다.

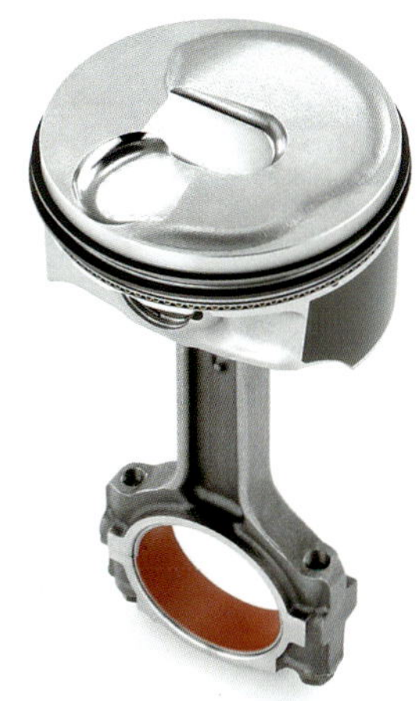

● **직접분사화에 따른 독특한 피스톤 헤드면 형상**

2밸브이면서 한계까지 확대한 밸브 지름 때문일 것이다. 인젝터 배치가 4밸브보다 타이트했던 듯, 그것이 피스톤 헤드면에도 나타나 있다. 보통은 중앙에만 있는 캐비티(cavity)가 끝부분에까지 치우쳐 있다. 힘들여 실현한 흡기 밸브각이 만들어내는 텀블(tumble)과의 균형도 고려했는지 모른다. 어떤 식이든 독특한 형상이다.

● **현재화된 카운터 플로 연소실**

직접분사화 때문은 아니지만 플러그는 실린더 당 하나이다. 위 사진과 같이 살펴보면 알 수 있듯이, 연소실은 완전하게 쐐기형이다. HEMI 실린더 헤드와 비교하면, 전장방향에 대해 밸브 배치가 90˚ 다르다는 것이 일목요연하다. OHV로서는 정통적인 역류형이지만, 연소실 형상은 보기보다 상당히 진화되어 있다.

● **LT1의 핵심기술인 직접분사**

GM이 추진하는 직접분사화가 드디어 V8에 도달했다. 가솔린 직접분사로는 상당히 고압인 150bar로 실린더 안으로 연료를 분사하는 직접분사 기구는, 쐐기형 연소실의 내경이 큰 엔진치고는 경이적인 11.5의 고압축비를 실현. 열점(hot spot)으로부터의 조기점화 벽세에 위력을 발휘한다고, 공식직으로 소개되어 있다.

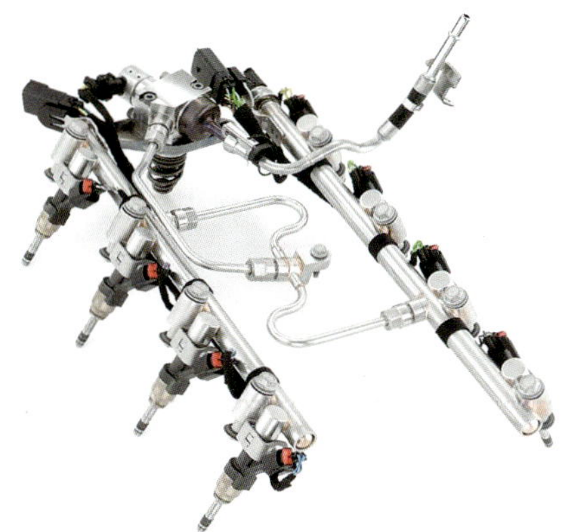

앞 페이지의 HEMI 6.4 토크 곡선과 비교하면, 2500rpm부터 최대 토크를 향해 편평해지는 현대풍의 추이를 나타낸다. 출력도 비례곡선으로 상승하고, 끝에서 감소하는 것도 적은 편이다. HEMI 쪽이 분명하게 의도한 특성대로 만들고 있는 것 같다.

기를 통해 다량의 가솔린을 공급해 연료냉각을 도모하면서 달성한 것이다. 그러나 현대의 HEMI는 엄격한 배기가스 규제 하에서 그 이상을 실현하였다. 그리고 현행 HEMI 6.4에서는 내경을 확대하면서 압축비 10.9에 도달. 고집과 자긍심이 담긴 10.9이다.

또 다른 GM LT1 엔진은, 역류 유동(counterflow) 그대로 고압축비를 얻고 있다. 내경 피치는 구세대 LS계보다 짧은 110mm이지만, 내경은 LS9 타입과 거의 비슷한 103.25mm이고, 배기량도 똑같은 6.2ℓ이다. 블록 소재는 크라이슬러와 달리 LS계 이래의 A319재(材) 알

루미늄으로 정밀주조하였다. GM의 자료에 따르면, 밸브각을 이전의 15˚에서 24.5˚까지 최대로 넓혔다는 점, VW보다 먼저 개발했던 캠 하나의 연속가변 밸브 타이밍을 적용했다는 점 등, 여러 가지 세부 요소들을 적용해 완성도를 높였다는 것을 알 수 있지만, 역시나 핵심은 직접분사화일 것이다. GM은 주력 V6를 직접분사화해 오고 있는데, 그것을 간판 스몰 블록에도 적용해, 11.5라는 초고압축비를 달성했다. 단정한 계란 모양인 HEMI 연소실에 비해 여전히 콩팥 모양인 LT1형의 연소실은, 단순히 직접분사화로 냉각을 촉진하는 방식으로는

압축비 11.5는 불가능했을 것이다. 흡배기 유동에 대한 탄탄한 기초연구가 바탕이 된 결과일 것이다.

크라이슬러의 HEMI는 트윈 플러그를 할 경우에는 연소실에 인젝터를 설치할 수 없다. GM은 고집이라도 HEMI로는 하지 않을 것이다. 다운 사이즈 과급을 추진하는 포드도 포함해, 제각각 다른 노정에서 엔진 기술의 정점을 지향하고 있다. 미국차를 시야에서 제외한다면 최신 엔지니어링에 대한 재미를 하나 빠뜨리는 것이다.

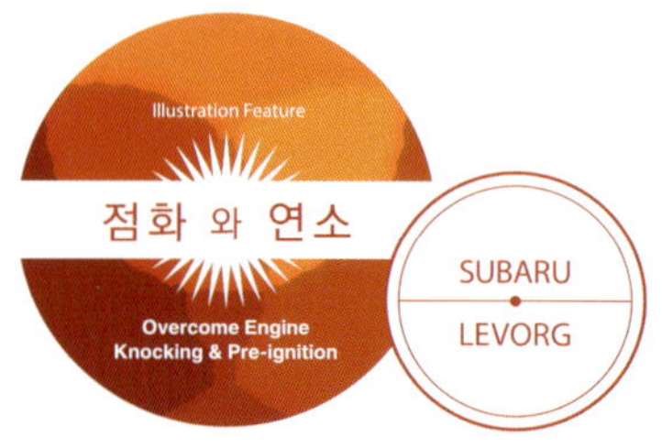

FB16DIT

과급기 장착으로 압축비 11.0을 실현

신설계 1.6ℓ 직접분사 터보에 적용된 세 가지 요소

일본시장을 목표로 개발되어 시판 시작 전부터 주문도 호조를 보이는 스바루 레보그.
가장 주목할 만한 것은, 새로운 1.6ℓ 직접분사 터보를 탑재했다는 점이다.
어쨌든 압축비는 11.0로서, 베이스였던 무과급엔진의 10.5보다도 높다.
점화, 연소 그리고 노킹을 감안하면 이 만큼 적당한 엔진도 없을 것이다.

본문 : 마키노 시게오   사진 : 미야카도 히데유키/스바루

신개발 엔진에 적용된

세 가지 요소

1. 운동성능 확보
2. 보통 휘발유를 사용
3. JC08 연비 17.4km/ℓ 를 달성

레보그의 엔진을 설계하는데 있어서 후지중공업 기술진이 고려했던 것은 이 세 가지이다. 그것도 「우선순위 없이 반드시 세 가지 모두를 동시에 만족시킨다」는 것이 대전제였다. 엔진 선정 초기단계에서는 「완전 자유롭게 구속받지 않고, 하이브리드와 디젤까지 밥상 위에 올렸다」는 점이 과연 후지중공업답다. 그렇긴 하지만 차량골격인 플랫폼(platform)은 다른 모델과 공유하기 때문에 내연기관을 선택하는 이상은 수평대항 엔진이 되어야 하고, 당연히, 가솔린 엔진이라면 새로운 F시리즈일 수 밖에 없다. 운동성능의 확보, 기분 좋게 달려야 한다는 점에서 엔진 중량은 가능한 줄여야 한다. 하지만 뛰어난 주행을 위해서는 저회전 속도 영역부터 충분한 토크가 필요하다. 그렇다고 하면 무과급엔진을 선택할 수도 있지만, 연비를 위해서는 배기량도 줄여야 한다 등, 상반되는 요소를 대질해가면서 엔진을 선택하였다고 상상할 수 있다. 그 중에서도 보통 휘발유라는 「제한」은 큰 부담이었을 것이다. 고급 휘발유를 사용해 압축비를 높일 수 있다면 연비나 토크 모두 유리하다. 유럽사양이라면 유럽의 과급엔진 차량과 마찬가지로 RON95 가솔린을 사용할 수 있지만, 일본전용 모델인 레보그의 성격상 기술진에게 도전을 요구했던 것이다.

E 다음은 F이다. 오랫동안 후지중공업=스바루 브랜드의 승용차용 주력 엔진이었던 EJ형 위치에 있던 것이 FA/FB형이라고 하는 F시리즈이다. 아무리 엔진수명이 짧아졌다고는 하지만, F시리즈는 적어도 향후 10년은 주력으로 군림할 것이다. 당연히 수명 안에서 진화는 계속한다. 실제로 F시리즈 제1탄인 FB20에 비해, 레보그용으로 개발된 최신 FB16DIT는 단순히 종류를 많이 전개한다는 이상의 의미를 가지고 있다고 해도 좋다.

이 엔진의 개발 콘셉트에 대해 후지중공업의 기술자 고이케씨는 이렇게 말했다.

「목표했던 것은 세 가지 성능입니다. 기분 좋게 달릴 수 있는 엔진일 것. 보통 휘발유(RON90) 사양일 것. 좋은 연비를 추구할 것. 이 세 가지에 우선순위는 없습니다. 동시에 달성해야할 목표입니다. 레보그는 국내전용 모델이라, FB16DIT는 레보그 전용 엔진이기 때문에 보통 휘발유 사양이어야 하는 것은 필수입니다. 동시에 JC08 모드 연비는 17.4km/ℓ 를 넘어서 「면세」수준을 획득하는 것이죠. 그렇다고 기분 좋은 주행성능을 절대로 희생해서도 안 되는 것이고요. 그런 목표를 내걸었습니다」

3개의 화살이다. 게다가 「3개를 묶어 놓으면 부러지지 않는다」가 아니라, 특성이 다른 3개의 화살 모두를 「과녁」중심에 적중시키는 것이다. 과감한 도전이다.

트레인의 중량을 최대로 줄여야 한다. 후지중공업이 가지고 있던 디젤은 2.0ℓ인데, 이것은 무겁다. 연비가 뛰어난 HEV도 중량에서는 불리하다. 저회전 속도 영역부터 큰 토크를 얻을 수 있다는 점에서는 터보를 장착하는 것이 유리하지만, 중/고(中/高) 회전 속도 영역에서 뻗어나가는 느낌은 무과급엔진이 유리하다는 점 등등, 개성은 저마다 가지고 있다. 주관적이 아니라 성능위주로 생각하지 않으면 안 된다. 그래서 성능항목마다 별을 붙여 채점하는 표를 만들고, 각각의 부족한 면을 어떻게 보완할지를 포함해 파워 트레인 선정은 치밀하게 이루어졌다. 그리고 최후에 남은 것이 가솔린 과급엔진이었다.

진은 실린더블록 두 개를 크랭크축의 중심위치에서 합체시킨 형태를 취하고 있다. V형이나 직렬엔진에서는 크랭크축 중심에서 아래, 소위 말하는 「허리춤」으로 불리는 부분은, 고속으로 회전하는 크랭크축을 단단히 잡아주면서 엔진 전체의 중량을 받는 「토대」가 된다.

그러나 수평대향 엔진은, 좌우로 180도 열린 실린더를 가진 실린더블록이 토대를 구축한다. 우측 뱅크의 피스톤이 크랭크축을 누르는 힘을 좌측 뱅크의 실린더블록이 받쳐주고, 좌측 뱅크의 실린더블록은 우측 뱅크의 피스톤이 크랭크축을 누르는 힘을 받아낸다. 서로 지탱해주는 구조이다. 실린더블록에 실린더블록으로서의 강도·강성뿐만 아니라 토대로서의 견고함도 요구되는 것이다.

「레보그의 차량개요가 정해지고, 차량치수나 중량이 나타나기 시작한 시점에서 파워 트레인 선정에 들어갔습니다. 우선 기분 좋게 달리기 위한 토크 프로필을 예측하고, 최대 토크를 250Nm에 맞췄습니다. 최고출력은 170ps(125kW)입니다. 이 정도가 기분 좋은 주행에 필요한 사양입니다. 후보는 가솔린 무과급, 가솔린과급, HEV(하이브리드), 디젤입니다. 각각의 장점이 있기 때문에 모든 가능성을 검토했습니다」

3개의 화살을 모두 과녁의 중심에 쏘아 맞추려면 파워

그러면 배기량은 어떻게 할까. 당연히 기존의 2.0ℓ 직접분사 터보엔진의 과급압을 낮춰 최대 250Nm의 토크로 떨어뜨리는 것도 가능하지만, 연비를 감안하면 배기량을 낮추는 것이 좋다. 이점에 대해 물었더니, 「배기량은 새롭게 생각하면 된다」는 결론이 순조롭게 나왔다고 한다. 이 대목이 너무나 후지중공업답다고 생각한다.

과거에 나는 후지중공업의 엔진생산 거점인 오이즈미 공장에 몇 번이고 방문해, 새 엔진이 등장할 때마다 그 생산현장을 취재해 왔다. 알려진 바와 같이 수평대향 엔

이런 엄격한 조건의 수 ○○○○ 후지중공업은 정밀도 높은 기계가공과 「과도」하○○ ○○○○렁강 도로 실린더블록을 만들어 내고 있다. 다른 ○○ 커에서는 꺼려하는 「절삭」 가공을, 후지중공업에서 ○○ 무릎지 않게 해치운다. 다축 수치제어(NC) 가공기를 사용해, 엔진블록 하나하나를 「절삭」으로 완성하는 것이다. 오이즈미공장의 기계가공 라인에서 생산되는 엔진 블록은 마치 레이싱 엔진의 블록처럼 기계가공면이 많은데, 그래서 아름답기까지 하다.

FB16DIT

형식 : 수평대향 4기통 DOHC 터보　　총배기량 : 1599cc　　내경×행정 : 78.8×82.0mm
압축비 : 11.0　　최고출력 : 125kW(170ps)/4800~5600rpm　　최대토크 : 250Nm/1800~4800rpm
연료공급 : 실린더 내 직접연료분사(DI)　　지정연료 : 보통 휘발유

　이것은 언뜻 낭비가 많은 것처럼도 생각되지만, 가공용 NC기계는 범용이기 때문에 모든 엔진에 동일한 설비를 사용할 수 있다. 절삭 프로그램만 바꾸면 된다. 전용 지그 종류는 사용하지 않아 여기서 비용을 줄인다. 양산 규모에 비교해 모델 라인업 수와 엔진 종류가 많다는 점은, 후지중공업이라는 자동차 메이커의 특징이지 결코 마이너스 요인이 아니다.

　이런 생산현장을 떠올리면 레보그의 엔진을 1.4ℓ로 할지, 그렇지 않으면 1.5로 할지 혹은 1.6으로 할지를 검토한 것도 쉽게 납득이 간다. 자동차마다 최적이라 생각되는 엔진을 장착하는 것이 발상의 기본이기 때문에, 무리한 유용을 절대로 해서는 안 된다. 그렇기 때문에 새로운 배기량의 엔진을 설계하는 것에 저항이 없다. 부품 공유화 비율은 낮더라도 제조방법을 개선해 비용은 낮출

수 있다. 이것이 후지중공업적 발상이다. 묘하게도 마쯔다의 스카이 액티브 엔진 시리즈도 똑같은 발상이다.

　최종적으로 레보그 엔진의 배기량은 1.6ℓ로 정해졌다. 기존 2.5ℓ 무과급엔진으로 바꿔놓아도 주행성능에 손색이 없는 토크 프로파일이라는 것을 감안하면, 상당한 다운사이징 과급 엔진이다. 「이 자동차를 오랫동안 탈 수 있도록」하는 희망에서 결정된 것이라 들었다. 레

다단분사 시스템

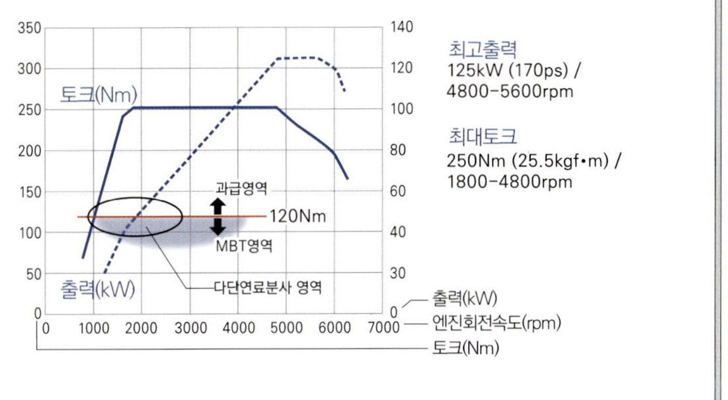

 실린더 안으로 연료를 직접분사하는 방식은 안개형태의 연료가 실린더 안에서 기화하기 때문에, 흡입한 공기의 열을 낮추는 기화잠열효과를 얻을 수 있다. 동시에 디젤엔진에서 적극적으로 활용하고 있는 연료분사시기 제어가 가능하다는 장점이 있다. 레보그 엔진에서는 이런 장점에 착안해, 규정량의 연료를 분사할 때 한 번에 분사하는 경우와 두 번으로 나누어 분사하는 경우를 비교했다. 그 결과 2회로 나누어 분사하는 편이 혼합기온도의 상승을 억제할 수 있다는 결론을 얻었다. 엔진회전속도 2800rpm, 발생 토크 150Nm 부근까지는 2회 분사를 하고 있다. 많은 실용영역에서 2회 분사를 하게 된다.

보그의 중량 대비 필요충분한 토크를, 설계진이 「이상적」이라 생각하는 프로파일로 만들고, 동시에 모드연비 뿐만 아니라 실용연비도 확실히 확보하기 위한 1.6ℓ 직접분사 터보엔진이다.

「오랫동안 애용할 수 있도록 하기 위해서는 보통 휘발유 사양이 아니면 안 되는 것이었죠. 유럽의 다운사이징 과급 엔진은, 일본에는 존재하지 않는 연료규격인 RON95로 설계되는데, 일본은 RON90 위는 고급휘발유인 RON98~100짜리 연료밖에 없습니다」

RON98~100 연료는 제조단계에서 RON90 연료보다도 3% 정도 많은 에너지를 사용하기 때문에, 제조 시점에서 (이산화탄소) 배출 면에서 불리하다. RON90을 잘 사용하면 그만큼 이산화탄소 배출을 줄이는데 기여할 수 있다. 그러긴 하지만 RON 수치가 낮은 연료는 압축비를 확보하기가 어렵다. 따라서 발생 토크가 제한된다.

「높은 엔진 회전속도를 사용하면 토크를 확보할 수 있지만, 그러면 다운사이징이 되지 않습니다. 일부러 배기량을 다운사이징한 것이기 때문에 다운 스피딩(회전속도하강)해서 사용했으면 하는 것이죠. 회전속도에 의존하지 않고 중/저 회전속도 영역에서도 충분히 사용할 수 있도록 완성도를 높이는데 공을 많이 들였습니다」

그 때문에 압축비는 11.0까지 높아졌다. 같은 F시리즈의 과급2.0ℓ는 10.6인데, 그것보다도 높다. 터보 과급압은 2.0ℓ보다도 낮춰 최대에서 약 100kPa이다. 터빈 지름 41mm/컴프레서 지름 49mm 크기의 터보차저를 사용해 터빈 회전속도도 낮추고 있다. 최대 토크 250Nm은 1800rpm에서 발생시킨다. 이 1800rpm이라는 수치도 레보그 엔진에서 추구한 토크 프로파일의 특징이다.

덧붙이자면, 카탈로그에 기재되어 있는 토크 곡선은 전부하일 때이지 실용상의 토크 곡선이 아니다. 다만, 1800rpm 위치에서 확 구부린 것 같은 형태의 토크 곡선이 실제 모습이다.

「과급영역은 1200rpm부터이지만, JC08 모드의 부하영역에서는 모두 무과급운전입니다. 모드 내의 최고속도 부근에서 차속이 오르고 내릴 때는 터보차저가 회전을 시작하고 있지만, 과급압은 발생하지 않습니다. 거기에서 더 가속페달을 밟아주면 과급압이 올라가고, 1800rpm에서 가로채기에 도달합니다. 그래서 1200~1800rpm 안에서 회전속도 변화에 맞춰 과부족 없이 과급압을 얻을 수 있고, 더구나 과급압의 상승/하강이라는 응답성을 확보할 수 있도록 터보차저 사양을 결정했습니다. 다운사이징 과급이라고 해도 낭비적 과급압을 걸 필요는 없는 것입니다」

말하고자 하는 요점은 잘 알겠다. 먼저 1.6ℓ 무과급 엔진으로 충분히 사용하고, 그 다음에는 운전자 우측다리의 미묘한 움직임으로 과급압 증감을 제어한다. 그리고 가능한 연료소비율이 적은 영역, 소위 말하는 연비의 「중심 영역」을 사용할 수 있도록 CVT와 맞춘 변속을 제어한다. 「RON95나 고급 휘발유를 사용하면 중심 영역은 자연스럽게 커지는데, 거기에는 변속기 쪽에서도 역할을 다 해줄 것입니다」하고 기술자 가스야씨는 말한다. 레보그의 CVT에는 매뉴얼 모드가 있어서, 운전자가 변속비를 선택할 수도 있기 때문에 상당한 저회전 고부하 영역도 실제영역으로 들어와 있다는 것이다.

한편, 노킹 대책이다. 가솔린 RON 수치는 그대로 「노킹이 잘 일어나지 않는 정도」를 나타내는 수치로서, 90

EGR쿨러의 용량을 증대

 FB20DIT에서 사용하는 원통형 EGR쿨러에 비해 FB16DIT에서는 소형의 사각 라디에이터 모양으로 변경되었다. 불활성 가스인 엔진배기를 그대로 새 흡기에 혼입시키는 시스템에서는, 높은 EGR가스 온도가 문제가 된다. 가솔린엔진의 배기온도가 1000℃ 부근까지 올라가는 경우도 있는데, FB20DIT에서는 이 배기온도를 EGR쿨러로 300℃ 부근까지 낮추었지만, FB160DIT에서는 150℃ 부근까지 낮추고 있다. 엔진 냉각수를 그대로 사용하기 때문에, 이론상으로는 엔진 수온까지 EGR가스 온도를 낮출 수 있지만, 그러기 위해 새로운 대형 쿨러를 사용하면 엔진룸 안의 배치구조에 영향을 미친다. 이런 점들을 고려하면 150℃라는 선이 타당한 선택이다.

FB16DIT용　　　　　FB20DIT용

수류(水流)를 개선해 냉각효율을 향상

이 실린더헤드 사진으로는 내부를 알 수 없지만, RON90 연료로 압축비 11.0, 그것도 과급으로 하는 도전은, 연소실 내의 온도를 조금이라도 낮출 것, 특히 노킹 회피에 효과가 있는 부분의 냉각을 요구했다. 4개의 밸브와 중심의 점화 플러그 구멍 안쪽은 충분한 개량이 이루어져 있다. 「이런 형상을 어떻게 하면 만들 수 있을까」하고 의아스럽게 생각하게 하는 수로설계이다. 또한 이 사진에서는 내경 피치에 여유가 있는 것처럼 보이지만, 그 여유도 냉각과 강성에 아낌없이 이용하고 있다. 새삼스럽게 「엔진은 밖에 보이지 않는 부분이 급소」라는 점이 느껴진다. 소수정예의 기술자가 달라붙어 만드는 것이 아니라, 다양한 개성을 가진 개인이 모여 분담하는 제조방식. 바로 그런 인상이다.

은 95에 비해 불리하다. 노킹 발생의 큰 요인은 압축비로서, 실린더 내에 밀폐된 혼합기를 압축하면 할수록, 그에 비례해 온도는 높아진다. 레보그용 FB16DIT의 압축비는 11.0으로, RON90 사양의 과급엔진으로는 세계 최고수준의 고압축비이다. 과연 어떻게 노킹을 피할 생각일까……

「세 가지 수단을 소개하겠습니다. 냉각효과가 더 높은 EGR쿨러와 연료의 2단계분사, 연소실 주변을 적극적으로 냉각하기 위한 새로운 수로설계입니다」

이에 대한 상세한 것을 듣고 느낀 것은, 실제로 기본에 충실하다고 할까, 정공법적인 접근이라는 것이다. 특히 흥미로운 것은 연료분사이다. 들어보면 볼수록 수긍이 간다. 직접분사이기 때문에 여러 번으로 나누어 분사하는 것도 가능하다.

「1회 분사로도 기화잠열효과를 얻을 수 있지만, 실린더 벽면과 혼합기의 온도차이가 커지기 때문에, 반대로 실린더 벽면으로부터 열을 흡수합니다. 수열(受熱)인 것이죠. 이것을 2회로 나누면, 1회 때에 비해 혼합기 온도가 단번에 떨어지는 일은 없기 때문에 수열량이 줄어듭니다. 결과적으로 2회분사로 하는 편이 기화잠열효과가 크다는 것을 알았습니다」

최대 연료분사압력이 15MPa이라는 제약이 있기 때문에, 「3회 분사는 하지 않습니다」라고 하는데, 인젝터 성능이 향상되면 3회분사도 가능하지 않을까……

「분사압을 높이면 무화상태의 연료가 실린더 벽면이나 피스톤에 부딪치기 쉬워지기 때문에, 순간적으로 균일한 혼합기를 만드는데 있어서는 적절하지 않습니다. 이탈리아의 마그네트 마렐리가 가솔린용 60MPa 인젝터를 제안하고 있기는 한데, 혼합기 형상을 잘 살피지 않으면 PM2.5가 생성됩니다. 2회 이상의 분사는 앞으로의 연구과제라 할 수 있죠」

한편, EGR 가스를 냉각시키는 냉각EGR은 도요타가 앞서 나갔다. 그리고 후지중공업도 바로 도입하고 있다.

가로배치 직렬4기통 엔진에 비해서도 횡폭이 넓어지는 수평대향에서는, 이 쿨러를 설치할 공간확보가 어렵다. FB16DIT에서는 우측 뱅크에서 배기를 취해 쿨러를 통과시키고 나서 챔버로 EGR가스를 유도하고 있는데, 엔진룸 안의 온도분포와 공기 흐름을 흐트러뜨리지 않고 효과적인 배치를 하는 것이 결코 쉽지만은 않다.

「EGR가스 온도를 150℃까지 낮출 수 있는 효과가 필요했습니다. 최대 EGR율은 20%이지만, 온도가 내려감으로서 점화시기에 여유가 생겼습니다. EGR을 하는 영역은 흡기압보다 배기압 쪽이 높기 때문에, 같은 토크를 내려고 하면 흡기압이 낮은 쪽이 EGR가스가 쉽게 들어갑니다. EGR가스를 쉽게 넣으려면 점화시기를 빨리 해 토크 효율을 높이지 않으면 안 되는데, 그로 인해 EGR

율도 올릴 수 있기 때문에 연비에도 효과적입니다. 이런 좋은 사이클이 생겨남으로서, 종래에는 EGR을 할 수 없었던 운전영역에서도 EGR을 사용하고 있다는 것이죠. 물론 운전편이성을 나쁘게 할 만한 방법은 사용하고 싶지 않습니다」

예전에 가솔린엔진에서의 EGR은 배기가스 대책 때문에 사용되었다. 현재는 저부하 때 스로틀로 흡기를 줄이기 때문에 발생하는 펌핑 손실을 줄이는 수단으로 사용된다. 그러나 EGR가스는 「연소가스」이기 때문에 산소가 들어있지 않다. 그 때문에 사용방법에 주의하지 않으면 운전편이성이 나빠진다. 기술자들의 발언에서는, EGR을 하는 것 하나에도 「주행」과 「연비」의 장점취합을 겨냥한 노고를 엿볼 수 있다. 「스로틀 밸브가 확실히

종래의 무과급 1.6ℓ 엔진과 내경×행정은 변함이 없지만, 그래도 실린더블록은 새로운 설계이다. 터보화에 따른 토크향상에 대응하는 한편, 본문에서 소개한 바와 같이 수류의 적정화도 적용되어 있다. 베이스 엔진과 공유하고 있는 것은 크랭크샤프트뿐이다.

방해가 되는 존재일지도 모르지만, 우리들은 적극적으로 사용해야 하는 도구로 생각하고 있습니다. 저 회전속도 영역에서는 EGR을 하기 위해 상당한 비율로 스로틀을 열어 줍니다. 그러면 과급이 향상되죠. 전자제어 스로틀이기 때문에, 손에 든 무기 한 가지가 늘어났다고 생각하면 마음이 편합니다」

과연!

그리고 실린더 헤드 주변의 수로설계이다. 연소실을 효과적으로 냉각시키면 노킹의 여유를 확보할 수 있다. 그러나 주조에 복잡한 수로를 만드는 것은 어렵다.

「어떤 수로로 설계하면 더 잘 냉각시킬 수 있을지는 시뮬레이션 해석으로 파악하고 있습니다. 문제는 제조입니다. 점화 플러그 주변 등을 더 냉각시키기 위해 수로 내 4군데에 리브를 넣었는데, 모래틀 내부 형상에 힘썼습니다」

……라고 간단히 말하지만, CAE해석으로 추측하고 시뮬레이션을 한 다음, 그것을 시작(試作)으로 확인하고, 다시 해석, 시작(時作)…이라고 하는 고집스러운 작업이다. 마지막으로는 뛰어난 생산기술이 요구된다. 후지중공업의 엔진은 중력(重力)주조에 가까운 저압주조가 이용되기 때문에, 내부와 쇳물의 회전방식 관계는 어쨌든 시작(試作)을 거듭하지 않으면 알 수 없을 것이다. 이런 부분도 메이드 인 스바루다운 면모이다.

여러 가지로 사양을 살펴보면 특별한 것은 없다. 1.6ℓ 무과급엔진과 크랭크샤프트는 똑같지만, 그 이외는 거의 모두 새로운 설계이다. 내경 피치는 2.0ℓ와 같아도 엔진 블록은 전용이다. 여유분은 냉각수로 설계에 사용하고 있다. 꽤나 사치스럽다고 생각되는 부품도 여기저기 사용하고 있다. 그래도 생산비는 꼼꼼하게 관리되었다. 생산비를 투입해야할 부분과 절약해도 좋은 부분이 확실히 나누어져 있다. 오랫동안에 걸쳐 수평대향 엔진을 만들어 왔기에 비로소 가능한 결단임에 틀림없다. 「지속은 힘」인 것이다.

이번 취재에 임해준 스바루 기술본부 스탭들. 우측이 파워유닛 연구실험 제1부의 고이케 야스이치씨, 좌측이 환경대응의 가쓰야 히로키씨.

이번에 취재한 1.6ℓ 터보 외에, 221kW(300ps)와 400Nm을 발휘하는 2.0ℓ 터보도 라인업. JC08 모드 연비는 1.6ℓ 터보가 17.4km/ℓ (1.6GT-S EyeSight만 16.0km/ℓ), 2.0ℓ 터보가 13.2km/ℓ이다.

column 1
정상적인 「점화」와 비정상적인 「착화」

가솔린(오토 사이클)엔진에서는 플러그 점화가 필수이다.
점화 시기와 점화에 필요한 에너지는 정확하게 산정되며, 실제 운전에서도 그것이 엄격히 지켜진다.
연료가 가진 에너지를 효과적으로 끄집어내는 「제어된 폭발」은, 플러그 점화가 핵심이다.

본문 : 마키노 시게오   그림 : 만자와 고토미

내연기관에는 연소의 계기를 만들기 위한 점화장치가 필요한 엔진과 그렇지 않은 엔진이 있다. 후자는 디젤기관이고, 전자는 그 이외의 대부분의 내연기관이라 생각하면 된다. 항공기용 제트(대개는 터보팬) 엔진에서도, 예를 들면 에어버스 A300 계열 엔진은 시동을 걸 때 1J(joule)이나 되는 큰 에너지를 가해 착화시킨 다음, 축류(軸流)터빈을 회전시킨다. 애프터버너를 장착한 군용기용 제트엔진은, 큰 추력(推力)을 필요로 하는 이륙이나 전투 시에 애프터버너를 사용하는데, 그것을 작동시킬 때는 플러그 점화를 사용한다.

플러그로 점화할 때, 불꽃이 튀는 시간은 극히 짧다. 가솔린엔진(오토 사이클)에서의 흡기/압축/연소/배기는 크랭크 축 2회전(크랭크 각 720도)으로 이루어진다. 점화시기는 1000분의 1초 간격으로, 크랭크 각도로 치면 1도 정도(이것은 엔진회전속도에 의존)로 끝난다. 점화 후에 연소가 시작되고, 화염이 미연소 가스에 계속해서 전파됨으로서 연소가 확산되는데, 작동 가스(혼합기)가 연소하는 시간도 크랭크 각으로 치면 45도 정도이다.

크랭크 각 720도(2회전) 중의 45도, 전체의 16분의 1 밖에 안 되는 연소과정을 어떻게 연출하느냐가 가솔린엔진 설계의 어려운 점이다. 압축과정에서는, 피스톤이 TDC(상사점)을 향해 상승하는 동안에 실린더 내에 갇힌 작동가스가 압축되고, 체적이 축소되면서 온도와 압력이 상승한다. 그러나 압축에서 얻어진 압력 상승만으로

정상적인 연소와 화염전파

정상적인 점화에서 연소가 시작되고, 화염이 전파된다. 화염의 끝 (B)은 깨끗하게 갖춰진 화염면이다. 이때 연소하기 전의 가스(C)와 연소한 뒤의 가스(A)는 같은 압력으로서, 실린더 내는 어느 부분이든 거의 같은 압력으로 유지되고 있다. 연소라고 하는 화학반응이 조용히 진행된다. 그것이 정상적인 점화가 가져오는 「연소」이다. (B)의 화염면이 아래로 이동하는데 따라 피스톤도 하강하고, 피스톤이 BDC에 도달하기 전에 연소는 완료된다.

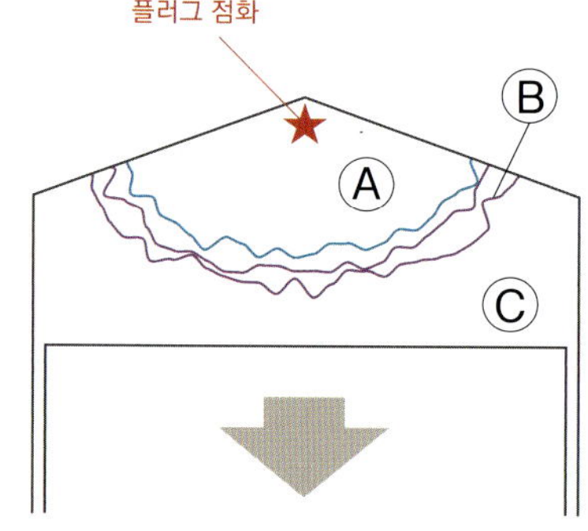

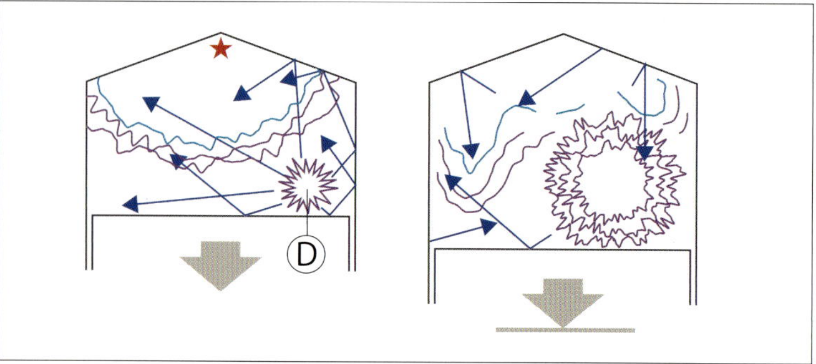

● 노킹에 의한 화염의 교란

연소파(燃燒波) 화염면(B)이 도달하기 전에 (D)의 장소에서 노킹이 일어났다고 하자. 먼저 압력파가 파란색 화살표처럼 노킹지점에서 발생하고, 그 다음을 음파가 쫓아간다. 그로 인해 정상적인 연소파 화염면이 분쇄되어 버리고, 실린더 내의 압력분포는 균일해지지 않게 되면서, 극단적으로 압력이 높은 부분이 만들어진다.

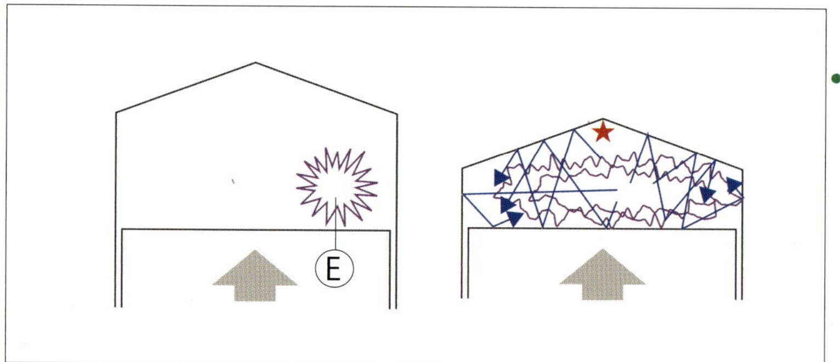

● 조기점화에 의한 출력저하

압축행정에서 피스톤이 상승하고 있을 때, 어떠한 불씨에 의해, 임의의 위치(E)에서 조기점화가 일어났다고 하자. 아직 혼합기는 충분히 압축되지 않았는데도, 급속한 연소가 시작되어 압력파와 음파가 순식간에 발생한다. 그 다음에 통상적인 플러그 점화가 이루어져도 연료는 거의 남아 있지 않게 된다.

는 큰 힘을 얻을 수 없다. 그래서 작동가스에 점화해 연소 에너지를 끌어낸다.

예를 들면, 74~77페이지에 실은 그림에서는, 압축과 정에서 0.6MPa 정도의 실린더 내 압력을 얻고 있지만, 이것을 더 연소시킴으로서 약 2.7MPa, 대기압의 270배나 되는 압력을 얻는다. 약간 과도한 예이긴 하지만, 엎드려 누운 자기 몸 위로 자신과 비슷한 체중의 사람이 270명이나 올라타는, 그것도 순식간에, 상황을 상상해 보면 이 엄청난 압력을 이해할 수 있을 것이다. 이것이 가솔린이라는 가반성(可搬性)이 뛰어난 액체연료의 위력으로서, 아쉽지만 같은 체적의 리튬이온전지를 완전히 방전시켜 얻을 수 있는 에너지 밀도는 가솔린의 100분의 1에 지나지 않는다.

연소를 어떻게 제어할 것인가. 최대 핵심은 점화 시기이다. 흔히 고부하 영역에서는 점화시기를 지각(retard)시킨다는 이야기를 듣는다. 점화시기를 최적시기보다 늦추는, 즉 크랭크 각을 몇 도 정도 진행 방향에 대해 늦추는 것이다. 노킹을 방지하려는 목적이다. 다만 연소개시를 늦추면 피스톤이 연소압력을 받아들이는 시간이 짧아진다. 피스톤 속도는 일정하지 않아 TDC와 BDC(하사점)에서는 순간적으로 제로 속도가 된다. 피스톤 속도가 가장 빠른 위치는 TDC에서 크랭크 각으로 45도 나아갔

을 때로서, 이 피스톤 속도 변화에 연소압력을 어떻게 맞추느냐는 것도 아주 중요하다.

효율을 위해서는 점화시기를 늦추는 것이 좋다. 항상 최적의 점화시기에 플러그를 점화할 수 있도록, 노킹를 피하는 수단을 마련해 두는 것이 엔진설계에 요구된다. 또 하나, 점화하기 전에 착화해 버리는 조기점화가 있다. 이것도 피스톤이 받아들일 수 있는 연소압력을 감소시킨다. 열효율향상에 마이너스 요인인 것이다. 정상적인 점화 전에 일어나는 조기점화와, 정상적인 점화 후에 일어나는 노킹은, 현재 상태에서는 「해악」이다.

같은 양의 연료를 투입한다는 전제에서는, 조기점화나 정상연소, 노킹 발생 모두 실린더 내에서 발생하는 최대 압력에는 변함이 없다. 그러나 조기점화와 노킹은 제어되지 않는 급격한 연소로서, 정상적인 연소에 비해 매우 짧은 시간 동안에 큰 압력파와 고속의 음파가 발생함으로서, 이것이 엔진을 파손하는 원인이 된다. 지짓지짓~ 거리는 노킹음은 이 음파 때문에 들리는 것이다.

조기점화의 발생원인은 아직 잘 알려져 있지 않다. 하지만 높은 압력파를 순식간에 만들어내는 부분만 다룬다면 적극적으로 이용할 수 있는 가능성이 있을지도 모른다. 지금, 많은 연구소에서 이 점을 해명하려 하고 있다.

노킹은 왜 엔진을 손상시킬까

왜 조기점화와 노킹은 왜 엔진을 손상시킬까. 용기에 물을 채운 모습을 예로 들어 설명하면, 물을 연소 에너지라고 가정하자. 수도꼭지를 통해 천천히 물을 넣은 상태(상)가 정상적인 화염전파이다. 조기점화와 노킹은 부분적으로 불이 붙고, 그것이 급속하게 퍼진다. 용기 일부를 칸막이로 구분해 놓고, 한 쪽에 세차게 물을 넣고 있는 상태(중)가 얼만가 진행되었을 때, 그 칸막이를 제거하면 물이 한 쪽으로 밀려나면서 용기에서 튀긴다. 이것이 압력파와 음파이다.

「연소」전후에 일어나는 현상

플러그 점화가 연소의 시작이다 – 좌측 그래프는 크랭크축 2회전(720도) 동안 이루어지는 4행정 가솔린엔진의 작동 과정 중, 연소부분만 따로 떼어놓은 것이다. 종축은 실린더 내 압력, 횡축은 크랭크각이고, 작동은 좌측에서 우측으로 진행된다. 작동 전체에 대해서는 75페이지의 그래프를 참조해 주기 바란다. 이 그래프는 75페이지 그래프의 일부이다.

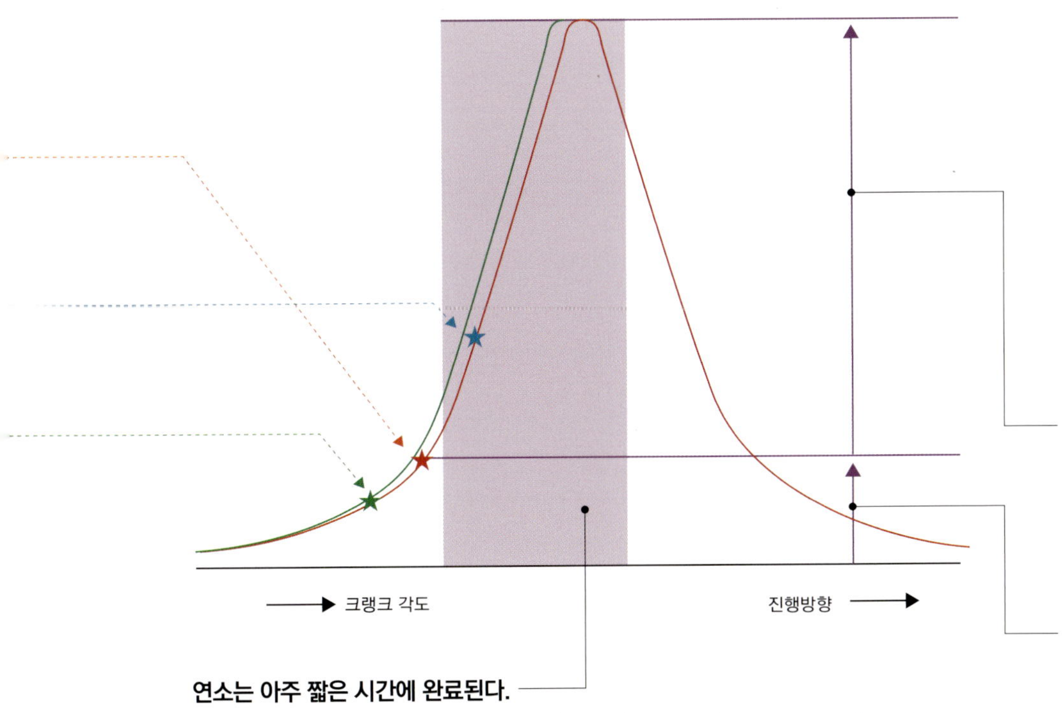

연소에 의한 실린더 내 압력의 상승

압축으로 인해 압력이 높아진 혼합기에 점화를 함으로더 더 큰 압력을 얻는다. 가령 노킹이 일어났다 하더라도, 같은 양의 연료를 투입했다고 하면, 최종적인 발생 압력은 통상적으로 연소할 때와 똑같다. 그러나 노킹과 조기점화에서는 순간적으로 압력의 정점이 발생하기 때문에 엔진에 충격을 가하는 경우가 있다.

혼합기 압축에 의한 실린더 내 압력의 상승

피스톤의 상승에 의해 실린더 내 체적이 서서히 줄어들면서 압력은 서서히 상승한다. 압축만으로도 압력은 높아진다. 포트분사 엔진 같은 경우는, 이미 실린더 내로 들어간 공기가 「혼합기」로서, 연료가 섞여 있다. 이것을 압축하면, 어떠한 계기로 착화될 가능성이 있다. 직접분사 엔진이라도 연료분사시기는 흡기행정인 경우가 많아서, 압축할 때는 실린더 내에 혼합기가 형성되어 있다.

연소는 아주 짧은 시간에 완료된다.

정상적인 점화로 연소가 시작되고, 크랭크각으로 환산하면 45도 정도가 지나면 연소는 완료된다.(그래프의 착색된 부분). 크랭크각 1도 당 발생열량은 위 그래프의 적색선으로 나타낸 압력상승 정점의 직전인, 정확하게 연소시간의 거의 한 가운데 부근에서 가장 높아진다. 열량은 분자의 활동으로서, 그로 인해 실린더 내 압력이 높아진다.

노킹에 관한 순수한 질문에 하다케무라 고이치 박사가 대답하다.

노킹을 알면 엔진을 알 수 있다

엔진의 가장 큰 적이라 할 수 있는 노킹은 어떻게 일어나는 것일까?
그리고 어떤 대책이 마련되어 있을까? 노킹을 축으로 살펴가다 보면 점화와 연소에 대한 이해는 쉽다.
많은 사람이 알고 싶어 하는, 점화와 연소에 관한 기초지식을 하다케무라 박사가 노킹을 키워드로 알려준다.

본문 : 고이즈미 켄지(MFi)   사진 : 보쉬/BP/델파이   그림 : 구마가이 도시나오

점화와 연소를 파악하는 키워드는 노킹이다!

하타케무라 박사 : MFi에서 연재하는 「박사의 엔진수첩」으로도 친숙한 공학박사.
자동차 메이커를 거쳐 현재 하타케무라 엔진연구소를 운영 중이다.
이번에는 점화와 연소에 관해 전혀 지식이나 이해가 없는 편집부 직원을 상대로,
노킹을 키워드로 삼아 알기 쉽게 설명해 주었다.

– 먼저 노킹이란 어떤 형상을 말하는 겁니까?

하타케무라 : 점화된 불길이 계속해서 넓게 타들어가는 것을 「연소」, 도달하는 곳에서 각각 자기착화(自己着火)하는 것을 「폭발」이라고 한다면, 노킹은 후자라고 해도 되죠. 통상, 가솔린엔진에서는 연료증기와 공기가 섞인 부분을 점화해, 그것이 넓게 타들어감으로서 열에너지를 얻는 구조이지만, 그것이 항상 깔끔하게 이루어지는 않습니다. 아무래도 편중이 생기게 되는 것이죠. 어느 부분은 연소되었는데, 아직 타지 않은 부분도 있고, 실린더의 압력과 함께 그곳의 압력이 올라가게 되죠. 그런데 압력이 올라가면 온도도 올라가 타고 남은 혼합기가 스스로 불이 붙어 버립니다. 즉, 그것이 폭발이 되어 버리는 것이죠. 실린더 내의 구석 쪽에서 그런 폭발이 일어나고, 그 압력이 반대쪽까지 전달되어 반사되는, 아주 높고 깡깡거리는 소리가 나는 겁니다. 노킹이란 그런 것입니다.

– 음 발생 외에 어떤 악영향이 있을까요?

하타케무라 : 큰 압력진동이 생기면서 실린더 안쪽 벽면이나 피스톤에 큰 충격을 주지요. 통상, 실린더 안쪽 벽면에는 아주 미세한 공기층이 있어서, 그곳이 단열층 같은 역할을 합니다. 그런데 노킹 같은 압력진동이 가해지면 그 층이 파괴되어 직접 실린더나 피스톤으로 열이 전해지게 되죠. 그 결과 피스톤의 온도가 올라가 소부(燒付)되거나, 피스톤 링이 고착되기도 합니다. 심할 경우에는 조기점화를 유발해 피스톤에 구멍이 뚫리거나 녹아버리기도 하죠. 커넥팅로드가 구부러지기도 하고요.

– 그 조기점화란 것이 무엇입니까?

하타케무라 : 노킹 때문에 피스톤이나 플러그 등의 온도가 올라가면, 점화하기 전에 고온과 접촉한 혼합기가 타기 시작합니다. 그것이 조기점화로서, 점화시기를 빨리 하는 것과 똑같습니다. 그냥 압축하는 것만으로도 온도가 올라가는데, 그 과정에서 불이 붙음으로서 더 뜨거워지는 것이죠. 통상은 상사점을 지나 피스톤이 내려가

면서 불이 붙어 압력이 상승하는데, 이 과정이 압축과정에서 일어나버리는 겁니다. 강렬한 노킹, 소위 말하는 슈퍼 노크(Super Knock)가 일어나면서 온도가 더 올라가면, 그 다음에는 더욱 빨리 불이 붙습니다.

— 그야말로 악순환이네요.

하타케무라 : 그런 상태를 폭주 조기점화라고도 하죠. 점점 빨라지면서 파손되는 겁니다.

— 데토네이션(detonation)이라는 말도 때로 듣게 되는데, 어떤 의미입니까?

하타케무라 : 번역하자면 이상연소가 되는데, 엔진개발 현장에서는 그다지 사용하지 않는 표현입니다. 그것

보다도 최근 자주 문제가 되는 것은 과급엔진에 있어서 저속 조기점화라는 현상입니다.

— 처음 듣는 말인데요.

하타케무라 : 피스톤에 부착된 오일 방울이 연소실 안으로 들어가 자기착화하게 되면서, 그것이 불씨가 되어 발생하는 현상 같은데, 전체적인 모습은 해명되지 않은 상태입니다. 다만, 이것은 많아야 몇 번에 그치죠. 뜨거워진 플러그나 밸브가 불씨가 되는 것은 불이 붙어 점점 온도가 올라가기 때문에 폭주해 버리는 것이지만, 오일이 원인이라면 그 오일이 없어지면 끝나게 되는 것이죠. 재미있는 것은 저속 조기점화는 실린더가 차가울 때 잘

일어난다는 것입니다. 이것을 해명하는 것이 지금의 연구과제 가운데 하나입니다.

— 개발단계에서 조기점화가 일어나는 것인가요?

하타케무라 : 최근에는 체적비를 높게 하기 때문에, 무과급 엔진에서도 일어납니다. 특히 과급엔진에서는 엔진 파괴로 이어지기 때문에 중요하죠. 저도 루체 V6 터보를 2번 정도 망가뜨린 적이 있습니다. 피스톤이 녹아 커넥팅로드가 몹시 휜 것이죠. 커넥팅로드가 부러지고, 그것이 크랭크 케이스를 깨뜨리면서 오일이 튀어나와 불이 난 경우도 있었습니다.

— 연소가 고르지 않은 것이 원인이라면, 역시 내경이

크면 노킹일 잘 일어나는 겁니까?

하타케무라 : 말씀대로입니다. 내경이 크면 화염이 전달되는데 시간이 걸리는데다가, 남겨진 부분이 뜨거워져 점화에 의한 화염이 오기 전에 불이 붙어 버리는 것이죠. 반대로 말하면, 화염전파가 빠를수록 노킹은 잘 안 일어납니다. 그래서 텀블(tumble)을 만들어주거나, 화염전파를 빠르게 하는 것이죠. 빨리 전달되면 자기착화될 시간이 없는 겁니다. 그래서 고회전 속도에서는 노킹이 일어나기 힘든 겁니다. 노킹이나 조기점화 모두 저회전 속도에서 잘 일어나는 현상입니다. 최근에는 1.1~1.2의 행정/내경 비율로 보완을 하고 있습니다. 선박용 디젤처럼 4 정도가 이상이지만, 자동차용으로 연구하는 것은 1.5 정도이죠.

– 노킹을 막으려면 구체적으로 어떤 방책이 있을까요?

하타케무라 : 먼저는 압축비를 낮추는 겁니다. 체적비를 낮추거나, 흡기밸브가 닫히는 시점을 바꿔 실질적인 압축비를 낮추는 방법이 있죠. 이것이 밀러 사이클입니다. 압력이 떨어지면 온도도 내려가죠. 압력이 높으면 온도가 낮아도 자기착화하기 쉽지만, 압력이 낮으면 웬만큼 온도가 높지 않으면 불은 붙지 않습니다.

– 이런 상황에서도 사실은 압축비를 낮추고 싶지 않은 것이죠?

하타케무라 : 물론입니다. 밀러 사이클에서 실효 압축비를 낮추면 공기가 잘 들어가지 않게 됩니다. 체적비가 내려가면 팽창비도 떨어지죠. 팽창비란, 불이 붙어 피스톤이 내려가는데 있어서 상사점 체적의 몇 배로 팽창하는지를 나타낸 것으로서, 열효율과 직결됩니다. 팽창비를 낮추면 열효율이 떨어져 배기가스 온도가 올라갑니다. 피스톤이 받는 에너지가 줄어들고, 그만큼 배기가스의 에너지로 빠져나가는 것이죠.

– 점화시기와 노킹 관계는 어떻게 되어 있습니까?

하타케무라 : 피스톤이 올라가는 과정에서 연소를 하면 압력과 온도가 급격하게 올라가기 때문에 노킹이 발생하기 쉽습니다. 반대로 피스톤이 내려가는 과정에서는 연소에 의해 압력과 온도가 올라가지만, 피스톤이 내려가는 만큼 압력도 떨어지기 때문에 노킹이 발생하기 어려워집니다. 하지만 이번에는 연소해서 압력이 상승한 위치부터 하사점까지의 거리가 짧아지게 되죠. 즉 팽창비가 작아져 효율이 떨어지는 겁니다. 그 결과, 배기가스 온도가 높아지게 됩니다. 그래서 예를 들면, 과급기 같은 경우는, 터빈을 보호하기 위해 연료를 약간 많이 분사합니다. 그러면 연비가 점점 나빠지는 것이죠.

– 그럼 대체 어떻게 하면 되는 건가요? (웃음)

하타케무라 : 사실은 상사점에서 순식간에 연소되는 것이 효율면에서는 이상적이죠. 너무 빠르거나 늦어도 좋지

않습니나. 그래서 점화시기가 정밀로 어렵다는 깁니다.

– 노킹을 피한다는 의미에서는 고 옥탄가 휘발유를 사용하면 될까요?

하타케무라 : 그러면이야 아주 좋죠. 고 옥탄가는 자기착화가 잘 안 되기 때문에 이상연소도 일어나기 힘듭니다.

– 아마도 일반적으로는 고 옥탄가 휘발유가 잘 타는 인상을 준다고 생각합니다. 고출력 차량일수록 고 옥탄가를 지정하고 있으니까요.

하타케무라 : 그럴지도 모르지만, 실제로는 고성능 엔진일수록 노킹이 심하기 때문에 고 옥탄가를 사용하는 것이죠.

– 고 옥탄가와 보통 휘발유의 차이가 옥탄가라는 것은 알고 있는데, 이 옥탄가라는 것이 구체적으로는 어떤 수치입니까?

하타케무라 : 가솔린 성분 중에는 자기착화가 어렵고, 항노크성(Anti-knock) 높은 이소옥탄에 가까운 성분부터, 자기착화가 쉬운 노멀헵탄에 기끼운 성분까지, 여러 종류의 탄화수소가 섞여 있습니다. 옥탄가란 전자인 이소옥탄의 체적비를 말합니다. 옥탄가가 100이라면 이소옥탄과 똑같아서, 자기착화가 어렵게 되는 거죠. 50이라면 이소옥탄과 노멀헵탄이 각각 반씩 들어있다는 것이죠.

– 유럽이나 일본에서 고 옥탄가 휘발유는 대략 옥탄가 100을 말하지만, 보통 휘발유는 일본이 90인데 반해 유럽은 90과 95사이에 있고, 이것이 보통 사용되는 것 같습니다. 이 차이의 영향은 어떻습니까?

하타케무라 : 옥탄가 90과 95는 전혀 다릅니다. 95와 100은 그다지 다르지 않고요. 엔진은 압축비로는 9와 10만 하더라도 매우 큰 효율 차이가 있기 때문에, 옥탄가 95를 사용할 수 있으면 과급에서도 압축비 10을 쓰기가 편해지죠. 그런 한편으로 옥탄가 100을 지정하고 압축비를 11로 해도, 9와 10으로 했을 때와 그다지 성능 차이는 없습니다. 14를 15로 해도 마찬가지이죠. 어쨌든 옥탄가 95를 사용할 수 있다는 점이 핵심입니다. 그것을 사용하지 못한 것이, 일본이 과급 다운사이징에서 뒤처진 이유였죠.

– 경유에서는 세탄가라고 하던데, 옥탄가와는 다른 건가요?

하타케무라 : 디젤은 옥탄가와는 반대로, 세탄가가 높을수록 자기착화가 쉬워집니다. 디젤은 연료가 스스로 착화하지 않으면 안 되기 때문에, 세탄가가 높은 편이 좋죠.

– 그러면 노킹이 걱정이 되는데, 괜찮은가요?

하타케무라 : 원래 디젤의 경우는 가솔린 같은 노킹이 안 일어납니다. 가솔린은 플러그에 의한 점화이기 때문에, 타고 남은 부분에서 노킹이 일어나는 겁니다. 그러나 디젤에는 플러그가 없죠, 일어날 일이 없는 겁니다. 그런데 그것과는 별도로, 디젤 노킹이라는 것이 있습니다. 아이들링 중에 깡깡거리는 소리인데요, 분무된 연료의 착화

옥탄가 / 세탄가

연소되기 쉽다? 연소되기 어렵다?

가솔린 성분 중에는 자기착화가 잘 안되고 항노크성이 높은 이소옥탄에 가까운 성분부터, 자기착화가 잘 되기는 노멀헵탄에 가까운 성분까지, 여러 종류의 탄화수소가 섞여 있다. 전자와 후자의 혼합연료를 사용해 노킹 시험을 함으로서, 가솔린과 노킹의 발생 정도가 같아지는 전자의 체적비율을 옥탄가라 부른다. 간단히 말하면, 옥탄가가 100이라면 이소옥탄과 같고, 50이라면 이소옥탄과 노멀헵탄이 반씩 들어간 것과 같다는 뜻이다. 실제로는 일본을 포함해 많은 나라에서 기준 엔진의 연소시험 결과를 토대로 옥탄가를 설정하고 있다. 한편, 세탄가는 경유의 착화성을 나타내는 것으로서, 높을수록 자기착화가 잘 된다. 옥탄가는 높을수록 잘 타지 않으며, 세탄가는 높을수록 잘 탄다. 다만, 가솔린엔진과 디젤엔진 각각의 연소상태에 있어서 어떤 쪽이든, 수치가 높을수록 노킹이 잘 일어나지 않는다.

「노크센서」

미세한 이상을 바로 감지

실린더블록에 장착해 엔진의 노크진동을 감시하는 부품. 노킹이 발생하면 이 부품이 감지해 신속하게 점화시기를 뒤로 늦춘다(retard). 직렬 4기통 같은 경우는 하나로 대응할 수 있지만, V타입이나 수평대향엔진 등에는 두 개를 장착하는 경우가 많다. 시판차량에 일반적으로 장착하게 된 것은 1980년 무렵부터로, 고가의 부품이었기 때문에 일부 과급기 장착 엔진부터 사용하기 시작했다.

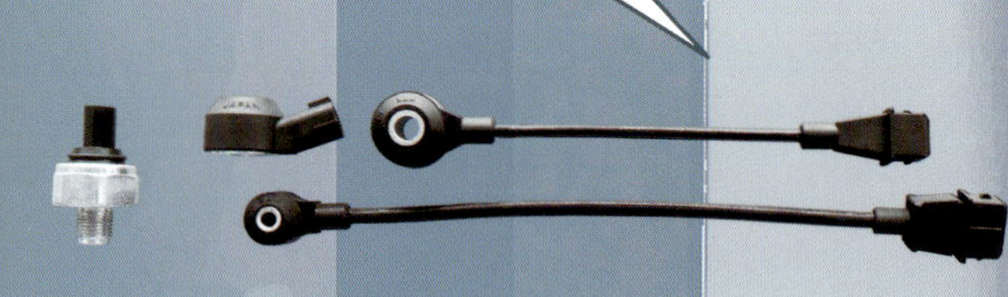

「HCCI」

가솔린 자기착화에 따른 연소방식

Homogeneous Charged Compression Ignition(균일 예혼합 압축착화)의 약자로서, 압축되어 고온으로 올라간 혼합기를 자기착화시켜 연소시키는 방식이다. 고압축에 의한 자기착화는 전체적으로 단번에 타기 때문에, 불꽃점화로는 타지 않는 옅은 혼합기를 효율적으로 사용할 수 있어서 그을음과 NOx가 거의 발생하지 않는다. 다만 노킹의 원인이 되는 자기착화를 연속시키는 것이기 때문에, 저부하 영역에서는 실화(失火)를, 고부하에서는 노킹 발생 억제를 위한 제어가 어려워서, 지금으로서는 운전영역이 상당히 한정된다. 더불어 고부하가 되면 연소온도가 너무 높아져 NOx 생성이 시작되면서, HCCI의 장점을 상실하게 된다는 것도 고부하 운전이 제한되는 이유이다.

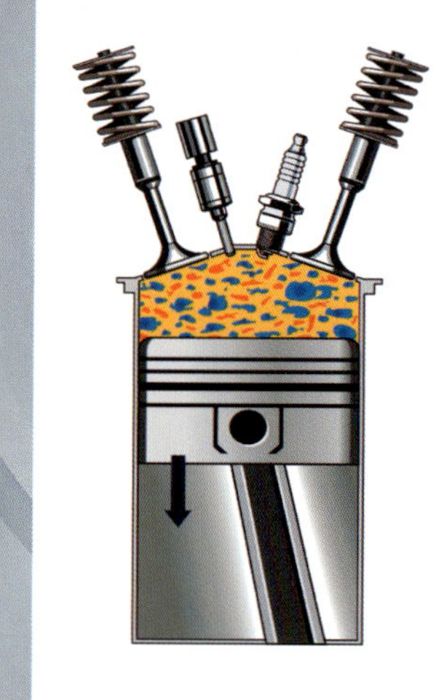

가 늦어지면 그 동안에 경유가 증발하면서 만들어진 혼합기가 단숨에 자기착화되어 연소함으로서 온도와 압력이 급격하게 상승하게 됩니다. 현상으로만 보면 「광범위한 자기착화」이기 때문에, 가솔린의 노킹과 같다고도 할 수는 있죠. 하지만 거기까지 이르는 과정이 전혀 틀립니다.

－ 심각한 현상이라는 의미에서는 가솔린의 노킹과 똑같군요.

하타케무라 : 좀 다릅니다. 피해도 디젤 쪽이 작고요. 왜인가 하면, 디젤 노킹은 부하가 낮은 영역에서 일어나기 때문입니다. 온도가 낮은 만큼 불이 붙기까지 시간이 걸리고, 그런 상태에서 노킹이 일어나는 것이거든요. 그런 상황이라면 엔진에 큰 충격은 주지 않습니다. 부하가 높을 때, 주변 온도가 높을 때 일어나는 가솔린의 노킹과는 다르죠.

－ 온도가 높을 때 일어난다고 해서 생각 난 것이 연료 냉각이라는 것입니다. 먼저 소박한 질문을 드립니다. 연료를 분사하게 되면 온도가 떨어지나요?

하타케무라 : 증발할 때 열을 빼앗기게 되는데요, 소위 말하는 기화열이라는 것이죠. 직접분사 같은 경우는 상당히 효과가 있습니다. 포트분사 같은 경우는 기본적으로 흡기밸브가 닫혀 있을 때 분사하기 때문에 포트 벽과 밸브의 열을 빼앗을 뿐이라, 실린더 내의 온도를 낮추는 효과는 거의 없습니다.

－ 그래도 가솔린 직접분사 등이 없었던 무렵부터 연료 냉각 같은 것이 있지 않았나요?

하타케무라 : 그것은 고회전 고부하 영역이 되었을 때, 많은 연료를 분사해 거의 연료를 쏟듯이 분사하게 되면서 일정한 효과를 얻었다는 것인데요. 흡기 밸브가 열려 있을 때, 흡기흐름에 편승해 연료가 방울 상태로 실린더 안으로 들어가는 것이죠. 그래서 증발하면서 직접분사 같은 냉각효과를 가져온다는 것이었습니다. 분명하게 말하면 혼합기 형성이 흐트러지는 것이죠. 하지만 확실히 노킹을 억제하는 데에는 도움이 됩니다.

－ 지금까지 얘기를 정리해 보면, 노킹을 억제하기 위해서는 압축비를 낮추든가, 점화시기를 늦추던가(지각), 효과적으로 냉각하든가, 옥탄가가 높은 쪽이 도움이 된다는 것이네요. 이 가운데 두 번째의 점화시기를 빼면 모두 설계단계에서 정해진다고 할 수 있는데요, 반대로 말하면 점화시기만 엔진 가동 중에 가능한 제어인 셈이군요. 실제로 지각(retard)이란 것은 어떻게 하는 것입니까?

하타케무라 : 노크센서가 실린더블록의 진동을 감지해서 노킹이 발생하면 바로 지각(遲刻)시킵니다.

－ 어디에 장착되어 있습니까?

하타케무라 : 엔진에 따라 다르지만, 대개는 블록의 위쪽 부분에 있습니다. 아래 쪽에 장착하면 다른 진동까지 감지하기 때문이죠. 그래서 하나로 대응할 수 있도록 모

「이론 혼합비 연소」

이상적인 공연비는 14.7:1

스토이키오메트릭(화학양론)의 약어로서, 공기와 연료가 완전연소하는 이상적인 공연비에서 연소하는 것을 의미한다. 이론공연비라고도 한다. 연료는 탄소(원소기호 : C)와 수소(H)로 구성되어 있으며, 산소와 반응해 일산화탄소(CO)가 나오지 않고 이산화탄소(CO_2)와 물(H_2O)로 변화(즉 완전연소)한다. 산소도 안 남게 하려면 산소(O_2)량이 저절로 정해진다. 가솔린엔진의 경우는 가솔린 1에 대해 공기 14.7(질량비)이 이상적이다.

「디젤 노크」

가솔린노크 만큼 심각하지 않다

디젤엔진은 아이들링할 때 등에, 크릉크릉거리는 소리나 진동이 발생하는 현상. 실린더 내의 온도가 낮거나 연료 자체의 착화성이 나쁜 경우에 발생하는데, 분무연료의 착화가 늦어지면 그 동안에 형성된 혼합기가 단번에 자기착화 연소해 온도와 압력이 급격하게 상승한다. 현상적으로는 가솔린의 노킹과 똑같지만, 발생하는 과정이 다르다. 또한 발생되는 피해도 크게 달라서, 부하가 낮은 시점에서 발생하기 때문에 엔진에는 그다지 충격이 남지 않는다.

「진각/지각」

노크가 일어나면 지각이 기본

4행정 엔진에서는, 피스톤이 압축행정에서 팽창행정에 이르는 상사점에 위치할 때 연소시키기 위해 그것보다 조금 빨리 점화하지만, 실제로는 상황에 맞춰 점화시기를 빨리하거나 늦추고 있다. 전자를 진각(Advance), 후자를 지각(Retard)이라고 한다. 일반적으로 피스톤이 상승하는 과정에서 연소를 하면 온도와 압력이 급격히 상승하기 때문에 노킹이 일어나기 쉽다. 하강하는 과정이라면 연소에 의해 압력과 온도가 올라가도, 피스톤이 내려감에 따라 압력이 떨어지는 양도 있기 때문에, 노킹이 일어나기 어려워진다. 그러나 연소를 해서 압력이 상승한 위치부터 하사점까지의 거리가 짧아짐으로서, 즉 팽창비가 감소함으로써, 효율이 떨어져 배기가스 온도가 높아진다. 점화시기를 제어한다는 것은 이들 균형을 감안해 치밀하게 이루어지고 있다.

「연료냉각」

직접분사의 경우는 효과가 크다

연료가 증발할 때 기화열을 빼앗기 때문에 냉각효과를 가져온다. 특히 직접분사 엔진에서는 혼합기의 냉각효과가 높다. 포트분사의 경우는 기본적으로 흡기밸브가 닫혀 있을 때 연료를 분사하는 것으로서, 포트 벽과 밸브의 열을 빼앗는 셈이 되기 때문에 실린더 내의 온도를 낮추는 효과는 거의 없다. 그렇기는 하지만 고회전 속도 영역에서는 거의 쉴 틈 없이 분사하는 상태가 되기 때문에, 흡기밸브가 열렸을 때 흡기류에 편승해 방울 상태로 실린더 내로 들어가 직접분사 같은 냉각효과를 초래하기는 한다. 깨끗한 혼합기는 안 되지만, 노킹 억제로 이어진다. 이 효과를 겨냥해 저회전 속도 고부하에서 흡기밸브가 열렸을 때 분사하는 엔진도 나타나고 있다.

든 실린디를 최대한 감지할 수 있는 장소를 찾지요. 히지만 V타입이나 수평대항엔진에서는 어떻게 해도 두 개를 사용하는 경우가 많습니다.

- 그냥 4개를 쓰면 더 세밀하게 제어할 수 있는 것은 아닌가요?

하타케무라 : 하나만 써도 괜찮으면 하나면 되는 거죠. 게다가 지금은 아니지만, 예전에는 매우 비싼 부품이었습니다. 시판차에 장착하게 된 것은 1980년 무렵부터였습니다. 그것도 일부 과급기를 장착한 모델에 한정되어서요.

- 그랬습니까. 그래도 지금은 유해 배기가스 제어 기술이 발달하지 않았습니까. 예를 들면 이렇게 해서 이렇게 되면 노킹이 일어나니까, 그런 경우는 미리 지각하는 식의 제어가 감지하지 않고도 가능하지는 않습니까?

하타케무라 : 그렇게 계산대로 되지는 않습니다. 물론 미리 노크센서 같은 맵은 만들 수 있지만, 점화시기를 늦추면 연비가 나빠지기 때문에 가능하면 피하려고 하죠. 게다가 기압이나 습도, 흡기온도 차이, 엔진의 개체차이 등과 같은 문제도 있습니다. 그래서 노크센서로 정확하게 감시해서 최대한으로 제어하는 것입니다.

- 노크센서를 사용하기 전에는 어떻게 했습니까?

하타케무라 : 마진을 많이 두었지요. 당시에는 압축비가 8~9 정도로, 지금보다도 상당히 낮습니다. 당연히 연비도 나빴고요.

- 지금은 압축비가 10을 넘는 것이 보통인데요, 마쯔다 데미오 같이 보통 가솔린 사양에서 14나 되는 대단한 엔진도 나와 있습니다. 이 14라는 것을 항노킹이라는 관점에서 봐도 역시 경이적인 수치라 할 수 있나요?

하타케무라 : 데미오가 나오기 전에는 모두가 가능하지 않을 것이라 보았죠.

- 어떤 기술적인 돌파구가 있었던 것인가요?

하타케무라 : 가능하다고 생각했기 때문에 달성한 것 아닐까요(웃음). 그때까지는 어떤 메이커든 압축비 10을 11로 하고, 다음에 11을 11.5로 하는 식으로 조금씩 올려왔죠. 하지만 마쯔다는 HCCI를 연구하게 되면서, 그 덕분에 HCCI의 높이는 압축비에 대해 다양하게 파악하게 된 것이죠. 이번에는 압축비 15 상태에서 통상적인 SI(Spark Ignition)으로 작동시켜 보았더니 의외로 토크가 떨어지지 않은 것을 발견하게 된 것입니다. 간단히 말하면 그렇게 된 겁니다.

- 지금까지 말씀을 들어보니, 엔진개발이라는 것이 요컨대 노킹과의 싸움이라는 인상을 받았습니다.

하타케무라 : 불꽃점화 엔진의 연비나 효율을 추구하다보면, 반드시 노킹이라는 벽에 부딪치게 됩니다. 그것을 어떻게 해결해 나가느냐가, 예전이나 지금도 엔진의 가장 중요한 연구 과제라 하겠습니다.

column 2
불꽃을 생성하는 구조
[점화장치의 역사와 변천]

목표 시점에 혼합기가 가진 에너지를 남김없이 팽창행정에 이용하기 위해 확실하게 불꽃을 튀긴다.
공회전 속도부터 한계 회전속도 영역까지, 확실한 착화를 담보하기 위한 구조는 어떤 형태를 취하고 있을까.

본문 : MFi　　　그림 : 포드/보쉬/GM/덴소/MFi

자동차 여명기부터 점화 에너지는 전기를 이용해 왔다. 점화 플러그로 흐르는 고전압은 자기유도작용과 상호유도 작용이라는, 두 가지의 코일 특질을 이용해 만들어져 있다.

코일에 전류를 흘려 코일을 자화(磁化)하면, 주위에는 자계가 발생한다. 전류를 차단하면 당연히 코일은 소자(消磁)하기 시작하지만, 전기에는 관성력처럼 현상을 유지하려고 하는 작용(기전력)이 있어서, 순간적으로 고전압이 발생한다. 이것을 자기유도작용이라고 부른다. 회로

내에 흐르고 있던 전류량이 클수록, 차단하는 시간이 짧을수록 높은 전압을 발생시킬 수 있다는 점이 특징이다.

상호유도작용이란, 동일한 철심을 사용하는 한 두 개의 코일에 있어서 한 쪽 코일에서 회로를 차단하면, 다른 한 편의 코일에도 기전력이 생기는 현상이다. 이때 두 개의 코일 권수를 달리하면, 발생전압을 증폭시킬 수 있다. 점화 코일 같은 경우는, 직류 12V를 인가(印加)하는 1차 쪽 코일의 권수에 대해 2차 쪽 코일의 권수를 대략 100배로

하여 수 만 V를 발생시키고 있다. 쉽게 상상할 수 있듯이, 1차 쪽 에너지를 높이면 2차 쪽 출력도 커진다. 일종의 트랜스(변압기)라고도 할 수 있는 이 점화코일을 이용해 점화 플러그에 불꽃을 발생시키는 구조는, 현대에 있어서도 그 기본은 변함이 없다. 점화장치의 진화는 기계적인 신뢰성 추구, 고회전 속도 운전 때의 착화지체에 대한 대응, 고에너지 생성을 위한 연구 등, 이 자기/상호유도작용을 얼마나 효율적이고 확실하게 실현하느냐는 반복이었다.

**고압고온 상태의
실린더 내 혼합기에 불을 점화하다**
실린더 내에서 격렬하게 유동하면서 압축되어 온도가 높아진 혼합기에 착화. 요즘에는 고과급 엔진이나 EGR도입, 직접분사에 따른 성층, 강한 와류나 고압축비 설계 등, 점화 플러그 입장에서는 불꽃을 튀기기 힘든 상황이 많아졌다.

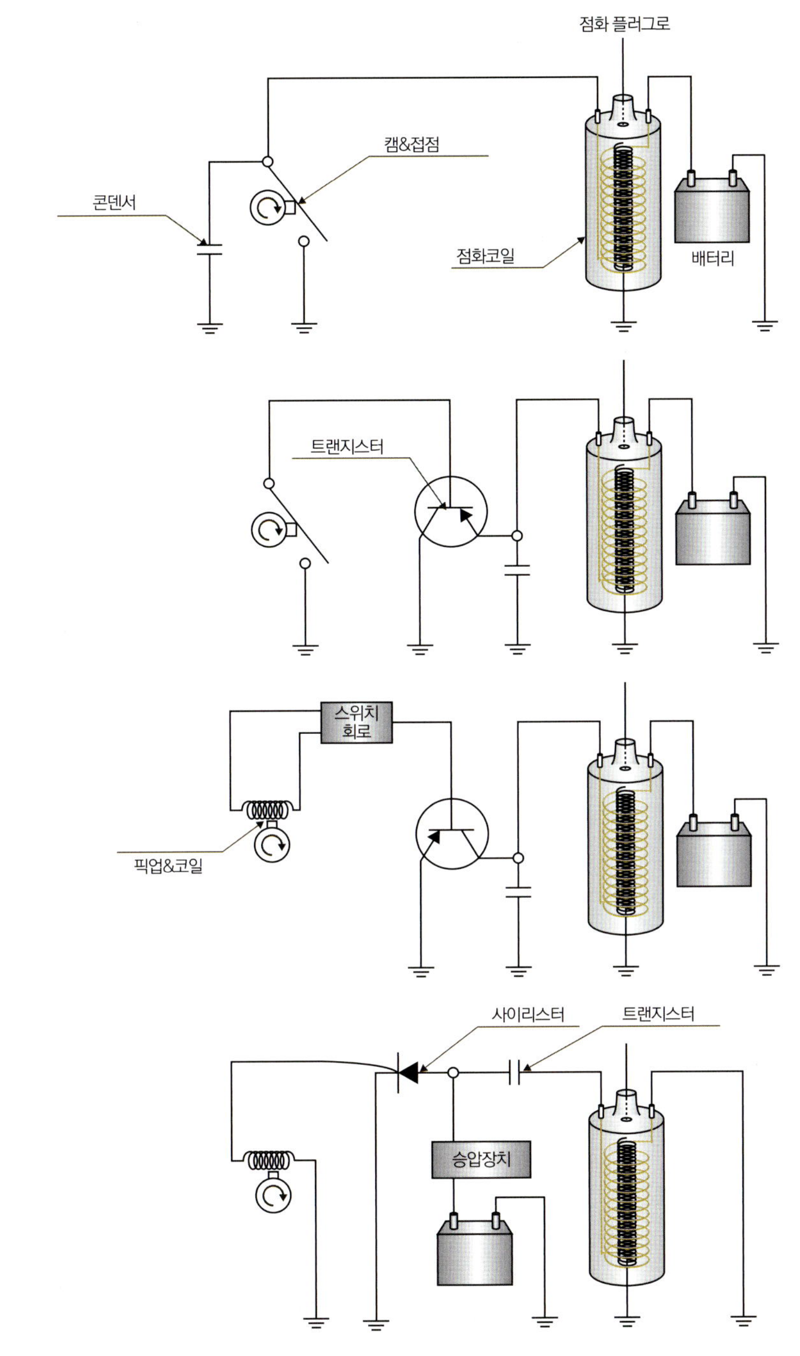

점화장치의 종류와 특징

점화장치의 진화 이유도 다른 보조장치의 흐름과 마찬가지로 기계식에서 전자식으로 변해왔다. 기계장치는 아무래도 일정한 성능을 유지하기 위해서는 정기적인 정비가 필요하고, 운전자에게도 지식이 요구되었다. 날씨나 온습도에 따라서도 부조화가 발생하기도 한다. 전자기기의 진화와 저렴화 덕분에, 지금은 점화장치가 어떻게 동작하고 있는지 몰라도 아무 문제가 없을 만큼 긴 수명과 고도화를 자랑하고 있다.

상 : 접점식 점화

코일의 자기유도/상호유도작용을 일으키기 위한 스위치 회로인 캠&접점을 갖춘, 가장 간결한 점화장치. 스위치 회로와 병렬로 연결된 콘덴서는, 회로를 끊었을 때 접점 부분에 발생하는 불꽃의 발생억제와, 통전할 때 순식간에 에너지를 가해 일차 전류의 공급을 빨리하는 역할을 한다.

중상 : 세미 트랜지스터 점화

발생하는 불꽃 때문에 접점 부분이 타게 되면, 연마나 갭 조정 등과 같이 정기적인 정비가 필요하기 때문에 번거롭다. 그래서 캠&접점에 의한 스위치 회로는 그대로 놔두고, 단속 신호를 트랜지스터에서 받아 유도작용을 제어하는 구조로 만든 것이 이 방식의 특징이다.

중하 : 풀 트랜지스터 점화

세미 트랜지스터 점화로 접점의 소손 문제는 해소되었지만, 여전히 캠이라는 물리적 접촉부위는 남게 됨으로서, 마모 문제를 피할 수 없다. 그래서 단속신호의 생성을 코일&픽업으로 해서 비접촉화한 것이 풀 트랜지스터 점화이다. 기계작동 부분이 완전히 없어진 것은 큰 장점.

하 : CDI

고회전 속도에 의해 스위칭의 주파수가 높아지면「차단하는 시간이 짧아질수록 고전압」이라는 자기유도작용에 반해 발생전압이 낮아진다. 그래서 픽업에 의한 타이밍 기구와 승압장치+콘덴서에 의한 축전을, 사이리스터를 통해 단번에 일차전압으로서 방출하는 구조로 만든 것이 이 방식이다.

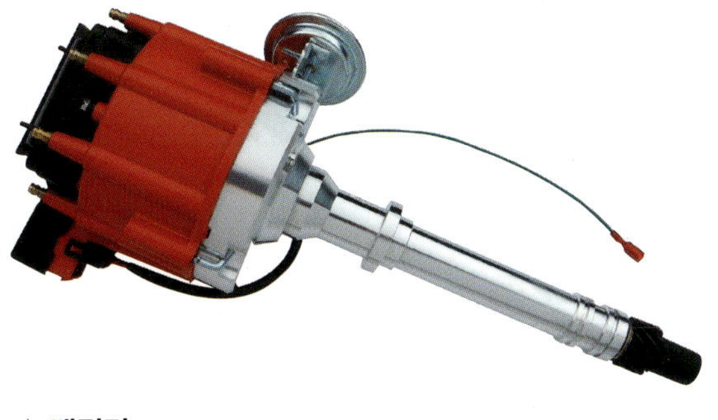

↑ 배전기

점화코일에서 발생한 2차전압을 플러그 배선을 통해 각 실린더에 배분하는 것이 배전기. 장치 가장 윗부분의 배전부와 픽업&코일의 신호부를 동축 이중구조로 하고 있다.

← 폐자형 점화코일

위 네 가지 그림은 모두 점화코일을 원통형(개자형)으로 하고 있는데 반해, 발생하는 자력선을 외부로 새기 어렵게 해 소형 고효율화한 것이 폐자형 점화코일. 현재의 주류이다.

→ 스틱 코일

고전압을 플러그 코드로 배전하는 것이 아니라, 점화 플러그 바로 위에서 승압시키는 것이 스틱 코일이다. 직접점화라고도 한다. 당연히 점화 플러그 갯수만큼 필요하다.

점화시기란 무엇인가.
가솔린엔진에 있어서 가장 단순하고 효능적인 제어기구.

「진각」「지각」이라는 용어가 있는데, 무엇을 기준으로 빨리하거나 늦추는 것일까.
최적의 점화 시기란 어느 시점을 가리키는 것일까.
닛산자동차의 기술진에게 물어본 점화시기조정의 요점을 정리해 보았다.

본문 : 미우라 쇼지   사진&그림 : 닛산자동차/MFi

MBT라고 하는 점화 세계의 헌법

가솔린엔진에 있어서 어떤 시점에서 점화를 하느냐는 문제는 매우 중요하다. 물론 흡기나 배기행정에서 점화를 하는 일은 있을 수 없지만, 압축행정이 크랭크 각도로 해서 180°가 된다고 치고, 그 안에서 점화해야 하는 최적의 위치가 있다. 최적 점화시기 이외에서 점화를 하면, 연소압력이 정확하게 피스톤으로 전달되지 않는, 즉 토크를 유실할 뿐만 아니라 연료가 가진 에너지를 유실해 연비도 나빠진다. 엔진의 첫 번째 성능지표인 열효율을 높이기 위해서는 그야말로 딱 맞는 점화 시기가 요구되는 것이다.

그러면 어느 시점에 점화하는 것이 최적일까. 매우 간결하게 생각하면, 그것은 상사점이라 할 수 있다. 압축행정이 끝나 피스톤이 내려가기 시작하는 순간에 점화하면 된다. 하지만 그것은 그저 이론일 뿐, 완전한 단열 엔진(냉각손실이 제로)이 아니면 상사점 점화해서는 너무 늦는다. 연소에는 시간이 필요하기 때문에, 그 압력이 최대가 되었을 때는 이미 피스톤의 하강행정이 진행 중이어서 모든 하강행정을 토크로 변환할 수 없게 된다. 그렇기 때문에 현실적으로는 그것을 감안해 상사점보다 어느 정도 앞선 단계에서 점화할 필요가 있다. 어떤 가솔린엔진이든 연료질량의 50%가 다 타는 것은 상사점후(ATDC) 약 10°로서, 그것이 연소압력=토크가 최대

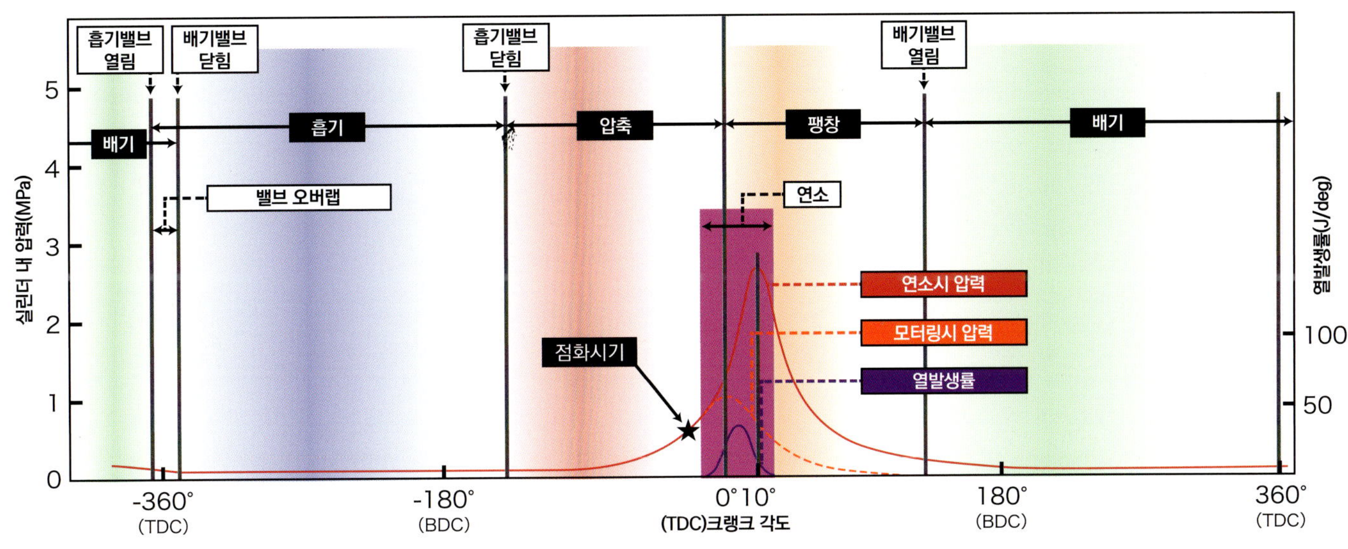

위 그림은 가솔린엔진의 부분부하에서의 일반적인 실린더 내 압력 추이를 크랭크 위치에 입각해 나타낸 것이다. 가장 열효율이 좋은(고토크/저연비) 열 발생 피스톤 위치는 어떤 운전조건이든 거의 똑같은 크랭크 각에 있으며, 거기서부터 연소에 걸리는 시간과 점화하고 나서 열이 발생할 때까지의 시간차이를 고려해 최적의 점화시기를 설정한다. 그 최적 시점을 MBT(Minimum Advance for best Torque)라 한다. MBT는 엔진 차이에 의해 공연비나 혼합기의 온도, EGR 양 등에 영향을 받아 변동하는 상대값으로서, 값 자체는 외부 조건이나 운전조건에 따라 변동한다. 그 변화를 감안해 점화시기를 조정하는 것이 「진각」,「지각」이라는 제어로서, 크랭크 각을 바탕으로 표기한다. 항상 MBT에서 점화하는 것이 이상적이기는 하지만, 노킹의 위험성 있는 경우는 연소온도와 압력을 낮출 필요 때문에 지각(retard)을 한다.

▶ **엔진 회전속도 : 부하와 점화시기의 관계**

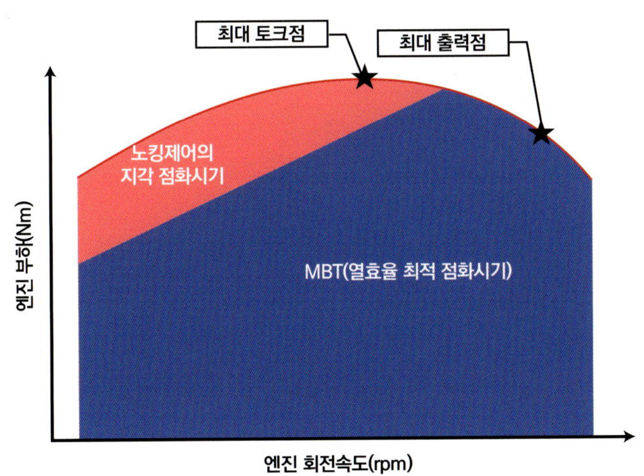

노킹제어는 점화시기를 늦추는 식으로 이루어진다. 기본은 노크센서를 이용해 노킹 특유의 진동 초기를 감지하고 나서 늦추게 되는데, 저회전 속도 고부하(1000rpm정도부터 스로틀을 다 여는 상태)에서는 연소압력과 온도가 일시적으로 높아져 노킹을 유발하기 쉽기 때문에 사전에 점화시기를 지각방향으로 설정한다. 엔진 회전속도가 올라가 최대 토크 발생점을 넘어서면 부하는 감소하기 때문에 진각해서 MBT 점화를 한다. 지각을 하면 토크(열효율)가 떨어지기 때문에 고부하에서도 여유가 있으면 조금이라도 진각방향으로 제어하지만, MBT를 넘어 진각하는 것은 역시 열효율이 떨어질 뿐만 아니라 노킹의 위험성이 높아지기 때문에 설정하지 않는다.

가 되는 지점이다. 거기서부터 역산한 최적 점화시기를 MBT(Minimum Advance for best Torque)라 한다.

노킹이 MBT 점화를 방해한다

그런데 엔진이란 상대는 호락호락하지 않아서, 항상 MBT에서 점화하면 되느냐 하면 그렇지 않다. 일정 속도로 정속 주행하고 있는 경우는 MBT로 충분하다. 그러나 저회전 속도에서 스로틀을 열고 가속하려고 할 때, 즉 저회전 속도 고부하 운전에서는 MBT가 최선이 아니다.

이런 운전상태에서는 점화하기 전에 뜻밖의 착화, 즉 노킹이 발생할 가능성이 높다. 그래서 연소압력을 낮추기 위해 MBT보다 점화시기를 늦추는 「지각(遲角)」이 필요하다. 만약 이 엔진이 가변압축비라면 노킹을 방지하기 위해서는 압축비를 낮추면 된다. 현실적으로는 순수한 가변압축비 엔진은 존재하지 않기 때문에, 대신에 지각을 하는 것이다. 과급엔진은 실효압축비가 높기 때문에 노킹을 피하기 위해서 기계압축비를 낮추는데, 이것을 점화지각으로 해도 결과는 똑같다. 즉 토크는 떨어진다. 성능조건만 생각하면 항상 MBT에서 점화하는 것이 가장 좋지만, 그것을 방해하는 것이 노킹이다.

전자제어 이전의 자동차에서는 회전속도상승과 더불어 점화시기를 빨리할 필요성 때문에 배전기 안에 조속기를 설치해 진각방향으로만 제어했지만(회전속도 의존

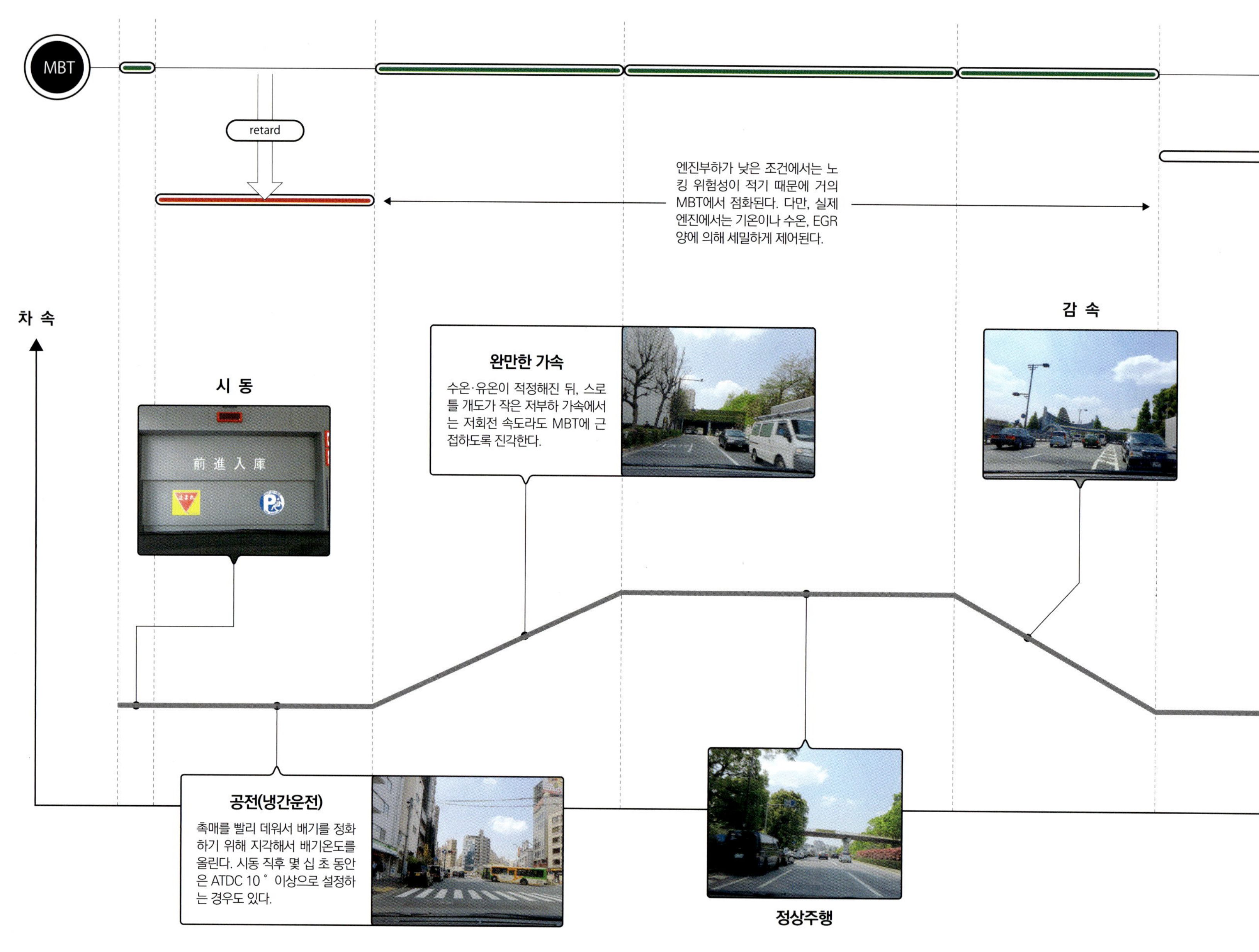

제어), 이것은 회전속도에 의해 MBT가 변화하기 때문에 거기에 맞추는 것 일뿐, 노킹을 피하기 위해 지각시키지는 않는다. 터보엔진이 등장하면서 노킹이 문제가 되었지만, 전자제어기술이 등장하고 나서야 비로소 지각제어가 이루어지게 된다. 노킹자체는 노크센서라고 하는 단순한 센서로 사전에 감지할 수 있기 때문에, 그 신호를 받은 ECU가 시기를 늦춘다. 고 옥탄가 사양의 엔진에 보통 휘발유를 잘못 넣었을 경우 등도 마찬가지로, 점화를 할 때는 피드백 제어를 한다. 엔진 회전속도와 부하가 같더라도 수온이나 유온, 흡기온, 밸브 타이밍, EGR 양 등에 따라 연소실 온도가 바뀌는, 즉 노킹이 발생하는 시점이 변하기 때문에 그것을 예측해서 점화시기가 피드포워드로

조정된다. 제어는 가능하더라도 노킹 위험성은 항상 존재하기 때문에 평소에는 어느 정도의 마진을 두어 MBT보다 약간 늦게 해두었다가, 아무 것도 없으면 MBT 방향으로 진각시키는 것이 현재의 엔진 점화시기 제어 이론이라 할 수 있다. 「지각」이라는 말이 상사점 기준에서 한다고 오해하는 사람들이 있는데, 실제로는 MBT기준 용어이다. MBT 자체가 회전속도에 따라 변화하기 때문에, 절대값에서의 변동이 아니라는 것을 나타내 준다. 마찬가지로 MBT보다 앞에 점화하는 것은 피스톤이 상승하려고 하는 힘을 연소압력으로 누른다는 것이라 의미가 있으며, 노킹의 위험성도 있기 때문에 마진분에서 MBT를 넘어선 진각이 이루어지는 경우도 원칙적으로 없다.

1사이클마다의 세밀한 토크제어도 점화시기로

이와 같이 점화시기 조정이란 노킹을 피하기 위한 수단이라 할 수 있다. 공연비나 EGR양의 조정 등, 다른 수단이 있음에도 불구하고 노킹 대책은 제일 먼저 점화시기 조정부터 하는 것이 기본이다. 그것은 점화시기 조정이 4행정 엔진을 한 사이클별로 제어할 수 있는 유일한 수단이라, 노킹 같이 심각한 문제에 가장 신속하게 대처할 수 있기 때문이다. 동시에 그런 고속제어력을 살려, 점화시기 조정은 보조기기의 단속에 따른 미세 토크변동의 해소 등, 순간적인 토크 제어 등에도 사용되고 있다. 또한 다른 장치를 점화와 조합시켜 제어함으로서, 열효

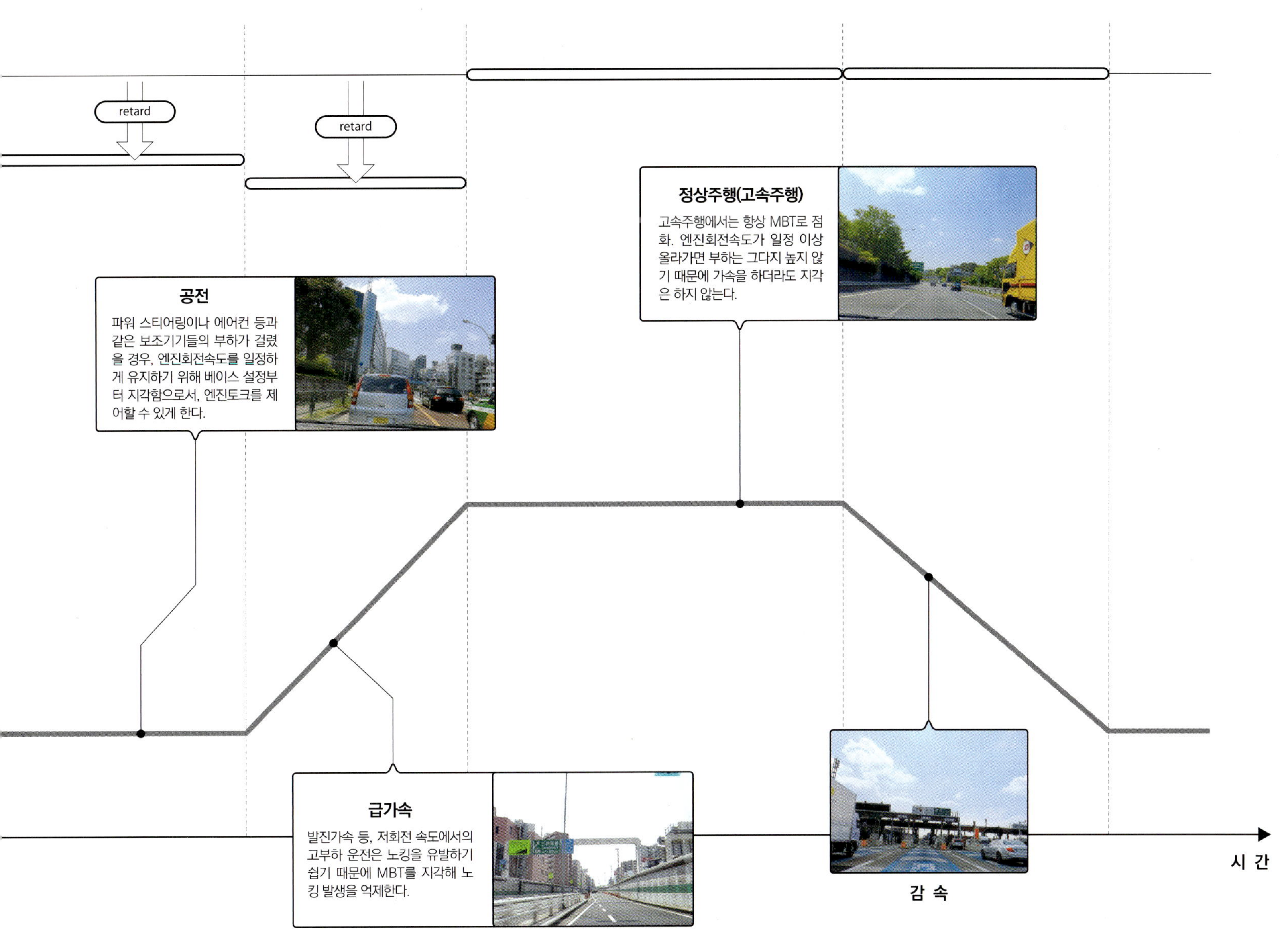

율을 올리기 위해서도 사용된다. 예를 들면 냉각 EGR은 펌핑 손실의 저감뿐만 아니라 연소온도도 낮출 수 있는데, 거기서 점화시기를 더 MBT에 근접시켜 EGR로 인해 손실될 토크를 회복할 수 있도록 하는 식이다. 다만 EGR의 경우는 연소속도가 느려지기 때문에, 빨리 점화하지 않으면 연료가 다 타지 않는 것도 요인이긴 하다.

점화에 관한 기본인식 변화가 일어나려 하고 있다

엔진 제어의 시작이고, 그 이론이 완성된 것처럼 보이기도 하는 점화시스템. 희박연소에서는 공기과잉 때문에 또한 와류가 심할 때는 가스유동이 빨라지기 때문에 착화가 잘 안 되고 실화 위험성이 있는 등, 점화에 있어서 작금의 연소기술 진보는 엄격한 기준을 갖춰야 하게 되었다. 최적의 조기점화시기 조정만으로는 점화 자체를 완료시키기 어려워진 것이다. 4밸브 펜트루프 연소실에서 플러그 배치를 최적화할 수 있게 되고, 삼원촉매에 배기가스 정화를 맡기게 된 이후, 점화시스템은 점화시기 조정만 생각하면 되었다. 바꿔 말하면, 엔진개발에 있어서 가장 먼저 결정하는 것이 점화로서, 그것은 일종의 금과옥조가 되었다. 반대로 말하면, 보쉬가 현재의 점화시스템을 발명한 이래 근본적인 기술혁명은 이루어지지 않았다는 점이다. 하지만 가솔린엔진의 기술적 포화는 최상이라고 여겨졌던 연소실 정점의 플러그 위치를 비롯해, 모든 것을 재검토해야 하는 시기를 맞이하는 것 같다.

점화의 진화를 위한 기술 중 하나는 다점 점화이며 또 하나는 점화에너지의 증대이다. 둘 다 효과가 높은 것은 확인되긴 했지만, 엔진과 그 주변기구의 근본적인 변화가 불가피하다. 센터 플러그 & DOHC 4밸브로 실린더 헤드 구조가 규정되어 있는 현재의 엔진에 있어서, 그것을 바꾸는 것은 막대한 개발 자원과 비용이 발생하기 때문에 알맞은 효과를 얻을 수 있다는 확신이 없는 한 쉽게 나아가지 못하는 것이 현재상태라 할 수 있다. 여러 위험을 감수하면서까지 점화시스템이 변혁될지 어떨지에 따라 미래의 가솔린 엔진 발전이 좌우될지도 모른다.

점화 플러그의 진화가
엔진 성능을 향상시켰다

압축착화 디젤엔진에 반해 가솔린엔진은 불꽃점화가 필수이다.
그렇다고 그냥 단순히 연소실 내에서 공중방전만 시키면 되는 것은 아니다.
바야흐로 점화 플러그는 엔진별 전용개발이 이루어지고 있다.

본문&사진 : 마키노 시게오   그림 : 만자와 고토미/일본특수도업/NGK스파크플러그

점화 플러그에 투입하는 기술은 로(low) 테크놀로지가 아니라 하이(high) 테크놀로지

점화 플러그의 역할은 혼합기에 「착화」하는 것이다. 서로 떨어진 +와 − 전극 사이에서도 전하는 공중을 날아서 흐른다는 성질을 이용해, 점화 플러그는 연소실 안으로 전기에너지를 튀긴다. 이로 인해 중심전극과 접지전극 사이의 약간의 틈새(갭)로 국소적인 고에너지 부분을 만든다. 그 에너지양은 불과 30~60mJ밖에 안될 만큼 적지만, 피스톤이 상승함에 따라 실린더 내 혼합기는 운동하면서 압축된다. 이때 혼합기 온도는 점점 상승하기 때문에, 1mm 정도의 갭을 통과하는 가열된 미세 연료입자를 착화시키기 위해서는 이 정도의 에너지양으로 충분하다.

공중으로 방전된 전기에너지를 받아들인 연료입자 안에서는 즉각 C(탄소)와 H(수소)의 분자결합이 해체되면서 혼합기 안에 있는 O(산소)와 화학반응을 일으킨다. 산화(연소)인 것이다. 연료입자 한 군데에서 반응이 일어나면, 차례로 새로운 반응이 연쇄적으로 이어진다. 가솔린엔진의 경우, 한 군데에 착화하면 반응이 옆으로, 옆으로 전해진다. 이것이 화염전파로서, 디젤엔진과는 다른 가솔린엔진의 연소형태이다.

플러그 점화방식이 정착한지 이미 한 세기 이상이 지났다. 하지만 점화 플러그 및 점화시스템은 진보를 계속하고 있다. 위 사진은 근래의 고압축비 가솔린엔진을 위해 개발된 점화 플러그의 전극부분이다. 본체중심에서 튀어나온 전극은 뿌리 쪽보다 끝이 가늘다. 표준적인 점화 플러그에서는 니켈합금으로 만들어지는 부분이지만, 이 제품에서는 이리듐합금을 사용했다. 방전이 일어나는 전극 끝부분은 반드시 소모가 진행되기 때문에, 만년필의 펜촉으로 사용되는 이리듐 같이 고융점 소재의 사용이 진행 중이다.

일본특수도업에서 점화 플러그 개발과 관련된 기술자들은 「혼합기에 불이 붙기 어려워졌다」고 말한다. 압축비가 높아짐에 따라 실린더 내 압력도 높아졌기 때문에 불꽃이 튀기기 어려워졌다는 것이다. 예를 들면, 압축비 10인 무과급 엔진을 압축비 12로 높일 때, 같은 정도의 불꽃을 튀기기 위해서는 필요한 전압이 더 커진다. 「예전에는 23kV 정도였던 요구전압이 지금은 40kV입

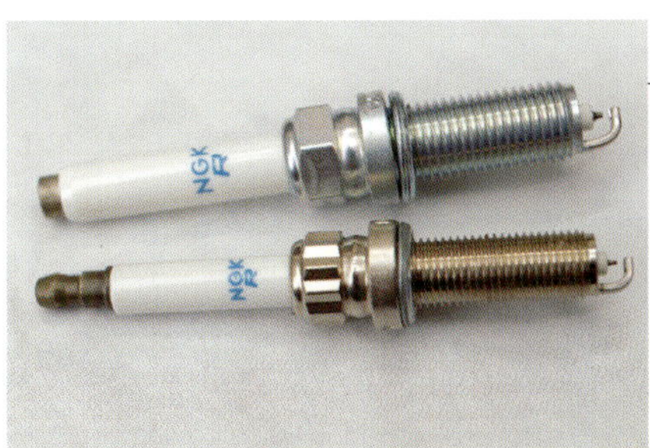

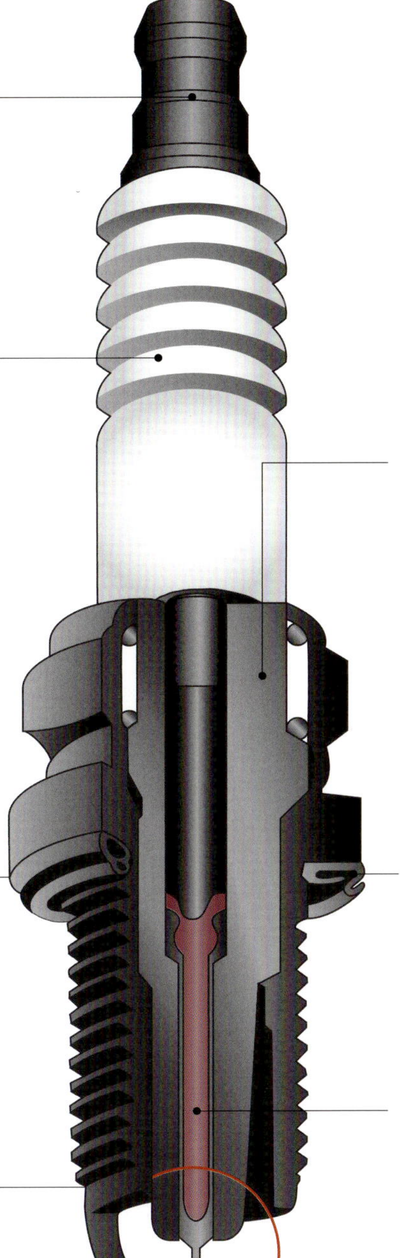

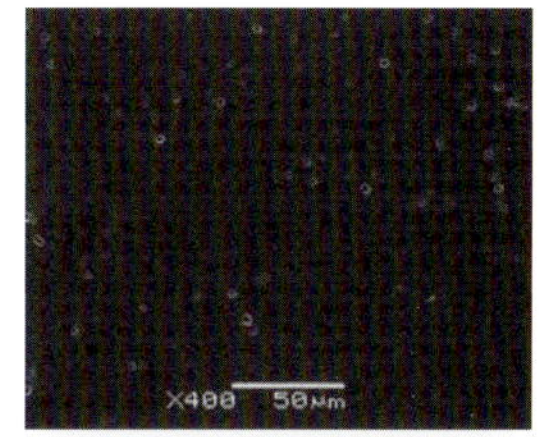

자동차용 표준 타입

이리듐 플러그

2사이클용 연면(沿面) 플러그

로터리 엔진용 플러그

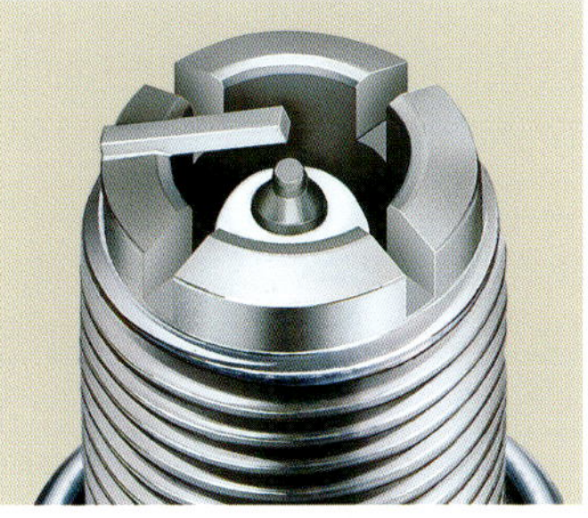

고압축비 엔진과 점화 플러그

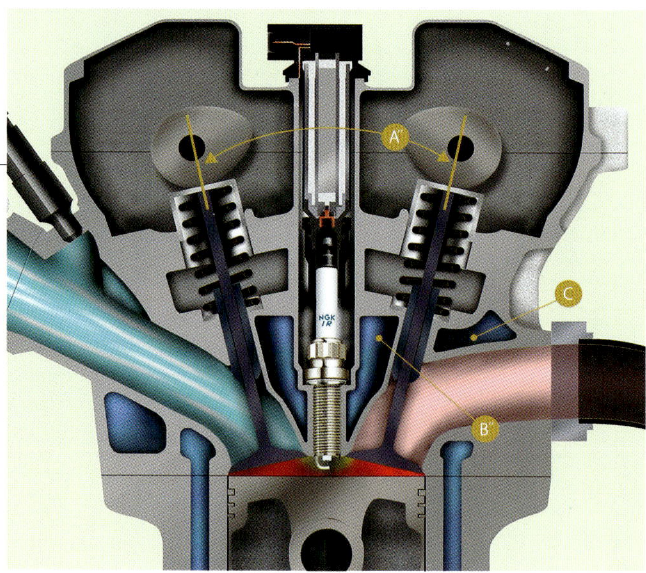

현재의 DOHC 4밸브 엔진은 거의 이런 연소실 형상으로 바뀌었다. 밸브협각 A''는 좁고, 냉각수통로 B''는 점화 플러그 장착부분 근처 까지 뚫려 있다. 작아진 연소실과 냉각성능 향상은 고압축비에 이바 지하는데, 얼마 전까지만 해도 생 각할 수 없었던 압축비 11짜리 과 급엔진도 시판차량에 장착할 정도 가 되었다. 점화 플러그의 세축화 (細軸化)나 다점 점화시스템의 등 장은 디젤 같은 직립밸브를 가능 하게 할 것이다.

예전의 DOHC 4밸브 엔진은 이와 같은 연소실이었다. 점화 플 러그의 나사 지름이 굵었기 때문에 밸브협각 A가 크고, B의 냉 각수통로는 점화 플러그 중간까지밖에 지나가지 않는다. 덧붙이 자면 레이스용 엔진에서는 전부터 특수한, 지름이 작은 플러그를 통해 밸브협각을 좁게 사용하고 있었다.

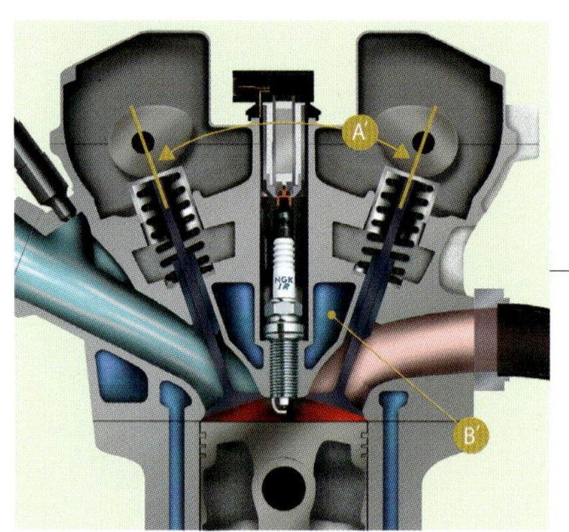

점화 플러그를 가늘게 함으로서 가능해진 결과. A'의 밸브협각은 약간 좁아졌고, 냉각수통로 B'는 점화 플러그의 나사부분까지 접 근했다. 밸브를 세우면 연소실 천정이 평평해지고, 연소실의 표 면적이 작아짐으로서 압축비를 높이기가 쉬워진다.

점화 플러그와 가솔린엔진의 관계

니다」라고 한다. 더구나 순간적으로 높은 전압이 요구된 다. 그래서 전원코일로부터 공급되는 전력을 전극의 끝 부분에 집중시킬 수 있는 전극설계를 연구한다. 그래도 점화 플러그 내의 중심전극에서 전압이 상승하면 끝부분 이외의 장소에서 전기가 전극 밖으로 새는 「관통」이 발 생하기 쉽기 때문에, 절연체 설계를 연구해 관통이 잘 일 어나지 않게 해야 한다.

일본특수도업이 점화 플러그를 제조하는 이유는 이 절 연체 설계와 제조에 뛰어난 노하우를 갖고 있기 때문이 다. 절연체는 특수한 세라믹(도기)으로서, 근래의 점화 플러그에서는 아주 고밀도로 만들어지고 있다. 주요 원 재료는 알루미나(Al_2O_3)로서, 이것을 틀에 넣고 프레스 성형을 거친 다음, 제품형상으로 연삭가공하고 나서 최 고 1600℃ 정도의 고온에서 구운(소성이라고 한다) 뒤 에, 유약을 바르고 나서 900℃ 전후로 다시 굽는다. 이 때 소성을 하면 도기의 체적이 약 20% 수축하기 때문

에, 최종적인 제품형상을 100분의 1mm까지 맞추려면 경험에 근거한 높은 제조기술이 요구된다.

어떻게 불꽃을 튀기느냐는 문제는 「자동차 메이커에 따라 혹은 엔진에 따라 접근방식이 다르다」고 한다. 단 시간에 에너지를 집중해 착화기회를 만들 것인가, 그렇 지 않으면 점화시간을 길게 할 것인가이다. 이 성격규정 에 의해 전극형상이 바뀌고, 전극이 마모하는 진행과정 도 달라진다. 모든 점화 플러그에 공통되는 설계기술로 는, 마모를 가능한 적게 하는 동시에 연료 속의 C(탄소) 가 「재」가 되어 전극 부분에 달라붙는 정도도 가능한 적 게 하는 것이다.

근래의 경향에 대해 물었더니 「점화 플러그 축을 가늘 게 하는 것」이라는 대답이 돌아왔다. 시작품을 보여주었 는데, 확실히 가늘다.

「연소실 설계와 깊게 관련되어 있습니다. 점화 플러그 는 연소실의 중앙, 비유하자면 특등석에 배치되어 있다고

할 수 있습니다. 화염의 형상에 있어서 최적의 위치이기 때문인데, 그 주변에는 흡기/배기밸브가 있습니다. 점화 플러그가 굵으면 밸브협각이 커지게 됩니다. 그리고 점화 플러그 주변의 냉각입니다. 가능한 한 수로를 연소실에 가깝게 하기 위해 점화 플러그는 서서히 가늘어져 왔습니 다. 가늘게 하는 것이 엔진 쪽의 요구입니다」

예전의 나사지름 14mm에서 12mm로, 현재는 지름 10mm짜리도 있으며, 나아가 10mm 이하로의 도전도 진행 중이다. 실린더 내경 65mm 정도로 냉각손실 측면 에서 치열한 경자동차 엔진은 아주 가느다란 점화 플러 그가 필요할 것이다. 실린더 내경이 80mm 이상 되어도 현재보다 점화 플러그 지름이 2mm 정도만 가늘어지면, 냉각수 통로를 더 연소실 쪽으로 접근시킬 수 있다.

「2륜차용으로는 예전부터 8mm 지름이 있었는데, 지 금의 다운사이징 직접분사 과급엔진에는 사용할 수 없 습니다. 요구전압이 낮은 2륜차의 제품을 그대로 지금의

엔진개발의 과제

점화가 중요한 테마가 된 현재, 점화에 대한 요구뿐만 아니라 점화부터 연소까지를 이상적으로 하기 위한 엔진의 전체 형상을 그릴 필요가 있을 것이다. 또한 플라즈마 점화나 다점 점화와 같이 새로운 점화 시스템을 시판엔진에 적용하려면 현재의 점화방식에서 취득한 연소, 화염전파, 노킹, 조기점화와 같은 요소를 똑같이 검증해야 하는데, 그런 막대한 작업이 점화시스템을 일신하는 저해요소가 되기도 한다. 이 대목은 자동차 메이커와 부품 공급회사가 공동으로 연구·개발을 진행하는 것이 시간과 비용을 절약할 수 있다.

더 나은 가솔린엔진의 고효율화에 대한 요구

EGR(배기가스 재순환)의 다용, 흡입기에 강한 세로와류를 갖게 하는 고텀블화, 미래의 트렌드로 주목받는 희박연소 등, 플러그로 점화해도 실제로는 혼합기에 착화하지 않는, 혹은 실화가 의심되는 조건이 늘어났다. 여기에 어떻게 대처할 것인가.

고에너지 점화

점화에너지를 크게, 즉 「강한 불꽃」을 튀기는 방법. 전에는 25kV 정도였지만, 과급 다운사이징 엔진에서는 40kV가 요구되고 있다. 게다가 고과급화가 진행되면 이 값은 더 올라간다. 전력을 공급하는 코일까지 포함해 전체적인 점화시스템 설계가 요구된다.

다중점화

통상 점화 플러그의 동작은 연소 1회당 한 번이지만, 점화를 여러 번 시킴으로서 착화확률을 높이는 방법. 실화대책뿐만 아니라 더 적극적으로 「태우는」것을 감안한 점화 플러그 사용법이다.

다점 점화

과거부터 현재까지 점화 플러그 2개를 장착한 트윈 플러그 가솔린엔진은 존재해 왔다. 확실한 연소와 연소속도를 높이는 수단이다. 점화 플러그가 더 가늘어지면 종래에는 생각할 수 없었던 트윈 플러그의 가능성이 대두될 것이다. 혹은 점화장치 그 자체를 전혀 새로운 것으로 교환하고, 5점~8점되는 점화가 가능한 개발도 여러 곳에서 진행 중이다.

점화 플러그 개발은 엔진과 1대 1로

점화 플러그가 소모품이었던 시대는 범용설계가 당연했지만, 엔진성능을 남김없이 끌어내기 위한 전용 플러그 설계가 당연시됨으로서 보수용 플러그의 자리매김이 약간 달라졌다. 판매점의 재고부담을 줄이기 위해서는 범용성을 갖게 해야 한다. 일본의 경우, 이미 점화 플러그가 소모품이 아니게 되었지만, 사용조건 악화가 거듭되어도 고장이 안 일어난다고는 단정할 수 없다.

자동차에 사용할 수 없다는 것입니다. 가늘고 동시에 높은 요구진입에 견디는 스파크 플러그. 그린 개발입니다」

이제는 점화 플러그 사양이 「엔진마다 다르다」고 기술 담당자는 말한다. 예를 들면 실린더 내로 끌어들인 공기에 강한 세로와류(tumble)를 발생시켜 연소속도를 빨리 하게 하는 설계에서는, 전극에 불꽃이 발생해도 와류에 의해 꺼진다는 것이다. 그 때문에 고에너지화하거나 다중으로 점화하는 수단을 통해 확실한 착화를 도모하게 되었다. 착화성은 화염의 성장에 직접 영향을 끼치기 때문에 어쨌든 늦지 않고 확실하게 착화시켜야 하는 것이다.

「그리고 의외로 효과가 있는 것이 점화 플러그 끝부분의 전극 방향을 같게 하는 것입니다. 3기통이든 4기통이든 모든 기통에서 같은 방향으로 점화 플러그가 위치하도록, 실린더 헤드 쪽의 플러그 홀 나사가 깎여 들어가는 시작점을 같게 하고 있습니다. 점화 플러그 쪽도 나사홈을 내는 방법을 같게 하기 때문에, 자동조립을 하더라도 모든 기통의 점화 플러그 방향이 딱 맞게 됩니다. 점화 플리그의 전극형상 성능치이도 물론이지만, 방향을 같이 하면 연소가 더욱 좋아집니다」

그러면 앞으로의 점화 플러그는 어떤 설계방향으로 진행될까. 한 가지 해답은 플라즈마 점화이다. 고에너지의 용융 플라즈마 상태를 연소실 내에서 만들고, 착화시키는 방법이다. 이미 여러 연구결과가 발표되어 있다.

「통상 1000분의 3초에 화염을 성장시키던 것을 1000분의 1초로 할 수 있습니다. 시간은 3분의 1로 짧아지고요. 하지만 균일한 혼합기가 생성되지 않으면 노킹이 발생합니다. 점화 플러그로만 해결할 수 있는 연소 개선 영역이 아닌 것이죠. 물론 잘 하면 연료가 상당히 희박한 상태에서도 연소시킬 수 있습니다」

이런 새로운 점화방식의 등장은 의외로 빠른 것인지도 모른다.

일본특수도업
자동차관련 사업본부
플러그사업부 기술부 과장
가토 도모사토

일본특수도업
자동차관련 사업본부
플러그사업부 기술부 부주관
구키 히로아키

다점 점화를 통한 급속 연소가 자동차 엔진을 바꾸다

실린더 내로 흡입된 혼합기는 점화 플러그에 의해 연소되면서 피스톤을 하강시키는 에너지를 만들어낸다.
이「연소」를 둘러싸고 많은 과제가 산적해 있다.
다점 점화 장치가 이 과제를 해결해 줄 수단이 될 수 있을까.

본문 : 만자와 류타(MFi)   그림 : 미야마/MFi

이론 오토사이클과의 비교

가솔린을 공기와 섞어 혼합기로 만든 다음, 실린더 안에서 단열압축한 시점에 불꽃으로 점화시켜 연소시킨다. 이때 발생한 팽창 에너지를 동력원으로 삼는 것이 오토사이클이다. 다만 핵심이라 할 수 있는 연소상태는 주어진 상황이나 기계구성에 따라 천차만별이다. 이상연소에도 대응하지 않으면 안 된다. 이론 오토사이클의 현상을 엔진기술자인 하야시 요시마사씨는 신의 엔진이라 칭송하는데, 묘한 표현이 아닐 수 없다. 실제로 일어나는 이론과의 차이를 얼마나 줄이면서 최대효율을 도모하느냐가 엔진기술개발의 핵심이다.

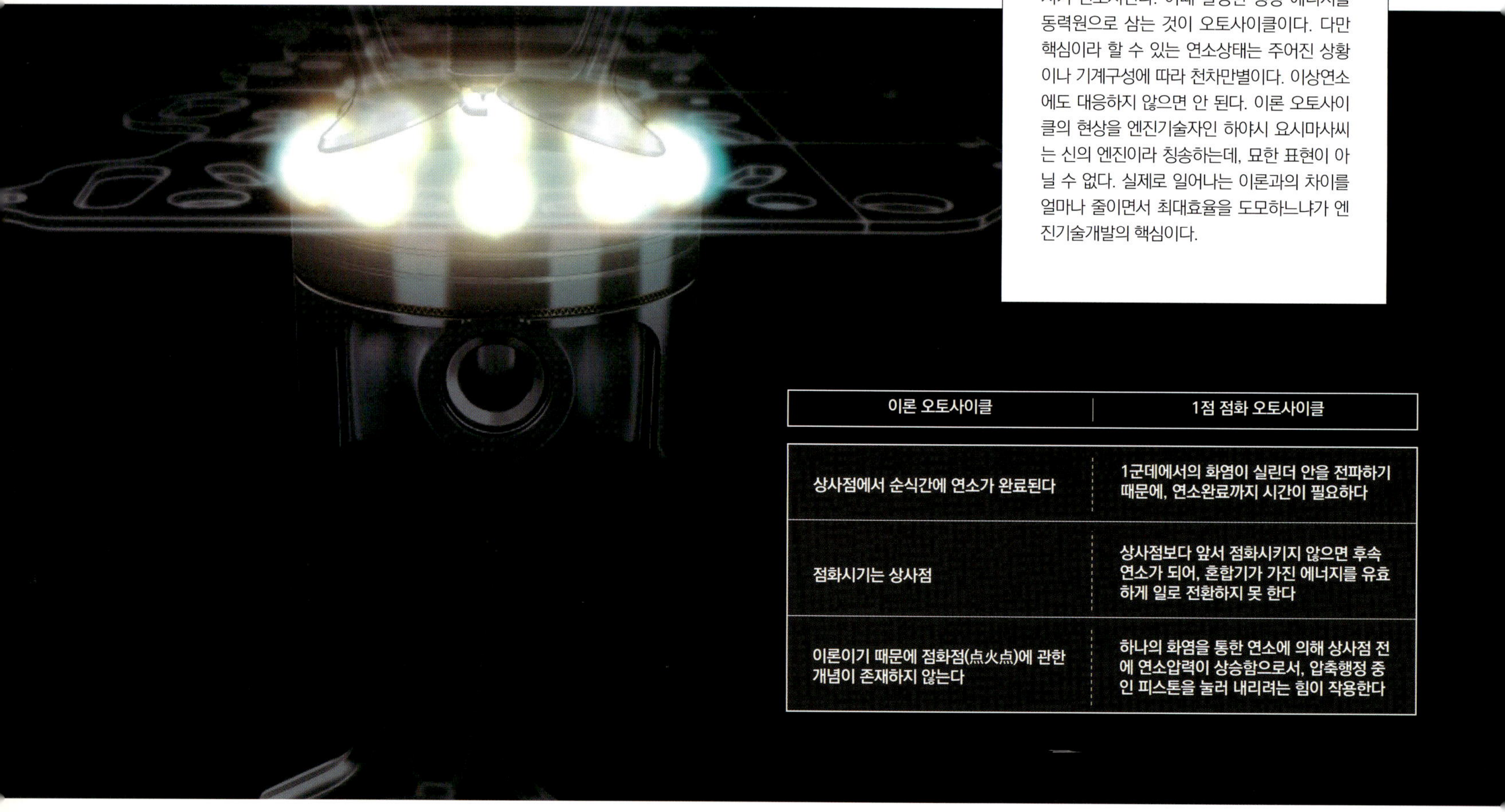

이론 오토사이클	1점 점화 오토사이클
상사점에서 순식간에 연소가 완료된다	1군데에서의 화염이 실린더 안을 전파하기 때문에, 연소완료까지 시간이 필요하다
점화시기는 상사점	상사점보다 앞서 점화시키지 않으면 후속 연소가 되어, 혼합기가 가진 에너지를 유효하게 일로 전환하지 못 한다
이론이기 때문에 점화점(点火点)에 관한 개념이 존재하지 않는다	하나의 화염을 통한 연소에 의해 상사점 전에 연소압력이 상승함으로서, 압축행정 중인 피스톤을 눌러 내리려는 힘이 작용한다

애초의 계기는 튜닝엔진을 위한 파워 추구에서였다

미야마의 대표이사인 미나미 요시아키라씨의 동기는 실로 명쾌했다. 파워를 내고 싶다는 것이었다. 다만 현대의 자동차 엔진과 시스템은 고도로 복잡하기 때문에, 한 명의 사용자 입장에서 손을 대겠다는 것은 정해져 있다. 나중에 장착할 수 있는 것, 스스로도 가능할 것이 없을까하고 지혜를 짜낸 결론이 실린더헤드 개스킷의 다점 점화장치였다.「직접 만든 장치를 랜서 에볼루션 엔진에 장착했더니 파워가 너무 강해 엔진이 자꾸 망가지는 것이었습니다. 크랭크가 휘고, 크랭크베어링이 나가 버리

고 이어서 메인 베어링도 나가는 식이었던 거죠. 자동차가 버티질 못했던 겁니다」

하지만 반응은 충분하다고 판단했다. 그래서 자사의 사업분야인 환경대책의 일환으로 이 성능을 살리겠다고 생각한다. 기본 엔진으로 선택한 것은 튼튼하다고 알려진 닛산의 SR20DE 타입. 다점 점화 장치가 6mm 두께밖에 안 되는 점이 눈에 띄지만, 실린더헤드 개스킷으로 보면 있을 수 있는 두께라서, 그대로 장착하면 예사롭지 않은 압축비 저하를 초래한다. 사실 양쪽에서 개스킷을

사이에 두어야 하는 이유도 있어서, 실린더블록을 대폭 절삭연마하는 동시에 피스톤도 교환함으로서, 기본 엔진의 압축비 9.2에 반해 12.9라는 숫자를 얻었다.

「거의 13이지만, 실제 압축비는 12정도입니다. 가능하다면 압축비를 15로 높이고, 더 나아가서는 3기통 엔진으로 테스트해보고 싶습니다」

엔진에 있어서 설계와 구조에 관한 장벽은 매우 높다. 하지만 달성한 데이터를 보면, 꼭 도전해보길 간절히 바라마지 않는다.

▶ 헤드 개스킷 타입 다점 점화 장치

세경화가 진행되고 있다고는 하지만 종래의 점화 플러그 여러 개를 실린더헤드에 꽂기에는 배치요건이 매우 까다롭다. 무엇보다 먼저 실린더헤드를 대폭 개조하는 수단은 현실적이지 않다. 미야마가 고안한 것은 실린더헤드 개스킷의 실린더 연면(沿面)에 점화점을 설치한 장치였다. 노킹이 발생하는 곳은 화염전파 타이밍이 맞지 않는 미연소 부분, 즉 실린더 벽면 부근으로서, 종래의 실린더 중앙부분에 있는 착화점에서 가장 거리가 먼 곳에 복수의 점화점을 갖추는 것은 노킹 유무에 상관없이 이 이치에 맞는다고 생각된다.

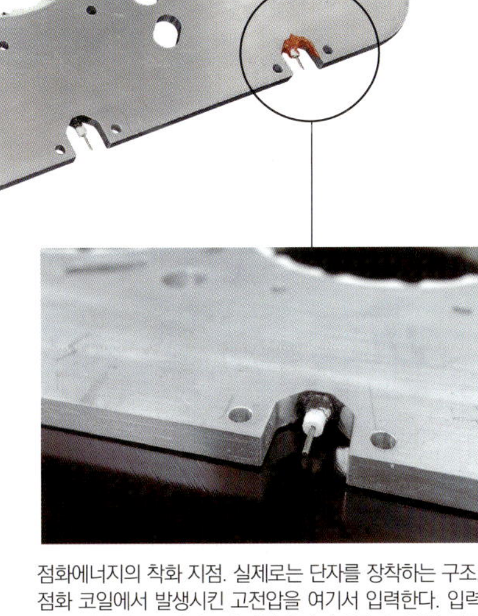

닛산·SR20DE 타입에 장착한 테스트 장치. 블록과 헤드 사이에 갈색으로 들어가 있다. 장치 자체는 두께 6mm. 이 테스트 엔진은 고압축비로 설정하기 위해 실린더블록을 절삭가공. 더불어 피스톤도 고압축비 형식으로 함으로서 종래 이상의 수치를 확보하고 있다.

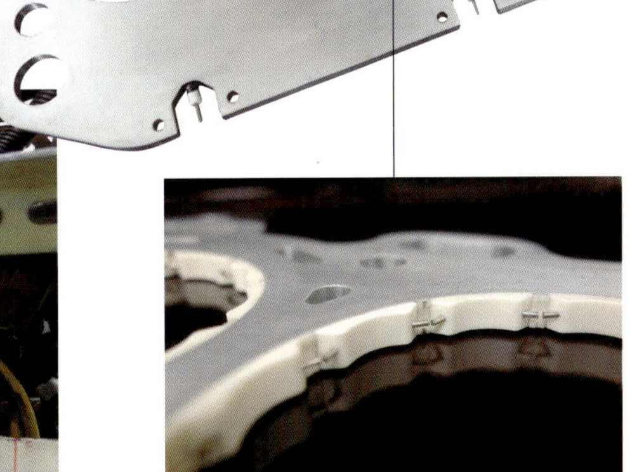

하얀 부분에서 안쪽이 연소실 내로 들어간다. 재질은 본체가 알루미늄, 절연부분이 세라믹스, 현재 8군데의 전극부분이 「특수한 합금」이다. 갭도 다양하게 시험. 전극 지름이 가늘어짐에 따라 내열성이나 내구성은 어떨지, 실제차량에 장착한 향후 테스트에 기대가 모아지고 있다.

점화에너지의 착화 지점. 실제로는 단자를 장착하는 구조. 점화 코일에서 발생시킨 고전압을 여기서 입력한다. 입력하는 에너지는 종래의 1점 점화 총량과 똑같다. 즉 한 지점당 에너지는 1/9. 그래도 착화성에는 문제가 없다고 한다.

▶ 다점 점화 장치의 효과

혼합기 한 군데에만 착화시켜서는 타서 확산되려면 시간이 걸리지만, 다점 점화 장치를 이용해 여기저기서 불을 붙이면, 하나의 화염이 담당하는 영역이 줄어들어 전체가 연소되기 까지의 시간을 훨씬 단축할 수 있다. 우측 그래프에 있듯이 오토 사이클은 최대 연소압을 상사점 직후에 얻기 위해 점화 시기에 대한 화염전파 시간을 계산할 필요가 있지만, 다점 점화를 통해 Pmax까지의 시간 단축분만 아니라 Pmax의 값 자체를 높이는데도 성공했다. 동일 압축비 비교에서도 대략 4할은 높일 수 있다고 한다.

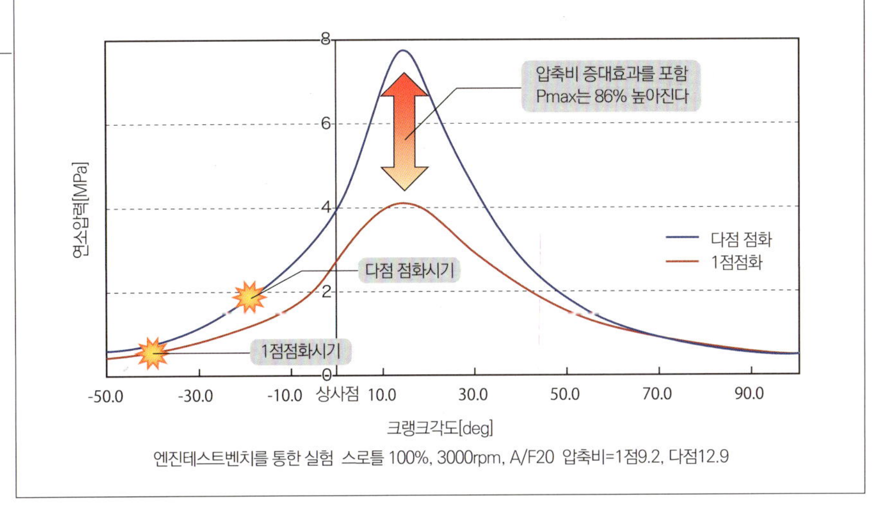

엔진테스트벤치를 통한 실험 스로틀 100%, 3000rpm, A/F20 압축비=1점9.2, 다점12.9

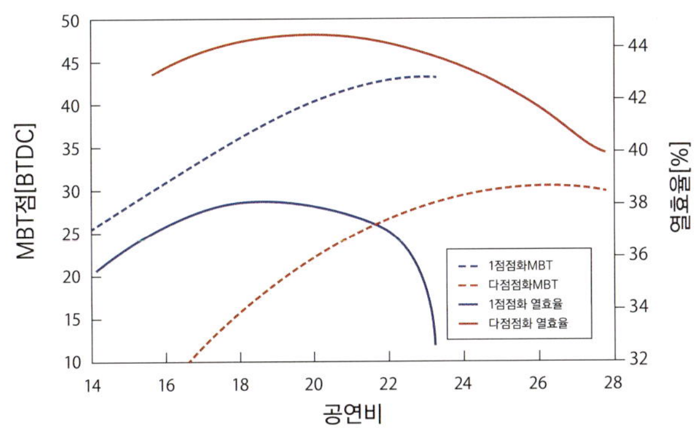

희박연소 운전에 대한 가능성과 열효율 관계를 나타내는 그래프. 종래의 엔진에서는 38% 부근에서 최대 열효율, MBT(최적진각시기)는 상사점 전 36도 정도.

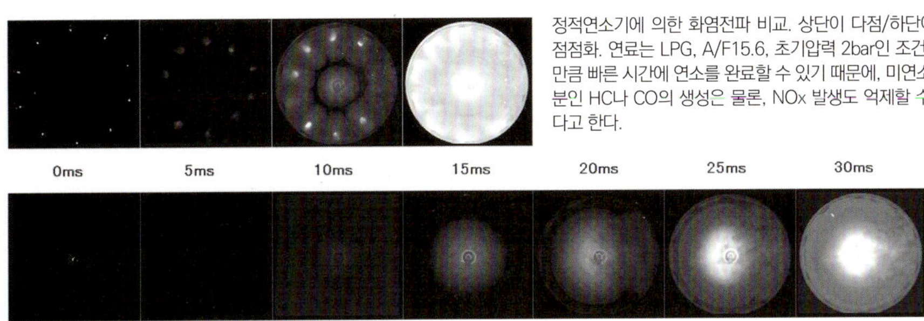

정적연소기에 의한 화염전파 비교. 상단이 다점/하단이 1점점화. 연료는 LPG, A/F15.6, 초기압력 2bar인 조건. 이만큼 빠른 시간에 연소를 완료할 수 있기 때문에, 미연소 성분인 HC나 CO의 생성은 물론, NOx 발생도 억제할 수 있다고 한다.

다점 점화 연소의 성능

다점 점화 장치의 위력을 눈으로 확인할 수 있는 가시화(可視化)엔진의 운전견학 기회를 얻었다.
실제로 보고, 듣고, 냄새를 맡으면서 느낀 효과를, 다양한 자료와 함께 살펴보겠다.

본문 : 만자와 류타(MFi)   그림 : 미야마/MFi

2행정 사이클 엔진을 이용한 시스템

2T(2행정 사이클) 엔진에서는 실린더헤드가 연소실 역할만 하고 있기 때문에 비교적 쉽게 가시화할 수 있다. 앞 페이지에서도 소개한 8점점화 시스템을 적용해 운전할 때의 실린더 안을 관찰할 수 있었다. 구조 상 2T 엔진은 혼합기에 윤활을 위한 오일이 포함되어 있기 때문에 연소할 때는 저해요인이 된다. 또한 4T 엔진에 비해 같은 행정 길이라도 유효압축 행정 길이를 크게 할 수 있다는 특징이 있다. 다점 점화를 이용하면 적은 압축 행정 길이/저압축하에서도 확실하게 불을 붙여, 높은 연소압력을 얻을 수 있다는 기대가 있다.

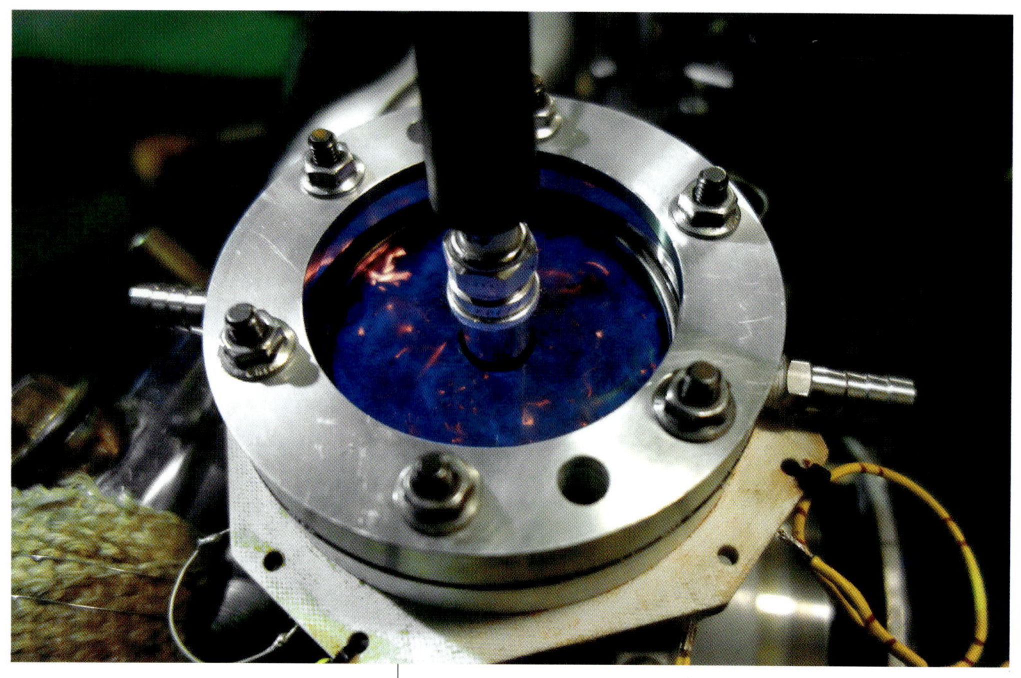

상사점의 실린더 연면에 설치된 다점 점화 전극. 눈앞에서 테스트 운전을 했기 때문에, 실제로 불이 튀기는 모습도 관찰할 수 있었다. 순식간에 다 타버렸다는 표현이 어울릴 만큼 연소상태는 2T의 새로운 가능성을 예상하게 한다.

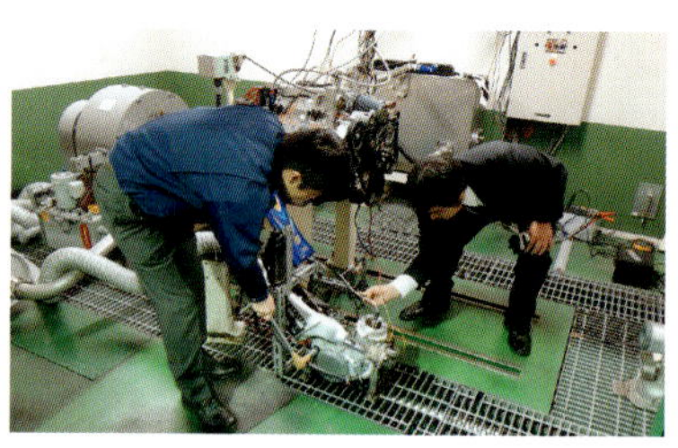

다점 점화와 1점점화를 바꿔가면서 운전할 수 있기 때문에 양쪽의 운전상태를 시험해 보았는데, 들려오는 연소음이 다르다는 것을 알 수 있다. 2T이기 때문에 갖는 배기냄새 차이도 기대했지만, 단시간의 운전에서는 알 수 없었다.

사양

엔진 형식	2행정 수냉 단기통
배기량	249.7cc
내경×행정	72.8×60.0mm
점화점 수	1 + 8점
압축비	9.0
윤활유 혼합비	50:1
흡기방식	크랭크 케이스 리드 밸브
소기방식	14.7:1
점화시기	26도 BTDC(고정)
흡기포트 개각	ATDC 125도
배기포트 개각	ATDC 105도

혼합기의 화염전파를 빨리 하는 것은 엔진기술에 있어서 중요한 과제 가운데 하나이다. 연소실 내의 혼합기에 점화 플러그로 착화시키면, 화염은 서서히 넓게 타들어가면서 끝내는 모든 것이 다 탄다. 연료를 태우는 것은 팽창에너지를 피스톤 헤드면에 전달함으로서 커넥팅로드를 매개로 크랭크샤프트를 회전시키기 위해서이다. 따라서 연소가 팽창행정 중에 완료되어야 하는 것은 당연한 것으로서, 고효율을 목표한다면 상사점 직후부터 크랭크 각도가 크게 벌어지지 않는 동안에 다 연소되게 해야 하는 것은 짐작이 갈 것이다.

이상연소와 배기가스 성분 문제도 크다. 압축행정에서 단열압축되어 고온으로 올라간 혼합기는 화염전파를 기다리지 않고 자기착화하는 경우가 있다. 노킹이다. 고효율 운전을 목표로 엔진을 고압축화·고팽창비로 설계하려고 하지만, 그러다가는 노킹이 발생하게 된다. 화염이 도달하지 못해 미연소 성분이 남게 되면, 배기가스 속에 HC(탄화수소)와 CO(일산화탄소)가 생긴다. 요구하는 토크가 언제나 순간적으로 바뀌는 자동차용 엔진은 이렇게 상반되는 요소들과 계속해서 싸워왔다.

앞 페이지에서 소개했듯이 실린더 연면으로 착화점을

여러 개 설치한 다점 점화 장치를 이용하면 혼합기가 미치는 곳에서 연소하기 때문에, 모든 것이 다 탈 때까지 시간을 단축시킬 수 있다. 불이 미치지 않는 영역도 거의 없기 때문에 노킹이 발생하지 않는다. 또한 혼합기가 다 타기 때문에 미연소 성분도 발생하지 않는다. 매우 양호한 연소상태를 실현할 수 있기 때문에 저온연소가 가능해 NOx(질소산화물)도 발생하지 않는다. 제조하는 것이 까다롭냐고 물었더니 「그런 것으로 만들 수 있냐고 질문받는 것도 무섭기 때문에 비밀로 해두죠」라고 한다. 장치를 보면 전체적으로 틈새가 없다. 굳이 언급하자면 장

가시화 엔진을 통한 연소 비교

흡입/압축/팽창/배기 4가지 행정이 포핏밸브에 의해 명확하게 구분되는 4T 엔진과 달리, 크랭크 케이스 안의 1차압축도 이용하는 2T 엔진의 사이클은 파악하기가 어렵다. 포트의 개폐에 의해 혼합기와 배기가스가 섞여 들어오고 실린더 내외에서 심하게 유동하는 구조도 2T 엔진의 대표적 특징 가운데 하나이다. 그 때문에 크랭크 1회전으로 1사이클을 끝낼 수 있는, 가볍고 간단한 구조로 실현할 수 있다는 매력이 있기는 하지만, 가스 교환이 어렵다는 점, 배기가스 대책이 곤란하다는 점 등이 난제이기 때문에 모터사이클용에서는 이미 전멸의 위기에 처해있는 상황이다. 다점 점화 시스템을 이용해 연소를 빨리하고, 조기에 연소압력을 높일 수 있다면 2T 엔진도 새로운 가능성이 열릴지 모른다.

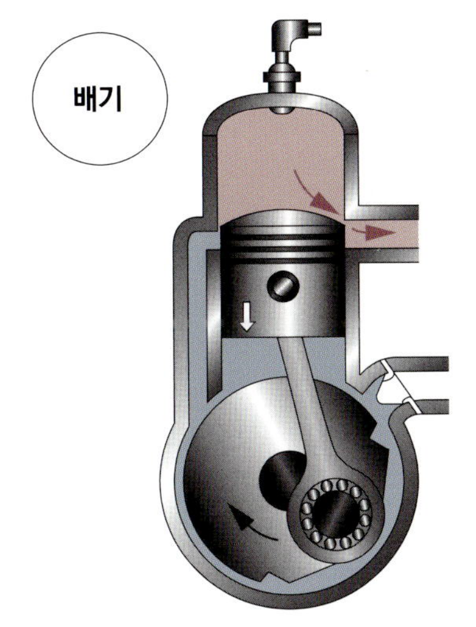
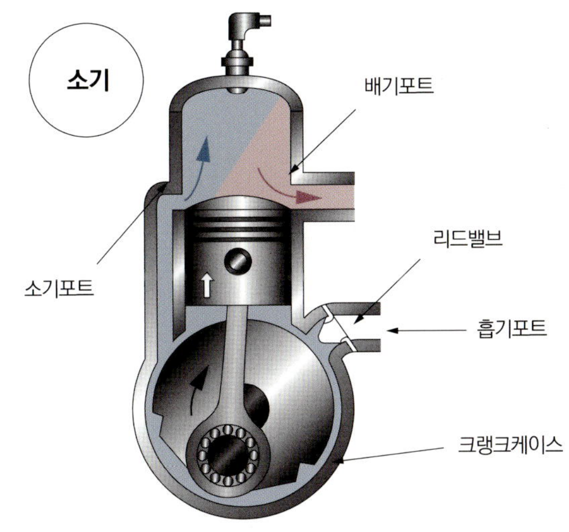

상사점을 지나 팽창행정에 들어간 피스톤이 배기포트에 접어들면 배기가스가 실린더 밖으로 빠져나간다. 만약 미연소분이 잔존해 있을 경우는 당연히 빠져나간다. 2T가 안고 있는 과제 중 하나이다.

피스톤이 하강하면서 소기포트가 열리면 1차압축된 혼합기가 실린더 내로 강하게 밀려들어온다. 혼합기는 배기가스를 실린더 밖으로 밀어내는 역할도 맡는다. 하사점을 지나 피스톤이 소기포트를 막을 때까지 계속해서 유입된다.

다점 점화

1점점화

상사점 직전 26도에서 9점 착화가 이루어지면 실린더 내 여기저기서 화염이 발생. 상사점 부근에서는 재빨리 화염이 실린더 내 전체로 퍼져나가기 때문에 시차를 별로 두지 않고 상사점 직후 45도 부근에서 연소 피크를 확인할 수 있다. 크랭크 입장에서 보면 매우 바람직한 연소 사이클이다. 좌측 페이지 사양에서 보듯이, 배기포트가 열리는 시점은 상사점 후인 125도. 이때는 이미 혼합기가 연소를 끝마친 상태이다. 배기가스 속도 깨끗하다고 하는데, 이 사진으로 그것을 확인할 수 있다.

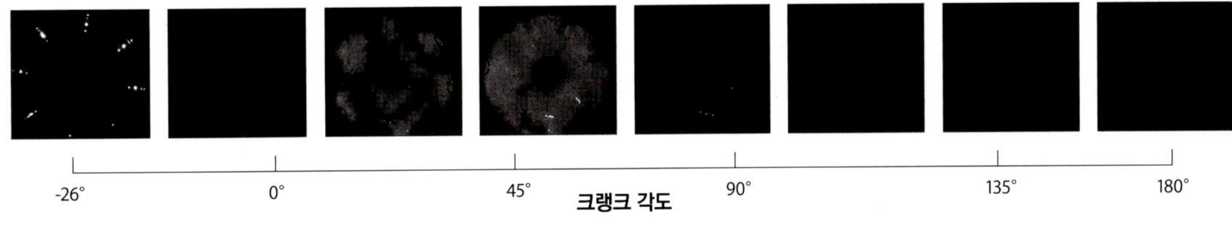

| -26° | 0° | 45° | **크랭크 각도** | 90° | 135° | 180° |

마찬가지로 상사점 직전 26도에서 점화하면, 당연히 화염은 중심부터 타들어 나간다. 실린더 내 전체로 화염이 퍼져나가는 것이 대략 상사점 후 90도 부근, 연소 피크는 110도 전후로 보이는데, 이때는 배기포트가 열린 상태이다. 화염에 유달리 하얗게 빛나는 부분은 혼합기 속의 오일이 연소된 모습이다. 배기포트가 열리면 그 화염이 통째로 실린더 밖으로 삐져나가는 것을 알 수 있다. 다점 점화에서는 이 오일의 연소부분을 거의 볼 수 없다.

시간 운전에 대한 내구성을 모른다는 정도일까.

현재상태는 8점 착화점을 하고 있지만, 당연히 그것보다 많은 혹은 적은 점수로도 실험했다고 한다. 불필요하게 많이 하면 이웃한 점에서 화염이 간섭해 전파속도를 떨어뜨린다. A/F에 따라 최적 점수가 달라지는데, 이것도 과제 가운데 하나이다.

취재 후 전문가와 엔지니어에게 다점 점화에 대한 가능성을 물어 보았다. 하나 같이 「재미있는 시험이다」「예전에 비슷한 시험을 한 적이 있다」고 한다. 극단적인 상상이긴 하지만, 다점 점화의 효능을 활용하면 스월/텀블은 오히려 방해가 되고, 직접분사도 필요 없다. 가변밸브 타이밍도 기능을 크게 줄일 수 있다. EGR율도 종래보다 높일 수 있을 것이다. 과급에 따른 효과도 엷어져 오히려 엔진의 기계강도를 현저히 높여야 한다는 과제가 발생한다. 디젤엔진과 설계를 공통화하는 것도 수단이 될 수 있을까. 그렇게 생각하면 제로베이스에서 다시 검토할 필요가 있을지도 모른다. 대략적인 이야기일지도 모르지만, 엔진연소를 현저하게 고효율화시킨다는 것은 그만큼 극적인 개혁이 이루어질 가능성을 내포하고 있다.

디젤과의 공용이라는 키워드로부터 떠오르는 것이 HCCI이다. 예혼합압축 자기착화라는 이름에서 보듯이, 가솔린처럼 혼합기를 단열압축한 다음 디젤처럼 자기착화시키는 운전이다. 혼합기 전체를 단번에 태울 수 있기 때문에 희박연소와 배기가스 성분의 저감을 양립시킬 수 있는 꿈의 엔진으로 주목 받는다. 과제는 운전영역의 협소함이다. 하지만 HCCI의 장점을 한 번 더 개선하면, 다점 점화는 어쩌면 전 세계의 엔진효율을 단번에 높일 수 있는 기폭제가 될지도 모른다.

로터리 엔진의 압축비와 노킹

왕복 피스톤 엔진과 회전 피스톤 엔진의 비교
체적변화 부분이 모두 회전 운동을 하는 동안 엔진의 노킹 저항성은 어떻게 되어 있을까.

본문 : 만자와 류타(MFi)   그림 : 구마가이 도시나오/마쓰다

로터리 엔진 특유의 현상인 「유사 노킹」이란 무엇일까

「그리고 보니까 로터리 엔진은 노킹이 어떻게 되어 있을까」

편집부회의 중에 스탭 한 명이 불쑥 말한 이 말이 모두의 흥미를 끌었다. 체적비(기하학적 압축비)에 있어서도 상사점과 하사점이 확실한 왕복 피스톤 엔진에 비해 바로 떠오르지 않는다. 현재 시판차량 가운데 최종적으로 탑재된 것은 RX-8의 13B 르네시스(RENESIS)이지만, 예전 RX-7에 탑재되었던 13B 과급사양은 역시나 왕복 엔진과 마찬가지로 체적비를 낮추었을까. RE(로터리 엔진)의

구조와 동작으로부터 추측컨대, 연소실이 편평하고 표면적이 넓다는 점에서 냉각손실도 클 것으로 생각되고, 따라서 노킹은 동일 체적비의 왕복 엔진과 비교해 잘 일어나지 않을 것 같다. 그런 추측을 품고 마쓰다를 방문했다.

파워트레인 개발본부의 시미즈 리츠하루는 1986년에 입사한 이래, RE만 다루어 온 엔지니어이다. 대충 RE의 구조에 대해 설명을 들은 후, 솔직하게 RE에도 노킹이 발생하는지 물어보았다.

「발생하죠. 다만 다른 현상도 있어서, 그것을 『유사(類似) 노크』라고 부르고 있습니다. RE에 있어서는 오히려 이쪽이 더 문제입니다」

유사 노킹이란 말은, 노크 음은 들리지만 그것이 자기 착화에 의한 것인지, 급속연소에 의한 것인지에 대한 구분이 매우 어렵기 때문이다. RE는 앞서 언급했듯이 연소실이 편평한데다가 항상 연소실이 움직인다. 점화 플러그로 혼합기에 착화해도 화염전파에 시간이 걸릴 뿐만 아니라 로터가 하우징 내를 돌 때, 상당히 좁은 영역이 생기는 크랭크 앵글이 있다. 화염이 그 영역에 미처 도달

하지 않은 상태에서, 압축되면서 압력이 높아져 급속연소가 일어나는 것은 아닌가 하고 시미즈씨 말한다【그림1】. 즉 왕복 엔진의 상사점에서의 스퀴시(sguish) 영역 같은 것이, 팽창행정이 시작하고 나서 나타나는 것이다. 「노킹과 유사 노킹이 발생하는 이유는 왕복엔진과 마찬가지로 열과 압력의 관계 속에서 착화점에 도달하는 메커니즘 때문입니다. 저회전 속도 고부하 영역에서 일어나는 것도 똑같죠. 압축비에 의해 좌우되는 것도 마찬가지입니다. 다만 엔드가스의 온도가 왕복 엔진에서만큼

올라가지 않습니다. 노킹에는 그다지 엄격하지 않다는 것이 RE의 특징입니다」

여기서 RE의 기본원리에 대해 생각해 보자. 알다시피 3변을 가진, 삼각 주먹밥 모양 구조의 로터가 누에고치 형태의 하우징 안을 회전하면서 흡기/압축/팽창/배기 4가지 행정을 한다. 왕복엔진이 720도(크랭크샤프트 2회전)에서 1사이클을 끝내는데 반해, RE엔진은 1080도(편심축 3회전)에서 1사이클을 완료한다【그림2】. 즉 한 행정에 270도를 필요로 하기 때문에, 왕복 엔진의 180

도/행정에 비해 RE가 길다. 작용각도가 270도나 되면 혼합기가 섞일 때까지의 시간이 충분하므로 연소가 양호하게 이루어질 것으로 생각된다.

「그것이, 스월이나 텀블 같은 강한 유동이 일어나는 것은 압축행정에서도 마지막 쪽입니다. 좀 더 직전에서 유동이 일어났으면 좋겠지만요. 그리고 유동이 강해지면 흡기포트에서의 저항도 증가합니다. 유동을 살려 혼합기를 잘 섞이도록 해 연소를 좋게 할 것인지 혹은 유동을 억제하고 흡입저항을 줄임으로서 파워를 추구할 것인지

【그림1】 로터리 엔진의 노킹과 발생 기구

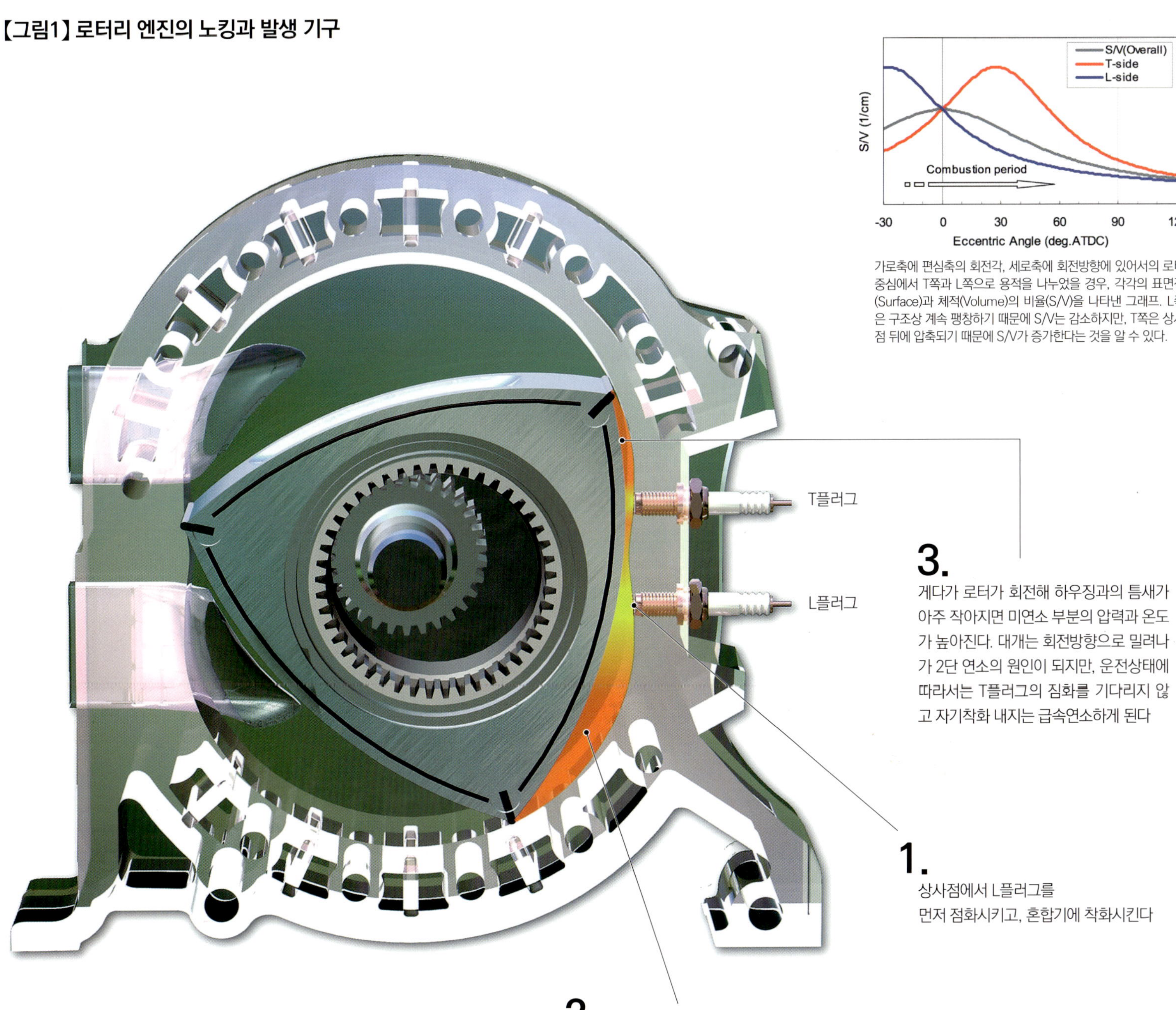

가로축에 편심축의 회전각, 세로축에 회전방향에 있어서의 로터 중심에서 T쪽과 L쪽으로 용적을 나누었을 경우, 각각의 표면적(Surface)과 체적(Volume)의 비율(S/V)을 나타낸 그래프. L쪽은 구조상 계속 팽창하기 때문에 S/V는 감소하지만, T쪽은 상사점 뒤에 압축되기 때문에 S/V가 증가한다는 것을 알 수 있다.

3.
게다가 로터가 회전해 하우징과의 틈새가 아주 작아지면 미연소 부분의 압력과 온도가 높아진다. 대개는 회전방향으로 밀려나가 2단 연소의 원인이 되지만, 운전상태에 따라서는 T플러그의 짐화를 기다리지 않고 자기착화 내지는 급속연소하게 된다

1.
상사점에서 L플러그를 먼저 점화시키고, 혼합기에 착화시킨다

2.
하지만 연소실이 편평해 화염이 전파될 때까지 시간이 소요되기 때문에 미연소 부분이 있다

를 선택해야 합니다. 유사 노킹도 강한 유동에 의해 열과 압력에 혼란이 생겨 일어나고 있을 가능성이 있습니다」

시판차량에 탑재된 마쓰다의 모든 RE에는 흡기포트에 사이드 포트를 적용하고 있었다. 그리고 최종 사양인 13B 르네시스는 흡기 쪽뿐만 아니라 배기포트에도 사이드 포트를 적용한 것이 기술적 화제 중 하나였다. 원래 RE는 흡배기 모두 페리페럴(peripheral) 포트로 개발이 시작되었지만, 마쓰다는 실용화하는데 있어서 사이드 흡기포트를 고안한 경위가 있다. 페리페럴 포트는 가스교환이 직선적이어서 저항이 적고 파워를 내기 쉬운 장점이 있지만, 흡배기 모두를 페리페럴 방식으로 하면 큰 오버랩이 생기는 단점도 있다. 구체적으로는 배기가스가 새로 들어오는 공기 쪽으로 빠져나가 아이들링이 불안정하거나, 흡기 쪽에서도 미연소 가스가 빠지면서 유해배출가스 측면에서도 불리하다는 단점이 있었다. 사이드

포트는 로터와 하우징의 측면 밀폐성이라는 과제가 있기는 하지만, 포트형상을 자유롭게 설계할 수 있고 무엇보다 흡배기를 사이드 방식으로 하면 오버랩을 제로로 할 수 있다. 배기 쪽 사이드 포트의 실현이 어려웠던 것은 냉각 문제 때문이다. 배기가스 속의 오일 찌꺼기인 카본이 포트에 퇴적되면서 눌러붙는 것이다. 르네시스에서는 포트 주변에 미세한 냉각수로를 설치해 적극적으로 온도를 낮추는 식으로 문제를 해결하고 있다.

왕복엔진에 비해 노킹에 저항성이 있다고는 하지만, 압축비에 좌우되는 것은 RE도 마찬가지이다. 압축비를 결정하려면 로터 쪽과 하우징 쪽 각각에 방책이 있어야 하는데, 로터에서는 리세스(recess) 크기를 통해 값을 제어할 수 있다. 피스톤 헤드면을 통한 압축비 조정과 비슷한 방법이다. 다른 한 편인 하우징 쪽은 플러그 홀의 깊이 같은 미소(微小)한 요소는 차치하고, 트로코이드 정수(로터

정점이 그리는 창성반경R/편심량e=K값이라 칭한다)의 차이에 따른 페리트로코이드 곡선의 변화라는 요소를 들 수 있다【그림3】. 편심량(偏心量)을 똑같이 해도 K값을 높이면(창성반경을 크게 하면) 잘록한 부분이 없는 페리트로코이드 곡선이 되어 하우징은 커지지만 압축비는 높아진다. 반대로 K값을 낮추면 잘록한 부분이 큰 곡선을 그리게 되어 사이즈가 작아지고 압축비도 낮아진다. 쉽게 상상할 수 있듯이, K값의 변경은 즉 하우징의 변경으로서, 빈번하게 바꿀 수 있는 것이 아니다. 실제로 마쓰다의 시판 RE는 13A 타입을 빼면 전부 K값을 7로 하고 있다 (R:120mm/e:15mm). 13B 르네시스의 압축비는 10.0이다. 이것은 「효율이나 배출가스, 실용운전의 착화안정성이나 노킹 등을 종합적으로 감안한 수치」라고 한다. 한편, 터보과급인 13B REW의 압축비는 9.00이다. 앞서 언급했듯이 로러 리세스의 형상 차이로 압축비를 제어한다.

【그림2】 로터리 엔진의 사이클 특질

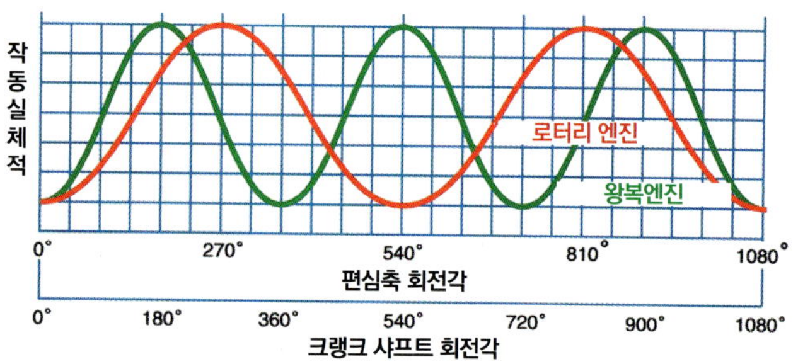

보는 바와 같이 왕복엔진이 크랭크샤프트 2회전(720도)으로 4행정 1사이클을 끝내는데 반해, 로터리 엔진은 편심축 3회전(1080도)으로 4행정 1사이클을 끝낸다.

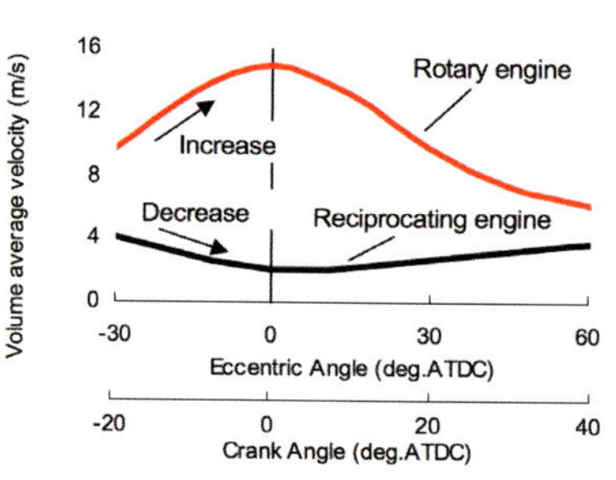

180도(왕복)와 270도(로터리)의 1행정은 차이가 있기 때문에, 상사점을 중심으로 압축/팽창행정의 연소실 내 체적평균 가스유속을 비교한 그래프. 왕복엔진에서는 상사점에서 유속이 최소가 되지만, 로터리 엔진에서는 최대가 된다. 이것은 L쪽에서 팽창/T쪽에서 압축행정을 억제함으로서 T에서 L쪽을 향해 흐름이 강해지기 때문이다.

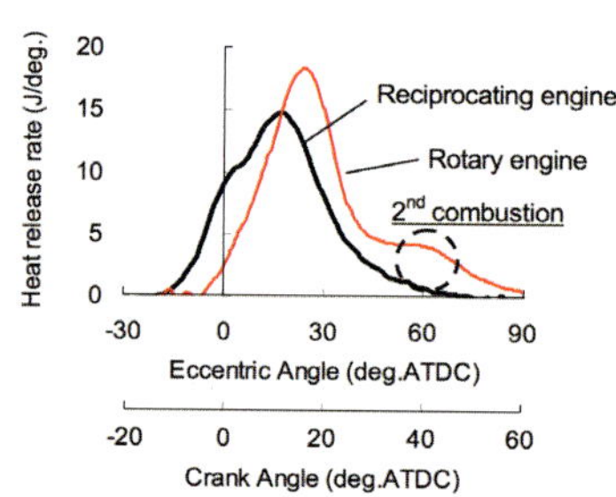

왕복엔진과 로터리 엔진의 점화시기를 똑같이 했을 때의 열 발생율을 비교한 그래프. 로터리 엔진은 ATDC 30도 부근의 주 연소에 의한 피크와 더불어, ATDC 60도 부근에서 두 번째 피크가 발생한다. 팽창행정 중에 T쪽의 미연소 가스가 밀려나 연소하기 때문으로 추정된다.

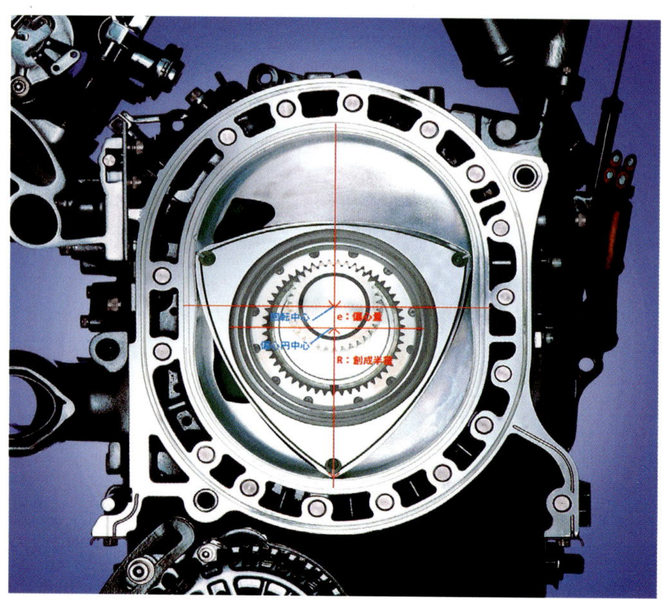

【그림3】 트로코이드 정수 차이에 의한 압축비 변화

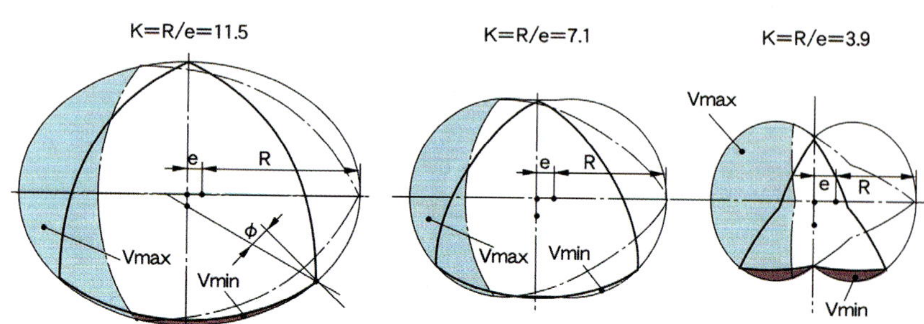

편심량 e를 똑같이 하고 창성반경 R을 바꾸어 트로코이드 정수 K(R/e)를 변화시켰을 때의 페리트로코이드 곡선 차이를 나타낸 그림. 각각의 작동실 체적(Vmax-Vmin)은 동일. 로터에 닿는 내포락선(內包絡線)의 실선이 상사점, 파선이 하사점이다. K값이 클 때는 페리트로코이드 곡선이 잘록해지는 것은 작아지고, 압축비는 커진다. 반대로 K값이 작으면 곡선이 잘록해지는 것이 커지고 압축비도 작아진다. 일반적으로 실용적인 로터리 엔진에서는 K값을 6에서 8사이로 설정한다.

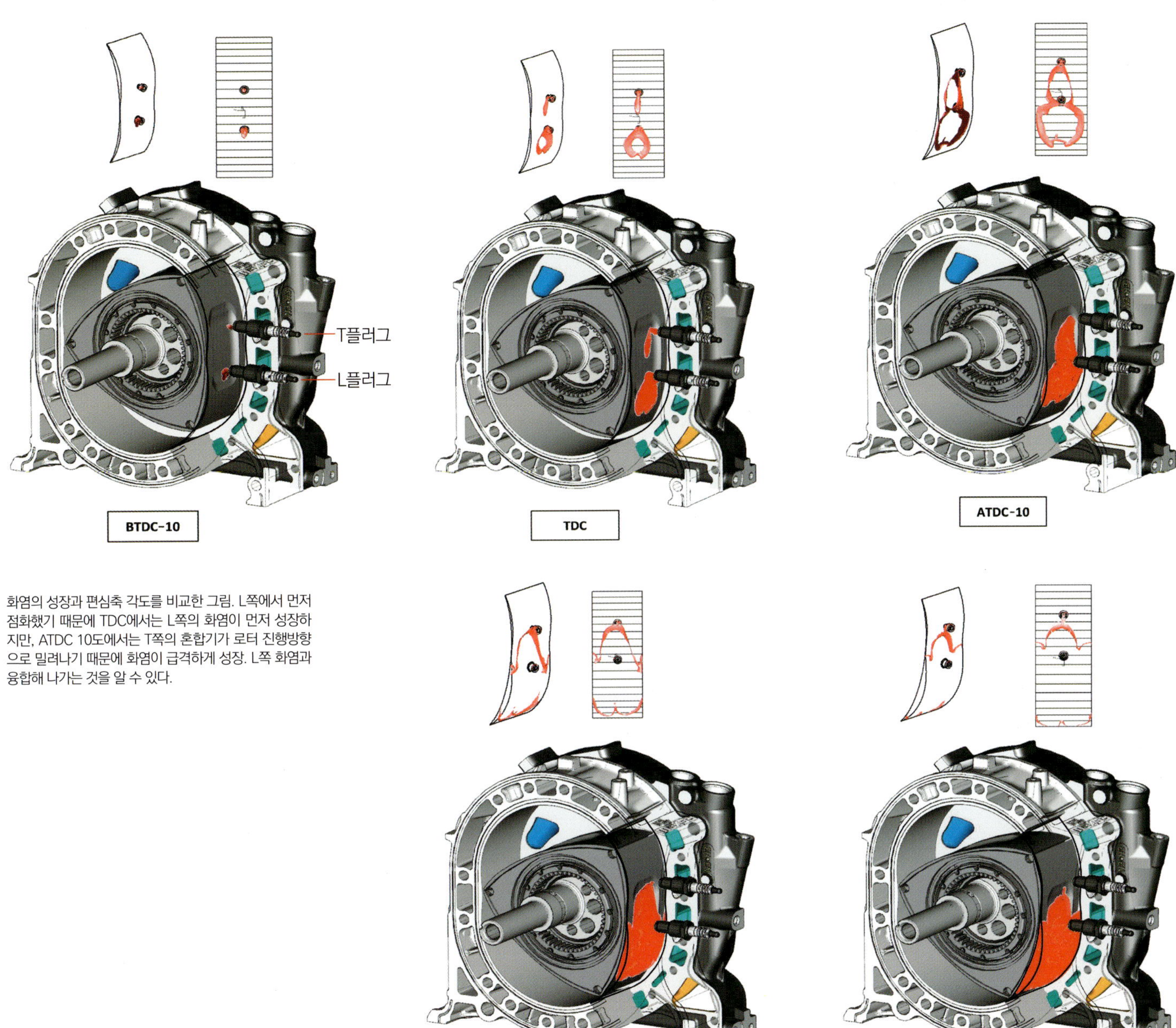

화염의 성장과 편심축 각도를 비교한 그림. L쪽에서 먼저 점화했기 때문에 TDC에서는 L쪽의 화염이 먼저 성장하지만, ATDC 10도에서는 T쪽의 혼합기가 로터 진행방향으로 밀려나기 때문에 화염이 급격하게 성장. L쪽 화염과 융합해 나가는 것을 알 수 있다.

리세스 형상은 연소실 자체이기도 하기 때문에, RE에서는 엔진특성을 좌우하는 요소이다. 알려진 바와 같이 RE에는 점화 플러그가 하우징 당 2개가 장착되어 있어서, 아펙스 실이 가장 먼저 통과하는 것이 T(트레일링) 플러그, 그 다음이 L(리딩) 플러그이다. 위치적으로 보면 반대인 것도 같지만, 그 이유는 연소실에서 보았을 때 이동방향의 진행되는 쪽(L)과 늦은 쪽(T)에 의한 것이다. 연소실이 최소체적, 즉 TDC(상사점)일 때 L플러그로 착화시키고, 크랭크 각으로 15도 정도 다음에 T플러그로 다시 착화시키는 구조이다(13B 르네시스의 경우). 기본적으로는 L플러그로 연소시키지만, 연소실이 편평해 화염전파에 시간이 걸리고, 게다가 끝 쪽에서는 로터와 하우징에 끼인 아주 좁은 영역이 생기면서 미연소 부분에 노킹이 발생하기 쉽다는 이유도 있어서(유사 노킹이라는 현상이 일어나는 것도 앞서 언급한 대로), T플러그로 확실하게 연소시켜 나간다[그림4]. 회전속도가 상승했을 때 진각시키는 것은 왕복엔진과 마찬가지이다. 즉 두 개의 플러그 장착위치에 따라서도 엔진 특성이 크게 바뀐다.

「고회전 속도가 되면 L플러그의 점화시기가 T플러그를 따라붙게 됩니다. 그래서 레이스용 RE는 L과 T가 동시에 점화하는 것처럼 된 것인데, 움직일 수 있다면 점화 플러그 위치를 움직이는 편이 좋죠. 물론 그런 것은 안 되기 때문에, 그래서 르망에서 사용한 R26B에서는 더 위쪽에 플러그를 추가해 3개 플러그로 만들기도 했습니다」

점화 플러그에 대한 요구도 왕복엔진에 비해 엄격하다. 270도/행정이라는 사이클에서 3변 각각이 동시병행으로 4개의 행정을 반복하기 때문에 270도마다 점화하는 것이라고 생각하기 쉽지만, 크랭크 각에서는 360도마다 점화이다. 왕복엔진에서는 720도마다 점화하는 식이기 때문에 2배의 작업을 하는 셈이 된다. 게다가 왕복엔진처럼 흡입혼합기에 의해 냉각되는 단계가 없이 항상 고온에 계속 노출된다. L쪽에 7번, T쪽에 9번이라고 하는 극단적인 냉각형 플러그를 장착하는 것은 그런 가혹한 상황에서도 확실하게 불을 튀기기 위해서이다.

유감스럽게도 마쓰다의 RE는 2012년 6월에 생산을 종료한 RX-8에의 탑재를 끝으로 후속 정보가 들리지 않다가, 2014년 초에 갑자기 레인지 익스텐더 유닛으로서 새로 설계한 유닛을 발표했다. 스카이 액티브는 실린더 내의 연소를 패턴화함으로서 엔진 시리즈를 불문하고 고효율화를 달성했는데, 그 식견이 신세대 RE에도 적용되어 다시 우리들 앞에 등장할 날을 기대한다.

고효율 엔진에 또 다른 무기를 탑재할 수 있을까?

열효율 38%의 전통적 엔진인 도요타 1NR-FKE

저가격 소형차용으로 개발된 도요타의 신형 엔진. 거기에 투입된 기술을 살펴보면
고압축비, 아트킨슨 사이클, 4-2-1 배기관과 어디선가 본 것 같은 이름이 나열되어 있다.
재탕으로 생각할 수도 있는 기술 컨셉트를 내세운 도요타의 사정과 전략을 알아본다.

본문 : MFi　　사진 : 도요타

사양

배기량	1329cc
내경×행정	72.8×80.5mm
압축비	13.5
최대출력	73kW/6000rpm
최대출력	121Nm/4400rpm

1NR-FKE는 비츠의 마이너 체인지 모델부터 탑재되었다.
1.0ℓ 3기통 신형 엔진도 탑재가 점차 늘어나고 있다.

HEV화 할 수 없는 저가격 차량용으로 토크를 향상시킨 신형 엔진을 개발

저연비, 환경적응이 요구되는 오늘날의 가솔린엔진 개발에 있어서 거시적으로 보면 두 가지 흐름이 있다. 하나는 VAG가 선수를 친 다운사이징 과급과 다른 하나는 하이브리드이다. 유럽과 미국은 한결같이 다운사이징 과급, 일본은 하이브리드를 지향하면서 각각 성과를 올리고 있다. 하지만 이런 두 가지 기술적 흐름에는 큰 함정이 있다. 그것은 비용이다. 터보차저나 모터, 배터리 같은 장치를 필요로 한다는 것은 부품점수가 늘어난다는 뜻이고, 게다가 이런 장치들은 대체로 고가이다. 자동차 메이커로서는 이익을 줄이든지 판매가격에 추가하는 수밖에 없다. 다소의 가격차를 흡수할 수 있는 고급차라면 모르지만, 가격경쟁력이 가장 중요한 일반 소형차에 적용하기에는 꺼려지는 것이다. 실제로 VW이나 도요타 모두 터보와 HEV에서는 이익이 안 난다고 한다. 그런 상황 하에서 제3의 길을 모색하려는 움직임이 나타나기

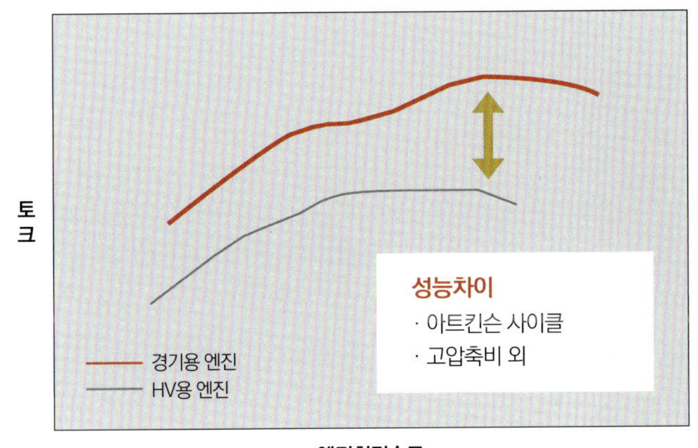

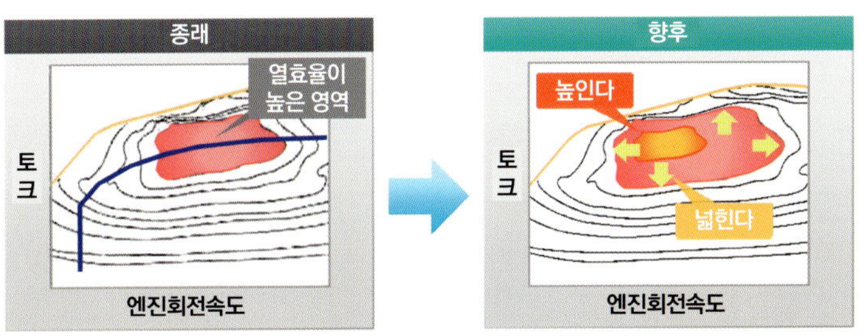

도요타의 THS-II용 엔진은 고효율화의 중요 기술로서 아트킨슨 사이클을 채택하고 있지만, 큰 팽창비를 얻기 때문에 도시(圖示) 압축비의 크기보다 토크가 떨어진다. 모터 지원이 없는 전통적 엔진에서는 HEV용 엔진보다 열효율이 높은 범위를 확대해 토크를 확보할 필요가 있다.

▶ 도요타의 고열효율·저연비 엔진 종류의 개발 포인트

마쓰다의 SKYACTIV에서는 이상적인 엔진을 만들기 위해 7가지 요인을 언급하고 있는데, 요약하면 열효율 향상과 손실 저감으로 대표된다. 도요타의 신형 엔진은 이 두 가지에 주력하고 있다. SKYACTIV에서 채택하고 있는 직접분사는 비용요인 때문인지 사용하지 않는다. 노킹한계로 인해 포트분사·보통 휘발유를 사용한다는 전제에서의 고압축비화는 13.5 정도가 벽인지도 모른다.

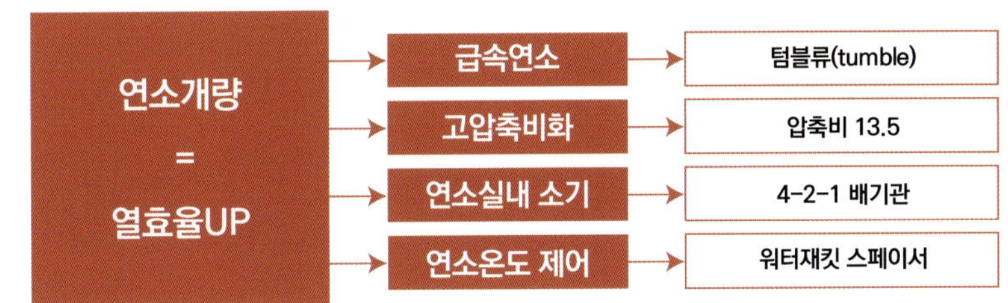

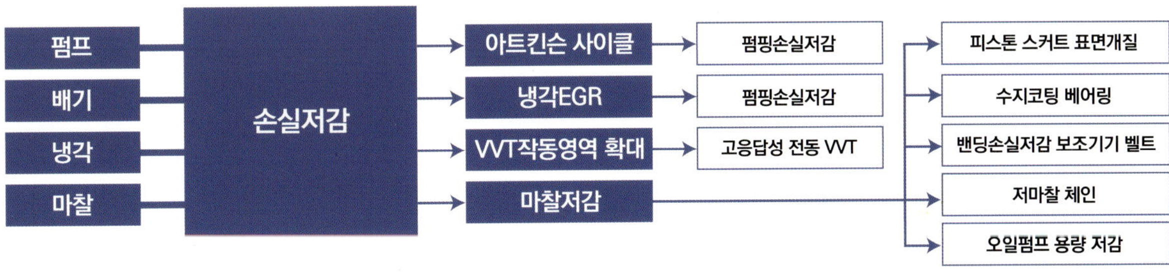

시작했다. 최선봉에 선 것은 마쓰다의 SKYACTIV(스카이액티브)이다. 돈이 많아서가 아니라, 고가격의 큰 차종이 없는 마쓰다는 고비용 장치에 의존할 수 없기 때문에 전통적인 가솔린엔진의 효율을 높이겠다는, 단순하긴 하지만 기술적 장애가 높은 방법으로 치고나온 것이다. 그 컨셉트는 일본분만 아니라 세계 각국에서 높이 평가받아 신형차량 판매도 호조세이다.

그런 마쓰다의 움직임을 흘겨보고 있었는지는 모르겠지만, 프리우스부터 시작해 아쿠아, 카롤라, 렉서스 각 차량에 미니밴에 이르기까지 적극적으로 HEV화를 추진해 온 도요타도 A&B세그먼트 차종에 관해서는 가격 측면에서 HEV 채택이 어렵기 때문에 전통적인 엔진의 고효율화, 간단히 말해서 도요타식 SKYACTIV라고도 할 수 있는 엔진개발에 착수했다. 이미 신기술을 신속하게 개발하고 상품화하기 위한 새 조직과 유닛 센터를 설치

▶ 고텀블에 의한 급속연소와 아트킨슨 사이클의 장점을 추구

1NR-FKE가 열효율 향상을 위해 사용하는 중점기술이 강력한 텀블류(tumble)이다. 이를 통해 급속연소로 토크를 향상시키고, 아트킨슨 사이클을 통해 높은 연소압력을 고팽창비로 만듦으로서 효율적으로 동력으로 변환한다. 냉각EGR은 노킹방지 외에, 필요한 공기량을 얻기 위해 스로틀 개도를 크게 함으로서 펌핑 손실을 줄이는데도 사용한다. 아트킨슨 사이클은 하사점 후 90°이상까지 흡기밸브를 여는 지폐(遲閉) 형식이다. 출력이 필요할 때 등과 같이, 운전상황에 따라 최적의 제어를 하기 위해 반응속도가 빠른 전동VVT를 채택했다. 연소효율과 흡배기의 협조제어가 핵심기술을 이루고 있다.

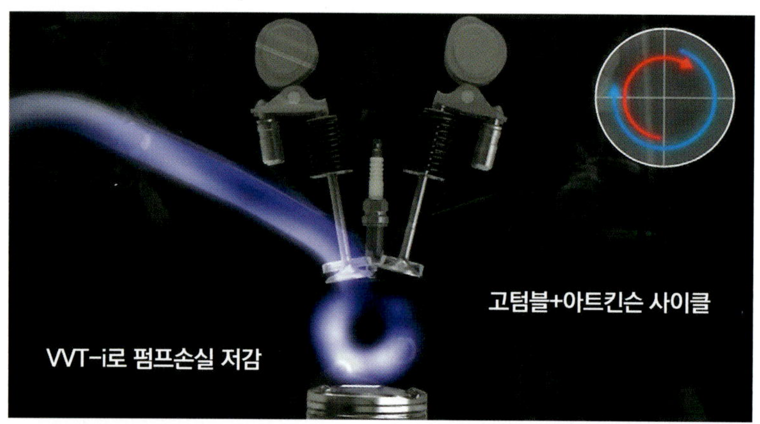

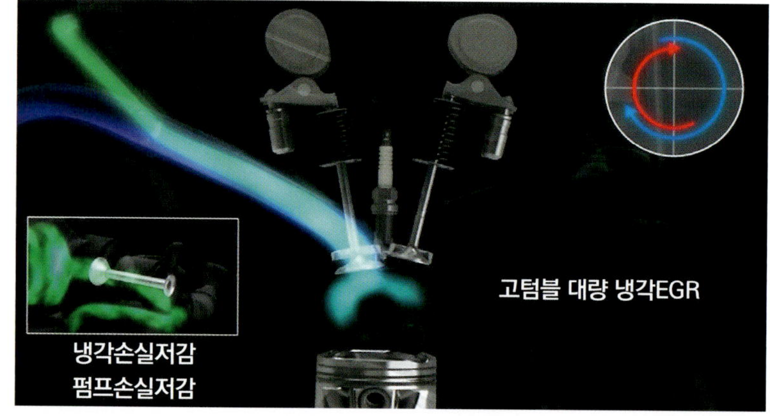

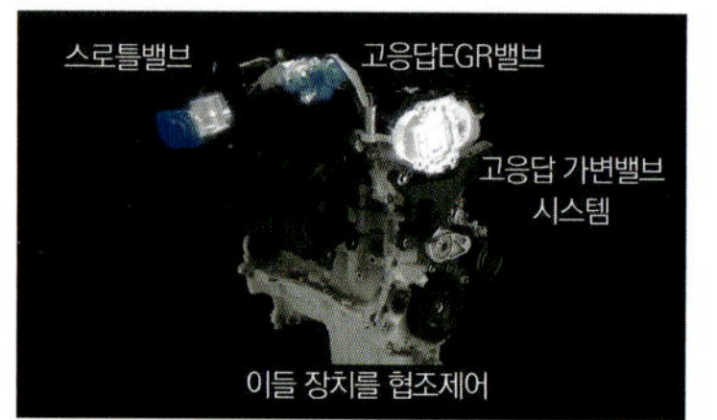

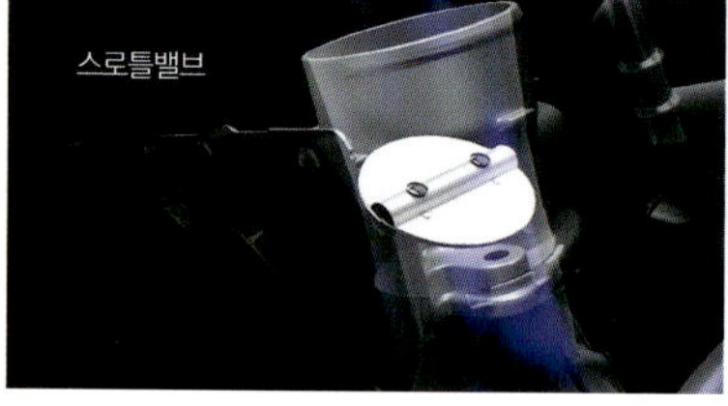

했는데, 거기서 설계·개발된 고효율 엔진 제1탄이 비츠에 탑재된 1.3ℓ 4기통인 1NR-FKE이다.

여기서의 기술적 하이라이트는 아트킨슨 사이클 적용과 고압축비화(13.5). 고압축비화는 가솔린엔진의 성능을 향상시키기 위한 키 워드이기는 하지만, 아트킨슨 사이클과 병행하게 되면 주안점이 압축보다 팽창비 확대에 치우침으로서 배기량이 같을 경우, 토크 저하를 불러온

다. 연비가 향상되더라도 그렇지 않아도 적은 소배기량 엔진의 토크가 감소해서는 상품성이나 실용성이 떨어질 수밖에 없다. 그것을 모터로 보완했던 THS-II와 달리, 신형 엔진에서는 두 가지 기계적 방법을 통해 토크 향상을 실현하고 있다.

첫 번째 방법은 급속연소이다. 혼합기를 가능한 짧은 시간 내에 연소시키고, 연소압력을 충분하게 피스톤에

전달하는 것이 가솔린엔진의 효율향상에는 중요한데, 거기에도 몇 가지 방법이 있기는 하지만, 1NR-FKE는 강한 텀블류를 실린더 안으로 발생시키는 식의 흡기유동을 통한 방법을 채택하고 있다. 텀블류를 강하게 해주면 배기포트 쪽의 실린더 벽면 온도가 상승해 고압축비와 더불어 노킹을 불러오기 쉬운데, 그에 관해서는 워터재킷에 스페이서를 넣어 실린더 위아래에서 온도를 균일화하

고압축비화에 뒤따르는 노킹의 회피방법

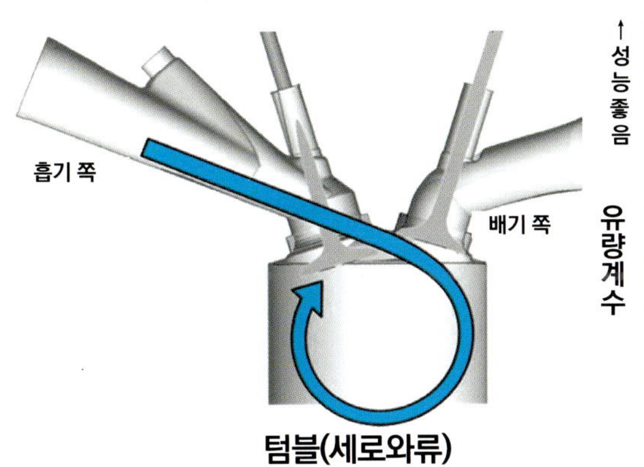

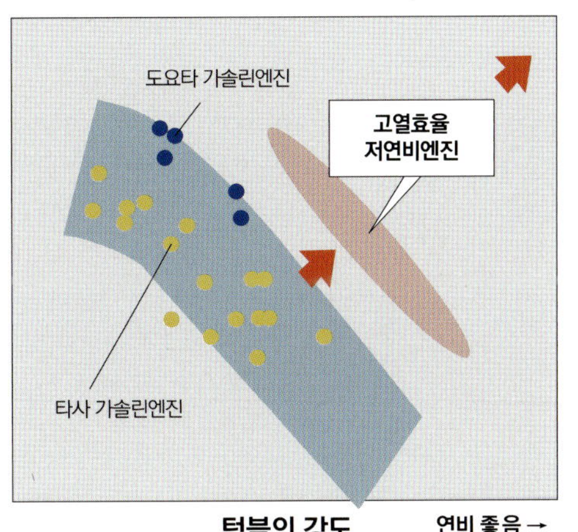

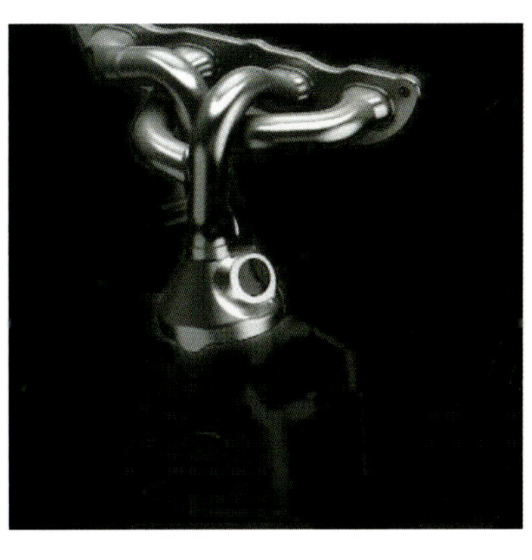

고텀블류에 의한 급속연소

일반적으로 고텀블(高tumble)을 추구하면 유속을 높이기 때문에 유량이 떨어지는 경향이 있어서 출력 면에서는 불리하다. 1NR-FKE에서는 흡기포트의 경사각 개선과 연소실 직전의 시트 링, 2경로의 흡기포트 설치를 통해 이율배반적인 상황에 대처하고 있다. 우측 사진은 고텀블의 유무에 따른 연소 차이를 나타낸 것이다. 명확하게 연소속도가 빠르다는 것을 알 수 있다. 이로 인해 고토크화(高torque化), 노킹발생 전에 연소를 완료시키고 있다.

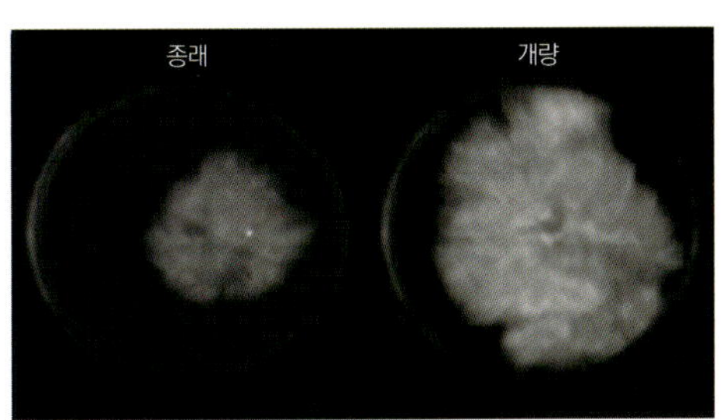

관 길이를 확보하면서 소형화를 도모한 4-2-1 배기관

4-2-1 배기관에서 부압을 발생시켜(사진 내의 하얀 동그라미 부분) 뜨거운 배기가스를 신속하게 소기함으로서, 잔류가스에 의해 흡기가 뜨거워지는 것을 방지한다. 가스유동을 빠르고 확실하게 하는 것은 노킹과 출력 양면에 효과적인 방법이다. 설치공간 문제로 4-2-1 배기관 채택을 포기한 데미오에 반해, 같은 세그먼트의 비츠에 이 방식을 적용한 것은 평가할 만한 점이다.

실린더 온도의 균일화로 노킹과 프릭션을 절감

텀블류를 강하게 하면 배기 쪽 실린더 벽면으로 혼합기가 많이 부딪쳐 고열의 배기밸브 주변으로부터 열을 받음으로서 노킹의 원인이 된다. 이에 대한 대책으로 워터재킷에 수지제 스페이서를 삽입해 실린더 상부를 더 많이 차갑게 하는 식으로 노킹을 피하고 있다. 노킹과는 관계없는 하부에서는 반대로 실린더 온도를 올려 오일 점도의 균일화시킴으로서 마찰을 줄이고 있다

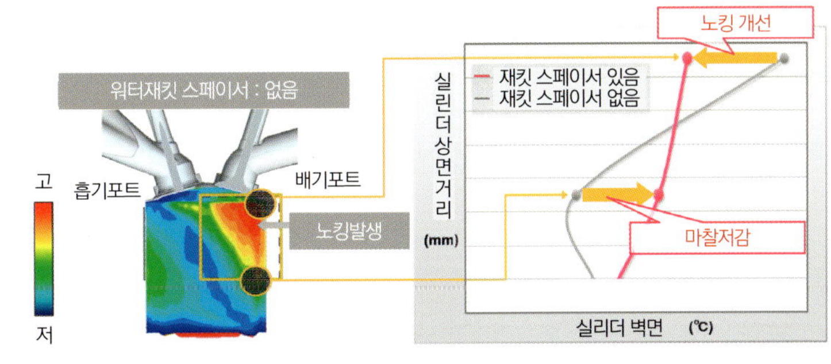

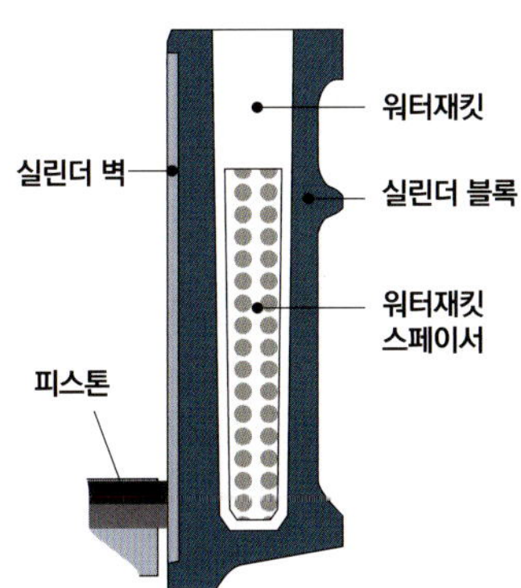

는 식으로 대처하고 있다. 배기 쪽에서는 소형4-2-1로 집합되는 배기관을 사용해 배기간섭을 제거하고, 잔류가스를 신속하게 소기해 연소실 온도를 낮춤으로서 역시나 노킹 발생원을 제거하는 방식을 취하고 있다.

두 번째 방법은 손실의 저감이다. 아트킨슨 사이클이 펌핑 손실을 줄이는데 실효가 있다는 것은 주지의 사실이지만, 나아가 대량의 냉각EGR을 밀어 넣어 스로틀을 여는 방향으로 엔진을 사용한다. 도요타의 기존 엔진에서는 EGR가스를 냉각하는데 있어서 별도의 열교환기 안에 냉각수를 유도해 냉각시키는 방법을 이용하기 때문에 같은 방식을 사용하겠지만, 열교환기 만큼의 부품&비용 상승을 막으면서 채택하고 있는지는 현 시점에서 불분명하다. EGR의 작동밸브도 고속응답 형식으로 바꾸었다. 또한 VVT 기구에는 전동식을 사용. 캠 위상의 가변영역을 확대해 더 신속하게 변화시킴으로서, 아트킨슨 사이클에 있어서의 압축비와 팽창비 차이를 운전상황에 따라 최적으로 조정하는 것을 겨냥하고 있다. 또한 피스톤 스커트의 표면처리, 저 마찰 타이밍 체인, 수지코팅 베어링 등, 견실하고 비교적 저비용으로 끝나는 마찰 저감방법을 적극적으로 반영하고 있다.

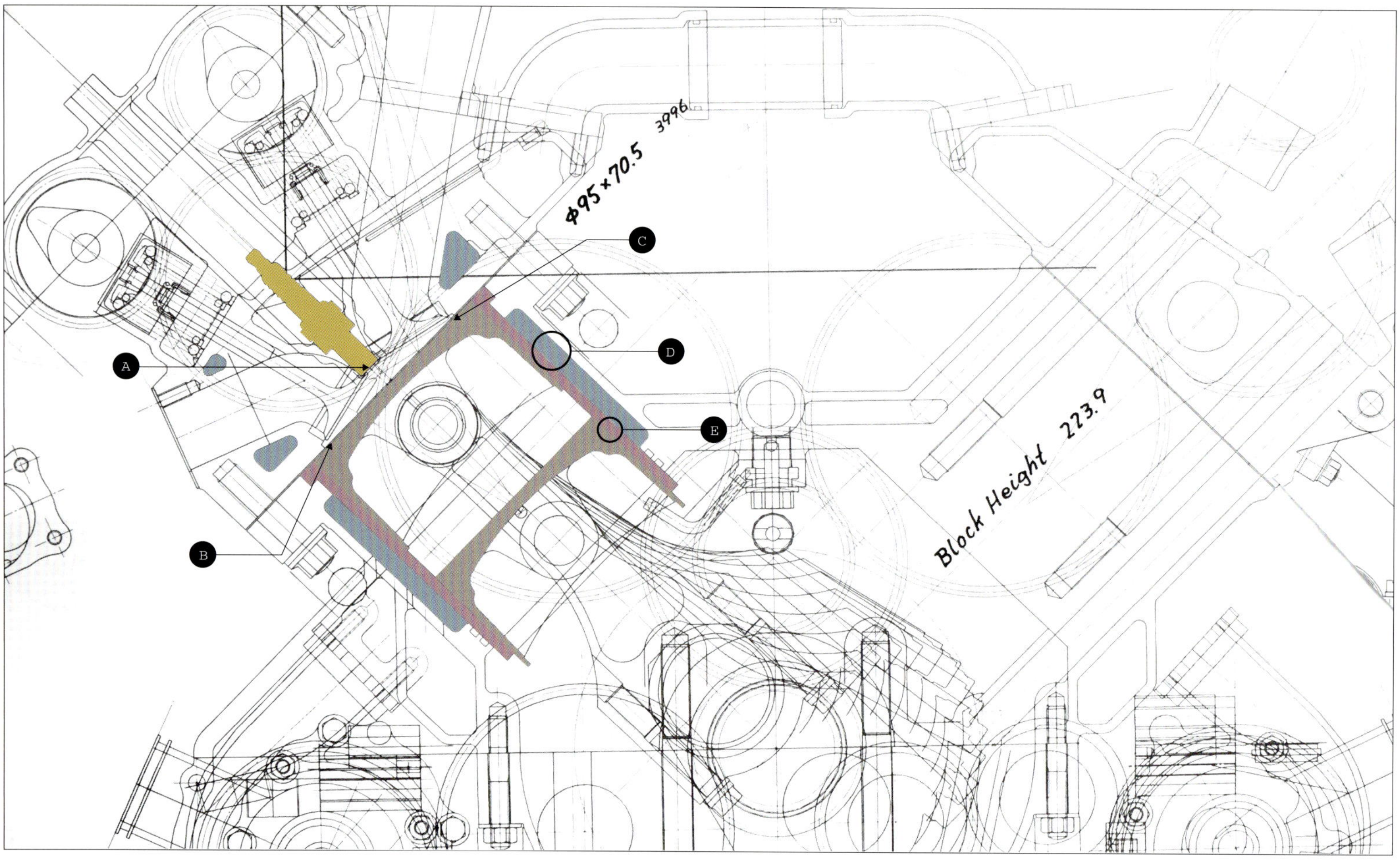

가솔린엔진은 점점
디젤엔진에 접근해 가는가

본문 : 마키노 시게오　　그림 : 하야시 요시마사

이 페이지의 도면은 전 도카이대학교수인 하야시 요시마사씨가 설계한 레이스용 V8 엔진이다. 닛산이 르망 24시간 레이스에 도전했을 때 사용한 엔진이다. 예전에 하야시교수의 연구실을 방문했을 때 허락을 받고 필자가 촬영했던 도면이다. 같은 가솔린엔진이라도 시판차량용과 레이스용과는 목적하는 성능이 전혀 다르다. 시판차량용은 오랜 수명이 요구되지만, 레이스용은 단시간에서의 절대성능이 요구된다. 그렇지만 연료를 포함한 혼합기를 점화를 통해 연소시키고, 그때 발생하는 압력을 피스톤에 전달하여 「달리는 힘」으로 만든다는 점에서는 둘 다 똑같다.

레이싱엔진의 역사를 펼쳐보면, 그 후로 시판차량용 엔진에 보급되는 기술이 처음 사용된 경우가 많다. 밸브 협각이 작은 소형 연소실 같은 스타일은, 도요타가 3S-FE를 시판하기 20년 전에 코스워스 FVA 엔진에 적용했던 기술이다. 4기통 FVA를 2개 합체시켜 V8 DFV가 탄생했다. 당연히 점화 플러그는 당초부터 가늘고 긴 것이 사용되었다. 60년대 혼다 F1 참전 1기 때 사용되었던 점화 플러그도 당시의 상식과 반하는 매우 가늘고 긴 모양이었다. 물론 내구성은 「1레이스만」견디면 됐지만….

엔진작업은 상단 도면에서 색으로 표시한 부분에서 거의가 끝난다. 압축한 혼합기를 좁은 공간에 밀폐한 다음, 점화 플러그(A)로 착화해 연소시킨다. 피스톤이 받아내지 못한 에너지는 실린더 벽(E)을 통해 냉각수로 옮겨간다. 냉각수는 라디에이터에서 식힌다. 될 수 있으면 너무 열을 받지 않는 것이 좋은데, 그러기 위해서는 연소실을 냉각시킬 필요도 있어서 결국은 냉각수에 의존하는 것이 현실이다.

모든 것은 (A)에서의 점화로부터 시작된다. 점화가 없이는 가솔린(오토사이클)엔진은 성립될 수 없다. 그리고 점화는 그 후의 연소도 좌우한다. 가령 연료가 이상하게 희박한 상태의 혼합기라도 잘 점화하면 연소압력을 얻을 수 있다. 지금 각 방면에서 점화에 대한 연구가 진행되는 배경 가운데 하나가 여기에 있다. 우리들이 얻고자 하는 것은 열효율로서, 그러기 위해서는 점화를 다시 검토할 필요가 있다는 것이다. 이것이 엔진개발 트렌드 가운데 하나이다.

한편, 미리 프로그램된 점화·착화 이외의 착화는 환영받지 못한다. 플러그점화가 되기 전에 혼합기가 착화되는 조기점화와, 플러그점화 후에 화염이 계속 성장하는 상태에서 연소파(燃燒波) 화염면이 도달하기 전에 미연소가스가 착화되는 노킹이 그것이다. 가솔린엔진에서 열효율을 추구해 나갈 때, 이 두 가지 문제가 앞길을 가로막는다. 반대로 말하면, 어떤 상태의 혼합기를 넣어도 확실하게 점화하고, 한 번 붙은 불이 꺼지지 않는다면 열효율은 확실하게 높아진다.

조기점화가 발생하는 원인에 대해서는 여러 설이 있지만, 아직도 그 구조는 해명되고 있지 않다. 전에는 점화 플러그가 의심되었다. 연소실로 돌출된 부분의 온도가 상승해 점화하기 전에 여기서 발화해 버리는 현상이다. 현재는 주로 오일 비말(飛沫)이 의심되고 있다. 압축행정에서의 피스톤이 상승하는 속도는 BDC(하사점)에서 크랭크각도로 45도 진행된 중간점이 가장 빨라서, 여기까

우리들이 얻고자 하는 것은 열효율이다. 조기점화나 노킹 모두 열효율의 적이다. 근래에는 배기에너지로부터 출력/토크를 회수하는 다운사이징 과급이 유행하고 있지만, 노킹회피 때문에 압축비를 무과급엔진만큼 올리지 못하는 것은 아쉬운 대목이다. 그런데 배기가스 처리에 문제가 있다는 이유로 폐기되었던 희박연소는 배기가스 처리에 전망을 보이면서 다시 각광을 받고 있다. 열효율 추구는 한 순간도 쉬지 않고 계속되고 있다.

가솔린의 이론공연비는 공기 14.7에 대해 가솔린 1의 질량비이다. 가솔린 1그램은 거의 1cc로 생각하면 되지만, 공기 14.7그램은 쉽게 그려지질 않는다. 계산을 해보면, 온도 20℃ 대기라도 14.7:1이라는 비율은 500cc 페트병에 불과 연료 1방울을 떨어뜨리는 정도이다. 그럼에도 불구하고 큰 에너지를 얻는 것을 보면 가솔린은 뛰어난 재료임에 틀림없다.

더 나아가 혼합기를 엷게, 가령 공기 30그램에 대해 연료 1그램 정도의 비율로 점화와 연소가 가능할까. 산소가 압도적으로 많기 때문에 당연히 질소산화물(NOx)이 대량으로 발생한다. 그러나 NOx 후처리에 방법이 서 있다. 그것이 90년대와 다른 점이다. 혼합기가 매우 희박해도 불만 붙으면 마음대로 할 수 있다. 가솔린을 구성하는 탄소와 수소를 고에너지로 강력하게 휘저으면 산화(연소)반응은 반드시 일어난다.

점화 뒤의 연소에 대해 언급하자면, 연소온도를 낮게 억제하는 것도 큰 테마이다. 이점에서도 희박연소가 유

도 스윙」이다. 실린더 벽면의 온도는 높다. 그러나 불과 1mm만 내부로 들어가면 「연소에 의해 온도가 급상승하는 온도 스윙이 없어지고, 항상 균일한 온도를 유지한다」고 한다. 실린더 벽면에서의 스윙 폭을 낮출 수 있다면 새로운 세계가 열린다.

과연 장래에 점화시스템은 어떻게 진화해 나갈까. 현재의 전극방식 플러그는 아직도 발전할 여지가 많아서, 더 가늘고 고전압 고에너지 방향으로 나아갈 것이다. 전압은 이미 40kV에 도달했고, 다음은 60kV가 눈앞이다. 반대로 점화 플러그의 축 지름은 10mm 이하의 도전으로서, 세축화와 고전압화를 동시에 추진하고 있다. 이것이 실현되면 새로운 스타일의 멀티플러그 방식이 탄생할지도 모른다.

플라즈마 점화도 유력한 후보 중 하나이다. 연구개발은 여러 곳에서 진행 중이다. 신흥국용으로는 기존 형식이 남는다 하더라도, 예를 들면 차량전원이 48V화되면 이것도 하기가 쉬워진다. 또한 다점 점화도 있다. (B)나 (C)의 위치, 원형 연소실의 스퀴시 에어리어 부분을 빙 둘러서 일주하는 원형 다점 점화 방식의 대안도 있다. (A) 플러그와의 병행도 생각할 수 있다. 다점 점화에 대한 효과는 서서히 인식되고 있는데, 예를 들면 흡기를 고 텀블화한 상태에서 다점 점화함으로서, 디젤 같은 고속 연소를 달성하는 방법도 있을 것이다. 밸브 개폐시기 가변, 밸브 양정 가변, EGR양 가변, 연소분사의 고압화와 다단화 같은 수단과 조합하면 여러 가지로 할 수 있을 것

지는 가속을 하게 된다. 45도를 통과해 TDC(상사점)까지는 서서히 감속하고, TDC에서 순간적으로 제로 속도가 된다. 그 때문에 최고속 45도 지점을 넘어선 다음에 감속하는 피스톤 링과 실린더 내벽의 크레비스(crevice)에 있는 오일은, 피스톤이 감속하면 그 탄성력으로 비말이 되어 연소실 안으로 날아 들어오는 경우가 있다. 무화 상태의 오일 안개라 하더라도 유분이라, 작동가스(혼합기) 내에 방출된 시점에서 운 나쁘게 착화하면 조기점화가 된다.

리한 편으로, EGR(배기가스 재순환)을 대량으로 넣어 엷은 혼합기를 만드는 방법에도 기대가 모아진다. 현재, 가솔린엔진의 EGR율은 최대 약20% 수준이지만, 그것을 30%, 40%로 높일 수 있다면, 그런 작동가스에서도 확실하게 다 연소시킨다면, 열효율은 반드시 높아진다.

다른 것으로는 냉각이 있다. 점화 플러그의 세축화(細軸化)가 연소실 상단 쪽의 수로확보에 도움이 되었듯이, 전체를 충분하게 냉각시키는 것이 좋다. 현재 주목받고 있는 것은 실린더 벽면과 그 바깥쪽 수로(D)에서의 「온

같다는 생각이다.

사실 아직도 인류는 연소에 관한 메커니즘을 모두 파악하고 있지 못한다. 그렇다면 이 분야는 비경쟁 영역으로 두어 인류공통의 자산으로 처리함으로서 공동으로 개발해나가도 좋지 않을까. 취재를 통해 그런 생각이 강해졌다.

Illustration Feature :
Powe
NEXT MOVE

특집 : **파워트레인 – 다음의 한 수 –**

강화되는 연비규제, 배출가스 규제 그리고 CO2규제.
자동차 메이커는 어찌됐든 규제에 대응하기 위해
다양한 기술개발을 거듭해 왔다.
특히 엔진과 변속기로 구성된
파워트레인의 효율을 향상시키는 데는 눈을 크게 뜨고 있다.
과급 다운사이징, 가변밸브,
HEV, 변속기의 다단화(多段化)…
이런 장치들이 일단락된 지금,
각 메이커가 모색하고 있는 것은 「다음의 한 수」이다.
NEXT MOVE를 따라가 보자.

사진 : 도요타

배출가스 대응으로 시작된 패러다임의 전환
파워트레인 개발은
새로운 단계로

배출가스 규제가 실시된 지 벌써 40년 이상이 경과했다.
그 동안 엔진개선이 착실하게 진행되면서 배출가스는 놀라우리만치 깨끗해졌다.
현재는 CO2배출 저감이 최대 과제로서, 파워트레인 개발은 이것을 지향하고 있다.

본문&그림 : 마키노 시게오

자동차 엔진이 경험한 최초의 시련은 배출가스 규제였다. 그때까지는 신경 쓸 필요조차 없었던 배기 속 물질의 감축을 요구받았을 때, 엔진기술은 큰 벽에 부딪치게 된다. 미국에서 보류되었던 머스키법이 일본에서 도입되었을 때 출력과 토크를 떨어뜨리지 않으면 규제에 맞출 수 없었다. 그 후 배출가스규제는 단계적으로 강화되어 현재도 그런 흐름은 계속되고 있지만, 엔진도 대처방법을 거듭해 왔다. 중간에 중단될 정도의 과감한 도전은 없어지고 「아마도 이 방법으로 해결할 수 있을 것」같은 식으로, 현재는 해결책이 보이는 도전이 대부분이 아닐까 싶다.

그런 한편으로 엔진에는 새로운 과제가 제시되고 있다. CO2(이산화탄소) 배출저감, 즉 연비와 에너지 효율

▶ 차세대 파워트레인의 개발과제와 잠재성

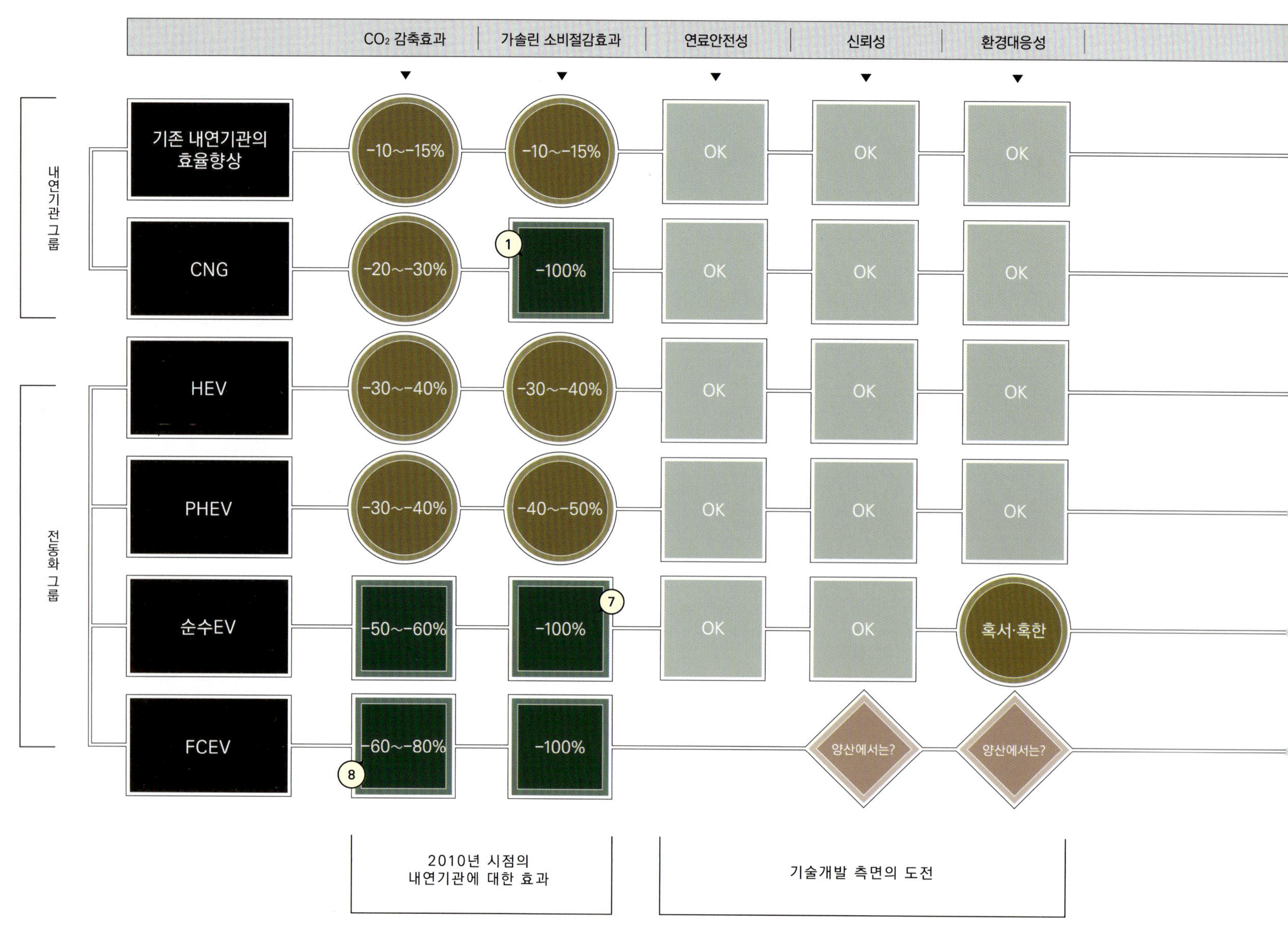

	CO₂ 감축효과	가솔린 소비절감효과	연료안전성	신뢰성	환경대응성
기존 내연기관의 효율향상	-10~-15%	-10~-15%	OK	OK	OK
CNG	-20~-30%	-100%	OK	OK	OK
HEV	-30~-40%	-30~-40%	OK	OK	OK
PHEV	-30~-40%	-40~-50%	OK	OK	OK
순수EV	-50~-60%	-100%	OK	OK	혹서·혹한
FCEV	-60~-80%	-100%		양산에서는?	양산에서는?

이다. 과거의 배출가스규제와는 다른 차원에서 대응이 요구되고 있다. 그 중에서도 유럽은 훨씬 엄격하다. 바로 얼마 전에 2020년에 자동차 메이커 평균으로 주행 1km당 95그램이라는 규제가 1년 뒤인 2021년에 실시하도록 연기되었지만, 목표치 자체는 바뀌지 않았다. 물론 이 규제치는 유럽에서 일정 이상의 자동차를 판매하는 모든 메이커에게 적용되기 때문에 유럽 이외의 자동차 메이커도 대응해야 한다.

'진짜 연비시대', 이런 표현이야 말로 현대에 잘 어울린다. CO(일산화탄소), HC(탄화수소), NOx(질소산화물), PM(미립자 물질)을 줄이는 동시에 연료를 절약해 배출량을 줄여야 한다. 엔진은 배출가스 규제에 관한 역

사 속에서도 가장 강력한 과제에 직면해 있다.

그럼 어떻게 하면 에너지소비를 억제해 차량에서 CO2 배출량을 줄일 수 있을까. 아래 차트에 현시점에서의 해결책과 연구과제를 정리해 보았다. 필자 자신의 주장과 견해도 약간 섞여 있지만, 실제로 여러 엔지니어가 임하고 있는 내용이나 각각의 연구 속에서 느끼는 과제와 크게 다르지 않을 것이라 생각한다.

과거에 일본에서는 「저공해차 붐」이 일어났었다. 정부가 중심이 되어 전기, 메탄올, CNG를 권장했던 것인데, 그 목적은 배출가스 정화였다. 하지만 어느 것도 대량으로까지는 보급되지 않다가 90년대 말에 HEV가 시판되면서 저CO2시대에 돌입했다. 만약에 앞으로 「저공해

차」라는 이름을 붙이려 한다면 CO2가 최우선 테마가 될 것이다. 배출가스 속의 유해성분이 매우 적어야 하는 것은, 지금은 최소한의 조건이다.

파워트레인 개발은 이미 새로운 시대를 맞이하고 있다. 배출가스 규제에서는 「모드대응」으로 충분했지만, 진짜 연비시대에는 모든 영역의 성능이 요구된다. 운전자가 연료비용으로서 실감하는 연비는 모드연비가 아닌 것이다. 동시에 연비를 위해서라면 다른 것을 희생해도 상관없다는 생각 역시 부정되어야 한다. 다음 페이지부터 파워트레인 개발에 있어서의 새로운 자세를 쫓아가 보겠다.

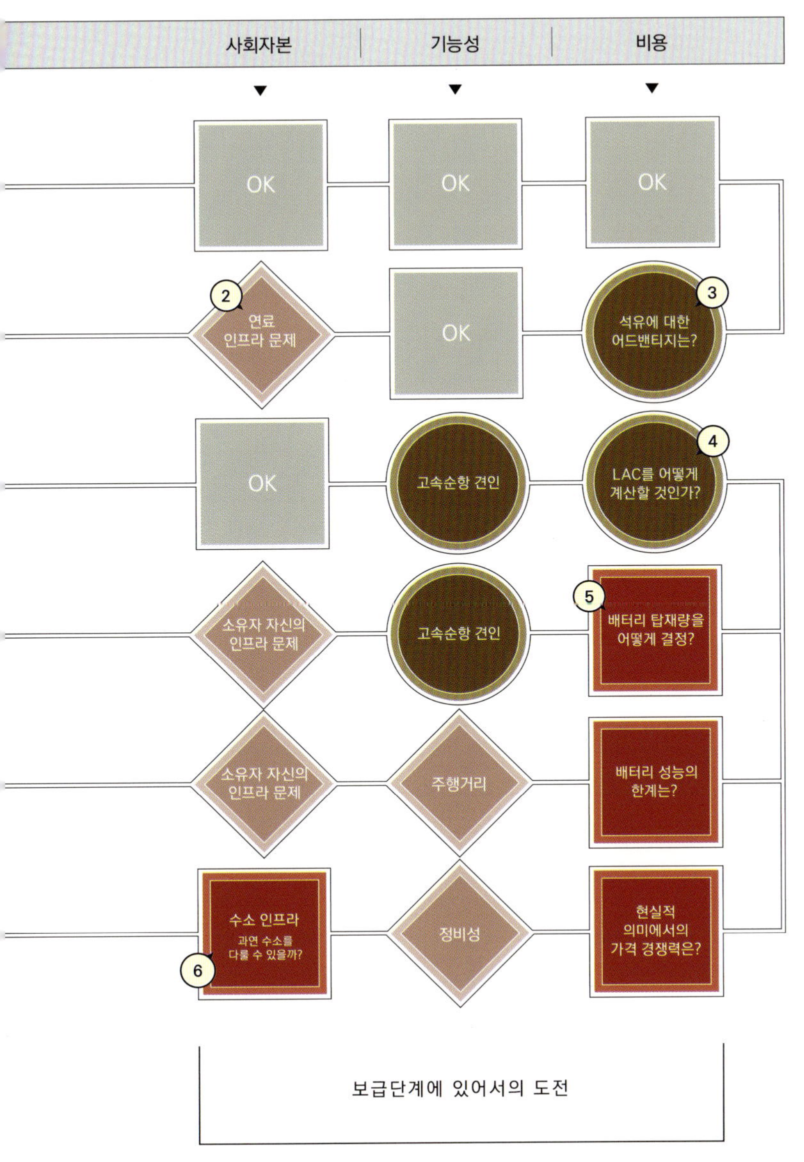

순수한 내연기관, 보조적으로 전력을 사용하는 내연기관(HEV), 준EV로서 사용할 수 있는 레인지 익스탠더 타입 하이브리드(PHEV), 순수 EV 그리고 연료전지를 사용하는 EV(FCEV)에 있어서, 필자가 현재 상태에서 예상할 수 있는 장점과 과제를 정리해 보았다. 이것이 꼭 일반적인 견해는 아니라는 것을 미리 언급해 둔다. DME(디메틸에테르), GTL(Gas To Liquids) 등과 같은 연료에 대해서는 본문을 참조해 주기 바란다.

1. 원유를 소비하지 않는다는 점에서는 완전하게 가솔린 감축효과를 가져온다. CO2배출도 가솔린보다 적다. 에너지 안전(안전보장) 측면에서는 유효하지만, 기본적으로는 자급자족이 가능할지 살펴보아야 한다.

2. 천연가스를 압축해서 CNG로 이용하든가, 아니면 액화해서 LNG로 사용하든가, 어떤 식이든 사회자본을 제로에서 정비할 경우에는 그에 상응하는 인프라 비용이 발생한다. 가솔린/경우와 달리 인프라를 이중으로 갖추는 것이 타당한지 어떨지는 나라와 지역에 따라 판단이 달라질 것이다.

3. 차량운행 단계에서는 연료소매가격이 큰 요인으로서, 그것을 좌우하는 것이 연료세제이기도 하다. 이미 천연가스 이용을 장려하고 있는 나라나 지역에서는 의도적으로 세제우대도 하고 있지만, 이것은 효율론적 측면과는 약간 동떨어진 논의이다.

4. HEV는 어떤 선진 환경관리기법(Life Cycle Analysis)으로 계산하느냐에 따라 효율이 미묘하게 달라진다. HEV는 현실적 문제로서 같은 보디를 한 일반 자동차보다 차량중량이 무겁다. 당연히 가격도 비싸다.

5. 리튬이온전지 가격이 기대한 만큼 떨어지지 않고 있다. 또한 차세대 2차전지도 아직 결정판이라 부를 만한 것이 등장하지 않고 있다. PHEV까지 포함해, 전동화에 있어서의 핵심은 배터리이다.

6. 수소 인프라를 정비하려면 상당한 비용일 발생할 것이다. 그것이 새로운 사업기회를 불러올 것임은 확실하겠지만, 가장 가벼운 원소인 수소를 정말로 인류의 기술로 자유자재로 다룰 수 있을까. 또 수소는 어떻게 제조할 것인가.

7. 가솔린을 사용하지 않는다는 점에서는 효과만점이지만, 이것은 석유대체 연료로서의 공통적 장점일 뿐, EV만의 독점물은 아니다. 또한 발전, 송전, 변전, 차량으로의 충전, 사용할 때의 방전 같이 각 단계에서의 손실을 어떻게 최소화할 것인지도, 효율을 논하는데 있어서는 중요하다.

8. FC제조단계에서의 에너지 소비와 폐기처리 시점에서의 환경부하를 어떻게 계산하느냐에 따라 진짜 의미에서의 감축효과가 달라진다. 수소를 내연기관의 연료로서 이용하는 방법도 있다.

ROTARY ENGINE
for RANGE EXTENDER
레인지 익스텐드용 로터리 엔진

▸ **로터리 엔진의 생존이유를 묻는 가능성의 모색**

2012년 6월, RX-8 생산종료.이 시점에서 50년 이상을 유지해 온
자동차용 방켈 로터리 엔진의 운명은 다한 것으로 보였다.
하지만 유례가 드문 이 엔진을 홀로 지켜온 고독한 메이커가 그 생명의 빛까지 끈 것은 아니었다.
새로운 무대 위에서 지금까지와는 다른 꿈을 꾸는 RE가 돌아왔다.

본문 : 만자와 류타(MFi)　　그림 : 와세다대학 마케팅 커뮤니케이션 연구소

레인지 익스텐더라고 하는 선택

2013년 연말 무렵, 마쓰다의 기술설명회에서 새로운
RE엔진이 발표되었다. 그것은 내용이 공표된 「16X」가
아니라, EV용 레인지 익스텐더 유닛이었다. 소문에 따르
면 몇 년 안에 등장할 것이라는 승용차용 유닛 개발은 진
행 중이지만, 그 과정에서 RE의 가능성을 모색하려는 움
직임이 사내에 있어서 이번 발표가 이루어진 것 같다. 가
볍고 작으면서 고출력에 진동이 적은 RE는 레인지 익스
텐더뿐만 아니라 소형 발전기용 동력으로서도 장래성이
높다고 한다. 이 엔진이 탑재된 데미오 EV에 관한 상세
한 사양은 뒤에서 설명하기로 하고, 먼저 새로운 소형 로
터리 엔진의 속을 들여다 볼까 한다.

발전동력으로 특화된 소형화

신형 레인지 익스텐더용 RE의 제원은 단실(單室) 용적 330cc, 압축비 10, 단독중량 35kg, 최대출력 25kW/4500rpm, 최대토크 47Nm. 허용최대 회전속도는 최대출력을 발휘하는 4500rpm이지만, 실제로는 1500~4000rpm 사이에서 운전된다고 한다. 레인지 익스텐더용 RE는 AVL/아우디에서 사용한 선례가 있는데, 소형에 비출력(比出力)이 크고, 진동이 적은 RE의 장점이 최대한 발휘되는 것이 채용한 이유이다. 이동형 소형발전기용 엔진에 사용하면 상당한 상품성을 갖는다고 한다. 재해 때 사용하는 긴급발전 시스템으로서의 수요도 기대할 수 있다고 한다.

1. RENESIS 로터 하우징

신형 RE와 비교하기 위해 전시된 것이 2년 전까지 현역으로 활동했던 13B-MSP 「RENESIS」의 로터 하우징과 로터. 단독용적 654cc의 무과급, 흡배기 모두 사이드 포트를 채용한 유일한 RE 엔진이다.

2. RENESIS 로터

13B만 하더라도 다양한 종류를 가지고 있지만, 공통적인 것은 80mm나 되는 로터 폭이다. 「16X」에서는 로터 외주 지름이 확대될 것이라 알려져 있어서, 13B는 가장 두꺼운 로터를 갖게 된다.

3. 신형 어퍼 하우징

RENESIS의 양 사이드 하우징은 전시되지 않아서 비교할 수 없기는 하지만, 상당히 얇은 것이 인상적이다. 로어 쪽과 함께 마찰벽면에 존재하는 수수께끼의 홈은 다음 페이지에서 설명.

4. 신형 편심축

「단기통」인 것을 여실히 보여주는 편심축. 단조 강철제품이지만 아주 가볍다. 왕복 엔진의 크랭크 샤프트에 해당하는 부품으로, RE의 특징이기도 한 로터의 편심운동을 담당하는 핵심 부품이다.

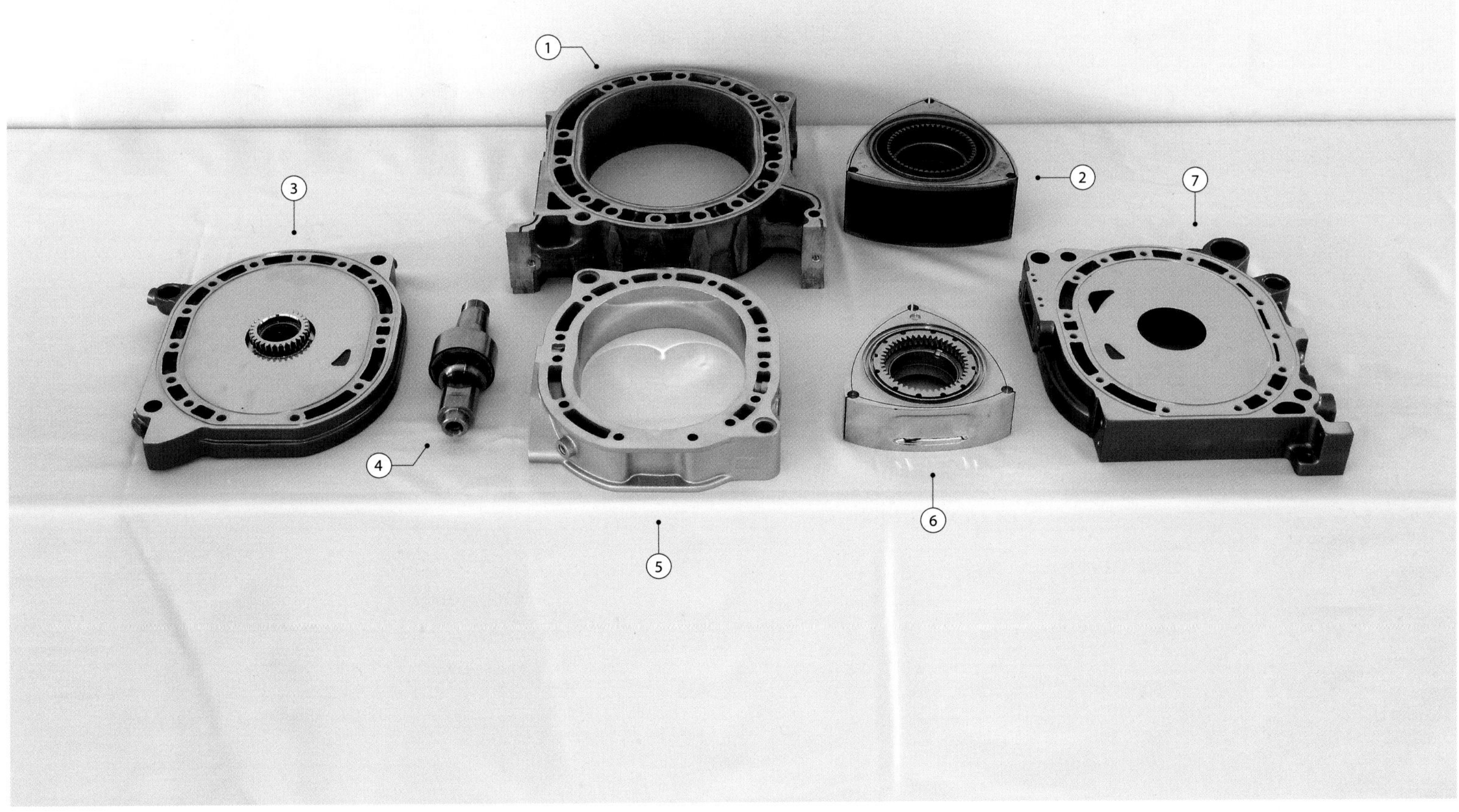

5. 신형 로터 하우징

RENESIS와 비교하면 냉각수로의 용적이 적다는 것을 한 눈에 알 수 있다. 일정 회전운전, 요컨대 열의 방출량 변화가 적어서 냉각이 힘들다고 여겨져 온 RE의 결점을 드러내지 않기 위해서일까. 냉각수를 히터 쪽으로 돌리고 있는지는 불명확하다.

6. 신형 로터

실제로 들어보고 놀란 것이 로터의 무게이다. 상세한 것을 불명이지만, RENESIS의 로터와 비교해 반 이하인 것은 확실하다. 배기량이 적기 때문에 당연하다기보다, 연소압력이 낮기 때문일 것이다. 부하가 적으면 경량화가 촉진된다는 증거이다.

7. 신형 로어 하우징

수평대향으로 탑재하기 위한 마운트용 브래킷이 특징적이다. 배기용 사이드 포트는 여기에 배치된다. 포트가 2개인 것처럼 보이지만, 아래쪽에 있는 것은 앞서 언급한 수수께끼의 홈으로서, 구멍도 안 뚫려 있어서 포트로서의 기능은 없다.

신형 로터리 엔진의 주요부품 Components for New Rotary Engine

신형 RE의 기술적 핵심은 페리퍼럴(Peripheral) 흡기이다. 여기에는 레인지 익스텐더이기 때문에 기인하는 이유가 있는데,
종래의 주 동력용에서는 생각할 수 없었던 합리화와 명쾌함을 곳곳에서 볼 수 있다.

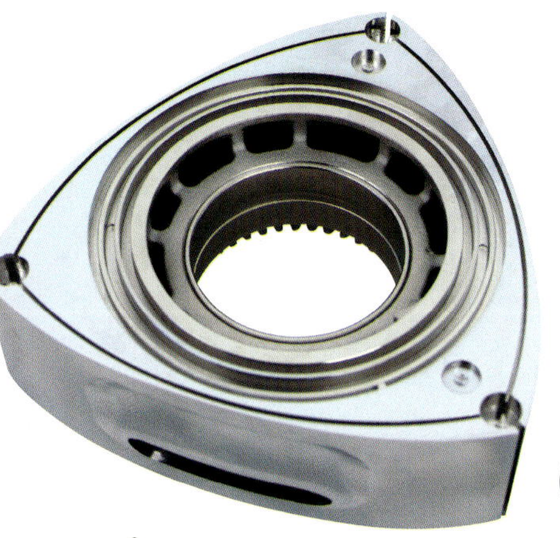

▶ Rotor [로터]

재질은 주철. 보기에는 연소실 형상이 RENESISI 것과 비교해 원주 방향으로 작게 보인다. 특징적인 것은 사이드 실의 홈이 종래형에서는 로터 외주와 거의 평행하게 나 있었던데 반해, 신형은 포물선이 코너를 향해 타이트하게 지나가고 있다는 점이다. 이유에 대해서는 설명을 듣지 못했지만, 연구 성과를 바탕으로 바꾼 것은 분명해 보인다. 실(Seal)은 계속적으로 RE의 큰 취약점이었기 때문에, 어떤 형태로든 개량은 큰 진화이다.

▶ Lower Housing [로워 하우징]

좌측 상단에 난 구멍은 배기포트이다. 그 밑으로 보이는 구멍 같은 것은 사실은 오일 대기실. 로터의 사이드 실 구멍형상 변경과 더불어, 윤활장치에 관해 뭔가 비책이 있는 것 같다. 다만 위치적으로 봐서는 흡기포트로의 전용도 생각하게 하는 부분이다.

▶ Eccentric Shaft
[편심축]

2행정엔진을 닮은 오일 공급방법을 사용하는 RE에 있어 편심축은 중요한 오일 공급원이긴 하지만, 특별하게 새로운 점은 보이지 않는다. 고회전속도를 사용하지 않음으로서 윤활장치에 여유가 있는 것으로 생각된다.

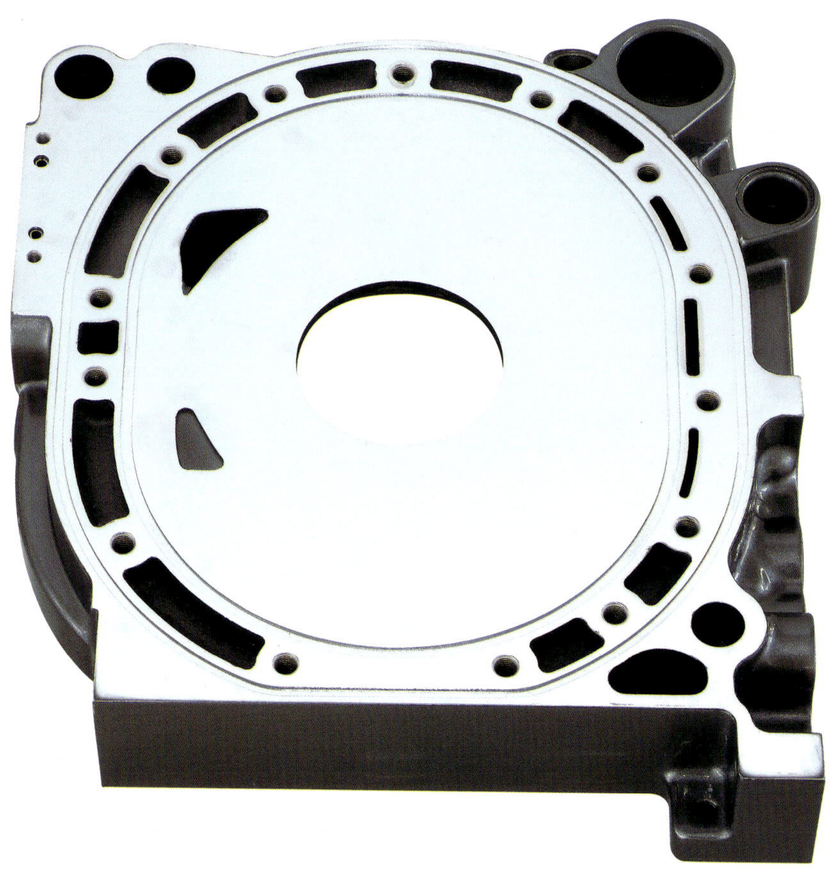

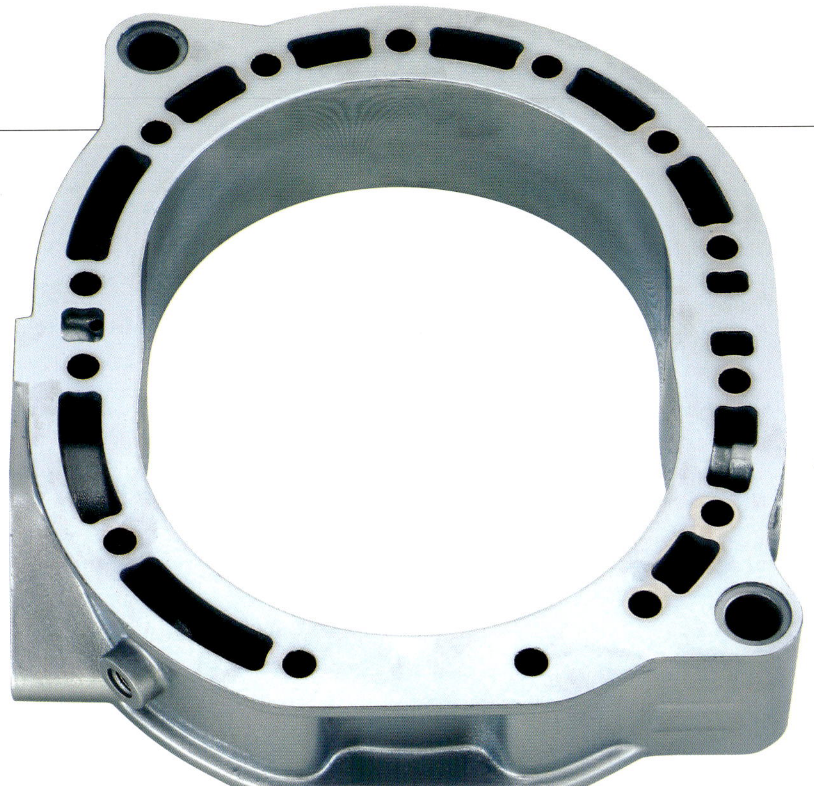

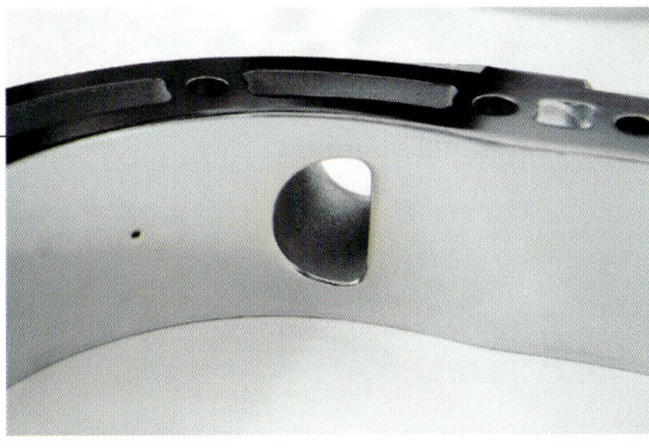

▶ Rotor Housing [로터 하우징]

종래의 RE도 로터 하우징은 알루미늄을 사용했는데, 전시품은 주철제품이다. 가장 주목할 만한 것은 내벽에 뚫린 구멍. 요컨대 페리페럴 포트이다. 페리페럴 포트는 효율은 뛰어나지만, 아펙스 실(Apex Seal)이 통과할 때 오버랩이 불가피하다는 점이다. 즉 흡배기 타이밍에 제약이 있다는 뜻이지만, 정상회전운전을 전제로 하고 있기 때문에 문제가 되지 않는다고 한다. 또한 지금까지와는 달리 배기가 아니라 흡기에 페리페럴 포트를 사용하는데, 이것은 수평탑재를 해야 하는 관계 상, 흡기장치를 사이드 쪽으로 가져올 수 없기 때문이다.

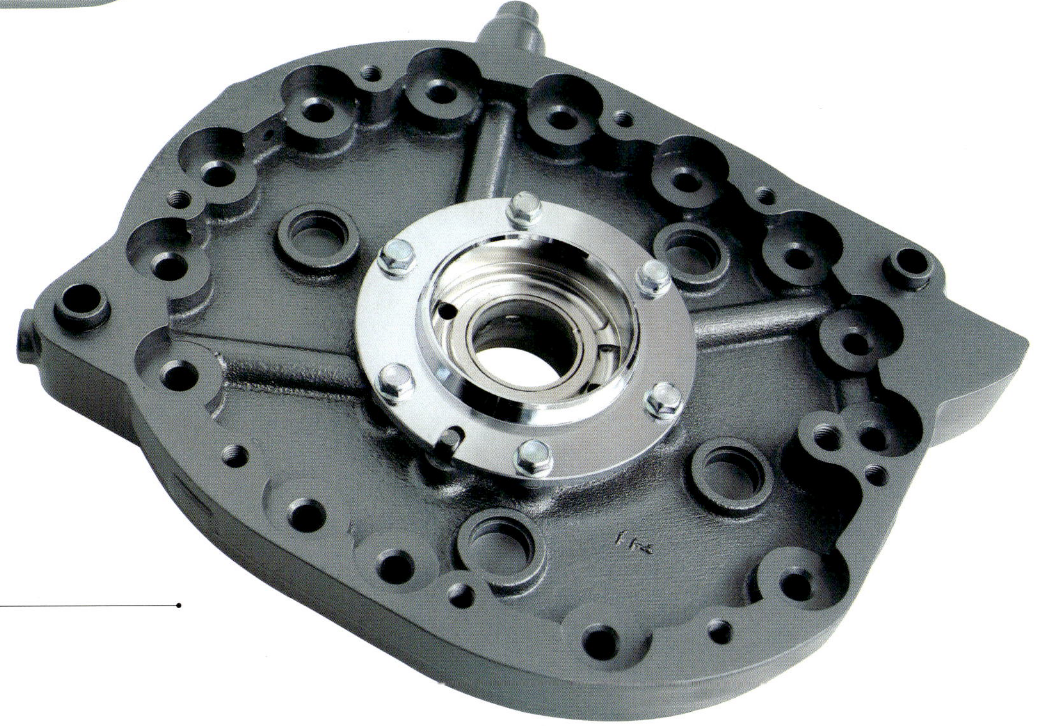

▶ Upper Housing

[어퍼 하우징]

로터 하우징뿐만 아니라, 사이드 하우징도 제품화를 할 때는 전부 알루미늄으로 만들 예정이라고 한다. 「16X」에서 예고되었던 그대로이다. 연소실과 냉각수 통로가 있기 때문에 로터 하우징을 방열성이 뛰어난 알루미늄을 사용하지만, 중층구조를 사용하는 RE의 경우는 하우징이 강도부품으로서의 기능을 갖는다. 단실(單室)인 신형 RE는 연소압력이나 허용회전속도를 포함해, 그다지 강도에 구애받을 구애 받을 필요가 없다고도 할 수 있다.

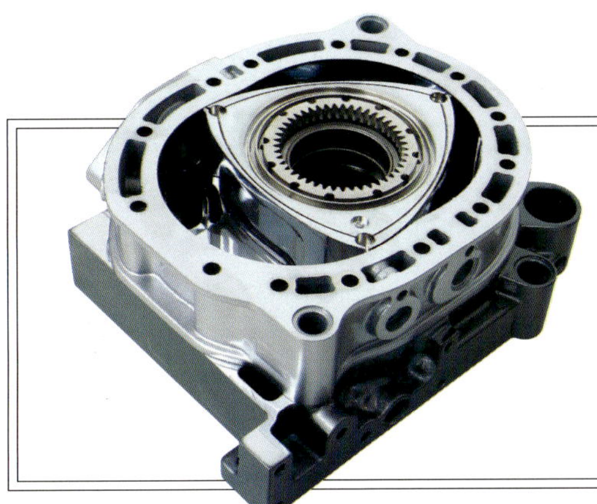

이번에 발표된 신형 RE의 단실용적은 330cc. 2로터라면 660cc가 된다. 경자동차용 유닛으로는 제격이다. 이점을 엔지니어에게 물어보았더니 긍정도 부정도 하지 않았지만, 「어정쩡한 배기량으로 했다가 나중에 마무리하느니, 처음부터 끝맺음을 잘 하자는 생각은 했었죠. 말씀하신 바가 뇌리를 스친 것은 사실입니다」라는 얘기는 해주었다.

로터리 엔진의 특징을 충분히 살려 EV성능을 향상시키다

레인지 익스텐더 유닛으로서의 RE의 자질

마쓰다의 로터리 엔진이 돌아왔다. EV의 주행거리를 늘리기 위해서라는 용도는 특수하지만,
모든 것이 새로 설계되었으며, 탑재방법도 많은 연구가 이루어졌음을 짐작하게 하는 의욕적인 유닛이다.

본문 : 류타 만자와(MFi)   사진 : 야마가미 히로야

작고, 가볍고, 진동도 적은 장점을 활용해, 의외의 위치에 탑재하다

BEV(배터리 EV)는 CO₂감축을 위한 수단으로 가장 유력한 후보 중 하나였다. 배터리 용량만 확보되면 주행거리를 늘리는 것도 가능하기 때문에, 열효율에 취약한 내연기관은 내일이 없다는 따위의, 일부 과격론자들로부터 가혹한 의견까지 들을 정도였다. 하지만 동일본 대지진이 그런 분위기를 바꾸었다. 원자력 발전을 통해 생산되던 전력은 CO₂배출량이 아주 많은 화력발전으로 옮겨가고, 태양광이나 풍력 등을 이용하는 재생가능 에너지를 통한 발전(發電) 필요성을 강하게 호소하게 되면서, BEV를 유정에서 차륜까지(Well to Wheel)의 차원에서 생각하면 결코 환경성능이 뛰어난 자동차가 아니게 되었다.

다시금 엔진과 전기모터의 시너지 효과에 주목하게 되었다. 주요 동력원을 엔진으로 할 것인지 아니면 모터로 할 것인지, 혹은 문자 그대로 혼합동력으로 할 것인지에 관해 각 메이커는 나름대로의 목적에 맞춰 HEV의 존재 방향을 모색하고 있다.

2012년부터 마쓰다는 데미오 EV를 리스판매하기 시작했다. 리튬이온 배터리를 장착하고, 모터출력을 고도로 제어하는 권선전환방식 모터를 사용하는 등, 의욕적인 설계를 갖추고 있다. 하지만 그들은 거기에 만족하지 않고 다음 수순을 밟아오고 있다. 바로 마쓰다의 아이콘인 로터리 엔진을 레인지 익스텐더 유닛으로 이용하는 EV이다.

로터리 엔진을 처음으로 레인지 익스텐더로 이용한 것은 오스트레일리아의 AVL이 설계하고 2010년 제네바 쇼에 등장한 아우디의 A1 e-tron이었다. 이번 유닛의 개발자인 스즈키 게이씨는 「선수를 뺏겨 아쉽다는 생각과 로터리를 사용해 줘서 반갑다는, 반반의 기분이었습니다」 라고 당시를 회고한다. NSU로부터 방켈 사이클을 입수한지 어언 50여년. 과연 차세대 로터리 엔진은 어디를 향해 나아갈까.

차량 가장 뒷부분에 장착된 RE 유닛

뒤쪽 TBA 유닛을 잘 피해 트렁크 공간 바닥 아래로 쏙 들어간 레인지 익스텐더 유닛. 최저지상고 측면에서는 연료탱크가 지면과 가장 가까운 배치이지만, 차량전방의 배터리 아랫면과 높이가 맞춰져 탑재되어 있다.

익숙하지 않은 모습의 리어엔드 스패츠(rear-end spats)

통상적인 데미오라면 위화감을 느낄만한 스패츠(Spats)가 원래 데미오에 없던 레인지 익스텐더 유닛을 덮기 위해 장착되었다. 덕분에 리어엔드의 머플러를 포함해 존재 자체가 완전히 보이지 않게 하는데 성공. 중앙부분에는 가느다란 구멍을 만들어 공기가 흐르게 했다.

1	2
3	4

1. 후방

차량에 탑재했다고 할 때, 후방에서 본 모습. 좌측의 검은 부분이 연료탱크로서, 레인지 익스텐더 유닛에서 가장 높이가 높은 부위이다. 그 좌측에는 컨트롤 장치가 배치되어 있다. 중앙부분이 발전기, 우측이 로터리 엔진이다. 오일필터와 수냉식 오일 쿨러 안쪽으로 리딩, 트레일링 2개의 점화 플러그가 보인다. 발전기도 수냉식.

2. 우측후방

로터리 엔진과 발전기는 연직방향의 축으로 배치되어 있다. 엔진회전속도와 같은 속도로 발전기를 구동한다. 원래 공간효율이 뛰어난 RE를 더 유효적절하게 사용한 모습이다. 왕복 엔진을 포함해 자동차용 엔진 중 이렇게 축으로 배치한 것은 세계적으로도 예가 드물어서, 지면과 수평방향의 상하 진동을 억제시키기 위한 엔진마운트 제작에도 많은 연구가 있었다고 한다.

3. 좌측전방

흡기관련 장치가 눈길을 끈다. 하얀 원통형 기구가 에어클리너. 서브 프레임 부근에 차량진행방향과는 반대로 흡기구멍이 나 있다는 것을 알 수 있다. 여과된 공기는 그대로 우측방향으로 흘러 스로틀 밸브로 유입된다. 자주는 아니지만, 에어클리너 필터 교환이 꽤나 까다롭다고 한다. 바닥의 거울 면에 원통형의 로터리 엔진 오일 팬이 비친다.

4. 전방

스로틀 밸브에서 나온 인테이크 매니폴드가 상당히 길게 설계되어 있다. 엔진 본체에는 스터드 볼트 2개로 고정된 배기포트를 확인할 수 있다. 레인지 익스텐더 유닛 전체는 서브 프레임과 엔진 앞뒤로 두 군데, 발전기 한 군데에서 연결되어 있는 것 같다. 모터에서의 발전은 배터리 말고 구동용 모터에 직접 인가(印加)할 수 있는 설계까지도 되어 있다고 한다.

데미오 EV와 약간 차이나는 것 중 하나가 충전구이다. 좌측 앞 펜더 뒷부분의 리드 안에 갖춰진 것은 보통 충전구이다. 물론 레인지 익스텐더 유닛을 장착하기 때문일 것이다.

스테이터 권선수를 다르게 선택할 수 있는 권선 전환식 모터를 사용함으로서 고토크, 고회전속도라는 상반된 특성을 양립시키고 있다. 배터리는 캐빈 쪽 바닥 아래에 탑재되어 중심을 낮추는데 기여한다.

동력장치를 비롯해 전기자동차로서의 기계구성은 데미오 EV와 공통. 속도계는 눈금이 약간 줄어들었으며, 바늘 윗부분에는 EV라고 기재되어 있다. 좌측은 인가(印加)와 회생을 나타내는 에너지 미터로 바뀌어 있다.

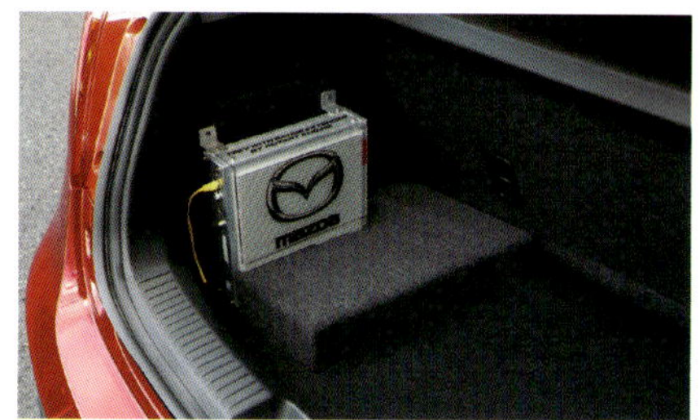

시험차량답게 계측기를 설치. 옆으로 튀어나온 4각형 물체는 데미오 EV에도 설치된 100V 충전 시스템. 트렁크 룸 안의 장치는 필요최소한으로 줄였다.

속도계 눈금은 160km/h까지. 우측에는 멀티 인포메이션 디스플레이가 있다. 리스이긴 하지만 훌륭한 시판차인 데미오 EV는 TPEV와 달리 카 내비게이션을 갖추고 있었다.

BEV인 만큼 배터리 잔량과 여기서 얻을 수 있는 주행거리는 사활문제이다. 그래서 좌측 앞에는 급속 충전구를 갖추고 있다. 오프너는 조수석 좌측. 통상 충전구는 통상적인 퓨얼 리드 부분에 설치한다.

마쓰다 파워트레인 개발본부 주사(主査)

스즈키 게이

데미오 EV와 로터리엔진 방식의 레인지 익스텐더(EPEV)를 비교시승할 수 있는 기회를 얻었다. TPEV가 한 대뿐인 시작차라는 이유도 있어서 마쓰다 R&D센터 요코하마의 부지 안을 도는 것에 머물렀지만, 연속적인 운전을 통해 차이를 느끼기를 바라는 것 같다. 엔지니어를 포함해 4명이 먼저 데미오 EV부터 시승. 엔진이 크게 토크 타입과 고출력 타입으로 구분되듯이 모터도 고토크와 고회전속도를 양립시키기가 어렵다. 고토크를 겨냥해 권선수를 늘리면 스테이터와 로터 사이에 큰 유기전압이 발생하게 되어 높은 회전속도를 얻기가 어려워진다. 반

대도 또한 마찬가지. 권선 전환방식이란 스테이터의 권선수를 선택가능하게 한 구조로서, 고토크와 고회전속도를 양립시킨 모터를 말한다. 구내를 달리는 이유도 있어서 속도를 내기가 힘들긴 했지만, 최저속부터 고속도까지 시험해 본 바로는 전환되는 것을 쉽게 느끼지 못한다.

데미오 EV 시승을 끝내고 바로 TPEV를 시승. 이미 주행가능 상태로 준비된 상태이긴 했지만, 로터리엔진이 돌고 있다는 느낌이 들지 않았다. 「뒷자리에 타시면 알 수는 있습니다」라고 엔지니어가 말하자 뒷자리에 앉은 두 사람이 머리를 끄덕인다. 앞자리에서 엔진의 존재

를 인식하지 못하는 것은 큰 장점이다. 주행을 해도 쉽사리 「엔진이 돌고 있다」고 느끼기가 힘들다. 하지만 마쓰다는 현재단계에서 속도에 맞춰 회전속도를 높여가는 사용법을 선택으로 돌리고 있다. AVL과 아우디에서는 2단계의 정상회전속도를 선택했는데 반해, 왜냐고 물었더니 달리고 있다는 감촉을 중시했다는 대답과 더불어 정상회전속도에서는 정차할 때 오히려 소음이 된다고 하는, 두 가지 이유를 알려주었다. 중량은 데미오 EV보다 약 100kg이 무겁다고 하는데, 180km나 되는 주행거리 증가라는 이점을 감안하면 사소한 부분일 것이다.

STRATEGY
for Next Generation

마쓰다 집행임원·파워트레인 개발본부장
히토미 미츠오 씨

궁극적인 내연기관의 실현에는 HCCI가 필수

마쓰다는 이상적인 내연기관을 추구하는데 있어서 인간이 제어할 수 있는 것은 7가지 인자밖에 없다고 생각했다. 바로 압축비, 비열비(比熱比), 연소기간, 연소개시시기, 열전달, 흡기배기의 압력차이 그리고 기계저항이다. 스카이 액티브 테크놀로지의 최종 목표지점까지는 앞으로 2단계가 필요하다고 생각하고 있다. 그 중 HCCI는 차세대 스카이 액티브의 핵심적인 기술이라 할 수 있다.

과제 중 하나는 협소한 HCCI 운전영역을 해결하는 것이다. 저회전속도 저부하 영역에서는 저온에 의한 실화, 고회전속도 저부하에서는 시간부족에 의한 실화 그리고 고부하 영역에서는 폭발적 연소가 발생한다. 세 가지 장애물에 막혀 있는 상황이다.

「온도가 낮으면 쉽사리 불이 붙지 않지만 압축비를 높이면 온도는 올라가게 되죠. 시간이 부족한 영역은, 이것도 온도를 올리면 불이 붙을 때까지 시간이 짧아지니까 되는 것이죠. 그런데 온도를 올리면 고부하 영역의 강렬한 폭발이 저부하 영역에서부터 일어납니다. 현재 연료분사 연구를 통해 해결책을 찾고 있습니다. 작다고 할 수 있을지 모를 과제를 세 가지나 안고 있다는 것보다는, 꽤 크다고 할 수 있을지 모르겠지만 큰 과제를 한 가지 가지고 있다는 것이 생각하는데 있어서는 훨씬 쉽습니다」

성층 희박연소 엔진도 등장하기 시작했다. 「압축비를 올리는데 따른 대가는 얼마 안 됩니다. 압축비는 온도를 확보하기 위해 올리는 겁니다. 효율은 어디까지나 희박(lean)에서 취하는 것이죠. 층상(層狀)은 스파크 플러그 주위에 농후한 연료가 없으면 불이 붙지 않기 때문에 어쩔 수 없이 하고 있는데, 효율적으로 보면 불리합니다. 농후한 부분이 반드시 발목을 잡기 때문이죠」

그래서 스카이 액티브 D는 압축비를 낮춤으로서 착화할 때까지의 시간을 벌어 공기와 연료가 잘 혼합되도록 했다. 원리는 똑같다.

「내연기관의 제어인자가 7가지 밖에 없는 이상 HCCI를 선택하지 않고는 목적지에 절대로 다다를 수 없습니다. 현재의 스카이 액티브와 비교해도 연비가 30% 정도나 좋아질 여지가 있습니다」

다음의 스카이 액티브가 기다려진다.

스카이 액티브가 등장할 때 제시된 이상적인 연소기관으로의 로드 맵. 마쓰다는 엔진에 생기는 모든 현상이 7가지 인자에 의해 제어되기 때문에 이를 견실하게 해결해 나가는 것이 긴요하다고 생각했다. 제1세대는 완료, 다음은 HCCI이다.

HCCI는 꿈의 엔진인가

- 어떤 것을 할 수 있고, 어떤 것이 어려운가 -

디젤과 가솔린. 자동차용 엔진에는 2종류가 있으며, 각각의 특성을 살린 사용방법이다.
하지만 환경성능에 대한 요구는 멈출지를 모르고, 규제는 점점 심해지고 있다.
근본적인 대책이 필요. 이에 대한 돌파구로서 가장 신뢰할 수 있는 방안이 HCCI라는 수단이다.

본문 : 만자와 류타   그림 : GM/다임러/보쉬/닛산/치바대학

GM의 HCCI 엔진

뛰어난 연비에, 배출가스도 깨끗. 당연히 각 자동차 메이커는 HCCI를 차세대 엔진기술 개발에 있어서 최고 우선순위에 놓고 있다. GM도 마찬가지이다. 일찍부터 HCCI에 대한 R&D 투자를 통해 실차에 장착까지 한 상태에서 성과의 일단을 거두고 있다. 그밖에도 다임러의 F7000-DiesOtto(디젤과 오토의 합성어), VW의 CGI(가솔린 컴프레션 이그니션)과 CCS(컴바인드 차징 시스템 : 디젤에서의 접근) 등, 유럽과 미국, 일본을 불문하고 개발에 박차를 가하고 있다.

자동차용 엔진의 주류라 할 수 있는 4행정 엔진은, 잘 알려진 바대로 흡입, 압축, 팽창, 배기라고 하는 4가지 행정을 크랭크축 2회전으로 완성시킨다. 실제로 일을 할 수있는 이론 사이클로서 가솔린을 연료로 하는 오토사이클 그리고 경유를 이용하는 디젤사이클(Sabathe Cycle)이 있으며, 거의 모든 자동차는 이들 2가지 엔진으로 작동하고 있다.

왜 두 가지가 병존하는 것일까. 대형건설기계나 소형 이륜차 등과 같은 대부분의 종류를 빼고 승용 자동차로만 한정해서 말하자면, 차를 효율적으로 움직이게 하려는 목적에 대한 수단이 다르기 때문이다. 디젤엔진은 높은 압축비(고팽창비)라는 특성 때문에 열효율이 뛰어나고 또한 원리적으로 스로틀밸브가 없기 때문에 펌핑 손실이 적다는 장점이 있다. 한편 가솔린엔진은 비출력(比出力)이 뛰어나며, 출력을 얻기 위해 고회전속도화가 쉽고, 진동과 소음이 적다는 장점이 있다. 그런데 각각의 엔진이 가진 장점을 하나로 통일시키지 못하는 것은 엔진이 자동차라는 이동물체의 동력원으로서 성립하기가 얼마나 어려운지를 말해준다. 열효율이라는 관점에서는 동력원으로서의 에너지를 디젤엔진에서 약 40%, 가솔린엔진에서 30% 전후로밖에 이용하지 못하는데, 더구나 이 수치는 최대한으로 했을 때이다. 실제 운전상태에서 측정해 보면 20% 전후를 왔다갔다할 정도로 참담한 상황이다.

물론 전 세계 기술자들이 그러한 현실에 만족하지 않고 연구를 거듭해 왔다. 디젤엔진은 고과급을 통해 토크를 늘리는 것이 당연해서, 연료를 고압으로 분사해 미립화함으로서 실린더 내에서 기화하기 쉽도록 하는데, 이

디젤엔진이란

공기만 실린더로 흡입한 다음, 작은 연소실에서 극한까지 단열압축한 공기 속으로 경유를 분사해 기화와 무화가 진행되면서, 자기착화하게 만듦으로서 연소가 확산되도록 하는 것이 디젤엔진의 연소과정이다. 연료분사량에 의해 출력이 조정되기 때문에 원칙적으로 흡기를 위한 스로틀 밸브가 필요 없다. 따라서 펌핑 손실이 아주 적다는 장점을 갖는다. 한편 국부적으로 연소온도가 높아지기 때문에 NOx가 쉽게 생성되는 단점이 있다. 또한 기화와 무화가 되지 않은 연료가 쪄지면서 그을음으로 변하는 현상도 단점 중 하나이다. 그을음은 DPF를 통해 효과적으로 정화할 수 있지만, 린(Lean) NOx 촉매는 정화율이 낮은데다가 가격도 비싸기 때문에 NOx 대책이 큰 과제이다.

가솔린엔진이란

연료와 공기를 미리 혼합시킨 혼합기를 압축한 다음, 스파크 플러그의 전기 에너지를 통해 상사점 부근에서 강제적으로 착화시킴으로서, 혼합기 속으로 화염을 전파시키는 것이 가솔린엔진의 연소과정이다. 양질의 혼합기 생성과 화염 전파 속도가 중요하다. 열효율을 높이기 위해서는 팽창비를 높이면 되지만, 체적비를 높이면 압축비도 높아져 노킹이 발생하기 때문에 한계가 있다. 양질의 혼합기 생성이라는 측면에서는 포트분사방식이 유리하고, 직접분사방식은 실린더 내를 냉각할 수 있다는 장점 때문에 압축비를 높일 수 있기는 하지만 역시나 한계가 있다. 저부하 운전영역에서는 스로틀 밸브에 의한 펌핑 손실이 큰 과제이다.

로서 연소를 안정시킨다. 고효율에 대한 대가로 생성되는 질소산화물(NOx)은 고도의 각종 후처리 장치를 통해 화학적으로 처리한다. 가솔린엔진은 과급기를 이용해 한정된 배기량으로 토크를 증대시키거나 실린더 안으로 연료를 직접분사 또는 불활성 가스의 환류 등을 이용해 노킹한계를 낮추는 등이 근년의 추세이다. 또한 CVT나 하이브리드 시스템을 비롯한 고도의 변속기를 통해 열효율이 뛰어난 영역에서 엔진을 운전하는 식의 간접적인 수단도 일반화되었다. 그러나 유럽의 배출가스규제를 비롯한 강력한 연비개선 요구와 엄격해지는 규제에 대한 대응방법은 아직 확립되어 있지 않다.

연료를 한 방울이라도 줄이라는 요구에 가솔린엔진에는 희박연소(Lean Burn)운전이라는 확실하게 열효율을 높이는 방법이 보이고 있다. 연료 1g에 대해 공기 14.7g을 혼합하는 이론공연비(Stoichiometry)운전이 아니라 공기를 더 많이 공급하여 희박한 혼합기로 엔진을 작동시킨다. 혼합기에 대한 확실한 착화와 삼원촉매를 사용하지 못하는데서 오는 NOx에 대한 대응은 과제로 남아 있다.

디젤엔진은 원래부터 희박연소 운전으로서, 비교적 수월하게 연비개선 기술이 진행되고 있지만, 역시 NOx와 PM(입자상 물질, 주로 그을음) 문제가 항상 따라다닌다. 2종류 모두 규제대응을 위한 극적 해결책이 요구되고 있다. 그런 해결책 중 하나로 주목 받는 것이 HCCI엔진이다.

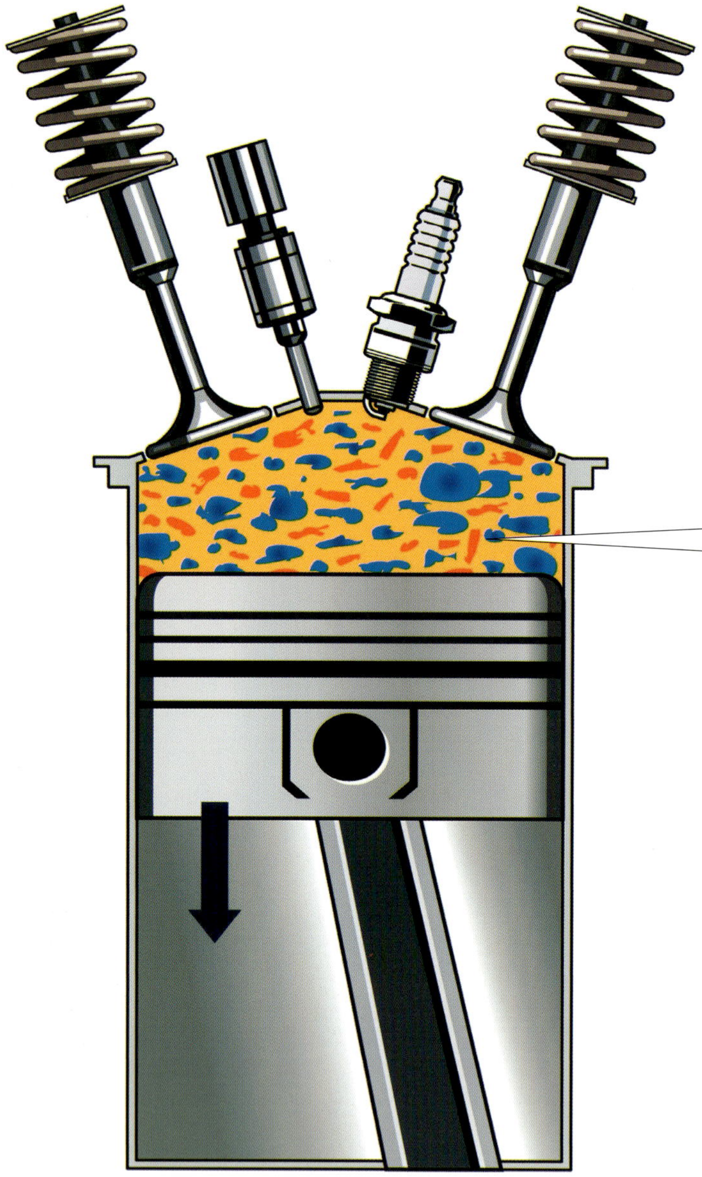

● 왜 HCCI는 환경성능이 뛰어난가?

혼합기를 압축해 자기착화시키는 메커니즘. 연료와 공기가 잘 섞여 있기 때문에 타고 남는 것이 적어서 매연 생성을 최대한 억제시킬 수 있다. 고압축에 의한 자기착화는 혼합기 전체가 일거에 타기 때문에, 화염을 전파할 필요가 없어서 희박한 혼합기를 효율적으로 연소시킬 수 있다. 이론공연비에 가까운 혼합기를 연소시키는 불꽃점화~화염전파 상태에 비해 저온에서 연소된다. 그 때문에 질소산화물이 거의 생성되지 않고, 심지어는 실린더 벽면의 냉각손실도 최소한으로 줄일 수 있어서 열효율을 높게 유지할 수 있다. 가솔린과 디젤 양쪽의 특성을 갖는 것에서도 알 수 있듯이 디젤엔진 쪽에서의 접근방법도 있는데, 이것을 PCCI(Premixed Charge Compression Ignition)라고 한다. 이 방법은 이미 많은 디젤엔진에서 실현하고 있는 운전상태이다.

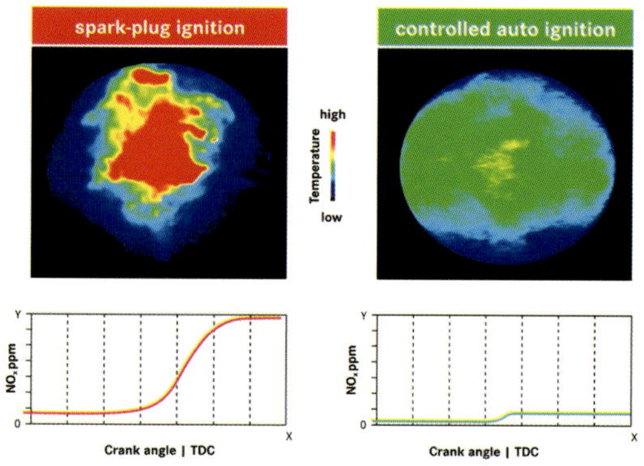

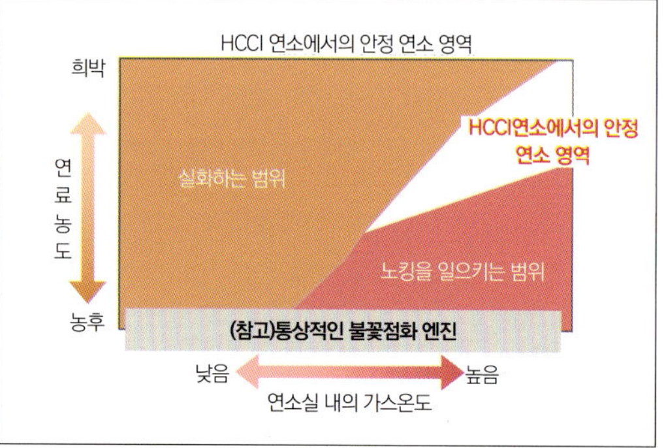

HCCI 영역은 왜 좁은가

저부하 영역에서는 연소안정성이 부족하고 또한 저온 상태에서는 혼합기 온도를 충분히 높일 수 없기 때문에 실화가 일어난다. 한편 부하를 높이기 위해 연료공급량을 늘려 공기과잉률이 2 이하가 되면 연소온도가 너무 높아져 NOx 생성이 시작된다. 또한 연소가 매우 급속해지기 때문에 큰 연소소음이나 노킹이 일어난다. 그 때문에 저부하와 고부하는 HCCI 연소가 어려워 SI운전으로 전환하지 않으면 안 된다.

HCCI란 Homogeneous Charged Compression Ignition : 균일 예혼합 압축착화의 약자이다. 혼합기를 실린더 안에서 압축하고, 고온이 되는 시점에서 자기착화를 통해 연소과정을 완료하는 방식이다. 유럽과 미국에서는 CAI(Controlled Auto Ignition)라고도 한다. 가솔린엔진과 디젤엔진의 특징을 합쳐 놓은 것 같은 HCCI는, 말하자면 노킹의 원인인 혼합기의 자기착화가 계속 이어지는 식이다. 잘못했다가는 엔진을 망가뜨릴 수도 있는, 일반적으로 이상연소로 칭하는 노킹의 원인인 자기착화를 왜 일부러 일으키느냐면, HCCI 운전은 희박연소이기 때문에 열효율이 뛰어날 뿐만 아니라 NOx와

안정연소 영역의 확대 수단

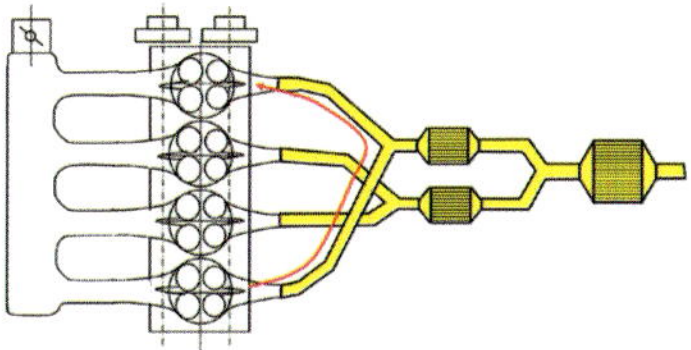

고온 EGR

온도가 낮으면 EGR을 도입하면 된다. 비교적 예전부터 HCCI에서는 흡배기 밸브의 마이너스 오버 랩을 적극적으로 이용하는 내부 EGR을 통해 고온으로 만드는 수단이 강구되어 왔다. 이것을 더 진행시킨 것이 치바대학에 의한 블로 다운 과급. 가변밸브 기구를 이용해 배기밸브를 2번 열고, 360도 위상 차이가 나는 배기 펄스(블로 다운 압력)를 잘 이용해 적극적으로 EGR을 도입하는 방법이다. 과급기를 사용하지 않고도 대량으로 고온(Hot) EGR을 과급할 수 있기 때문에 운전영역을 고부하 쪽으로 크게 넓히는데 성공하고 있다.

냉각 EGR

노킹을 억제시키기 위해 EGR을 도입하고, 혼합기 속의 산소농도를 상대적으로 낮춤으로서 노킹이 잘 생기지 않게 하는 동시에 질소산화물의 생성을 억제시킨다. 현대의 고체적비 엔진과 똑같은 개념이다.

온도에 성층을 만들다

자기착화에 의한 노킹 발생을 억제시키기 위해서는 실린더 내의 영역에 있어서 자기착화 시기를 엇갈리게 하는 방법으로 연소온도를 낮추는 것이 효과적이다. 연료분포를 성층화하는 방법도 있지만, 연료가 농후한 부분에서 대량의 NOx가 생성되기 때문에 답은 아니다. 온도성층이란 실린더 내의 EGR 도입방법에 변화를 주어 혼합기와 EGR을 일부러 잘 섞이지 않는 하는 수단을 말한다. 구체적으로 말하자면, 흡배기 밸브 주위에 에어 가이드를 설치해 유입되는 EGR을 치우치게 하는 것이다. (NEDO 성과보고서 2010000000011117에서 인용)

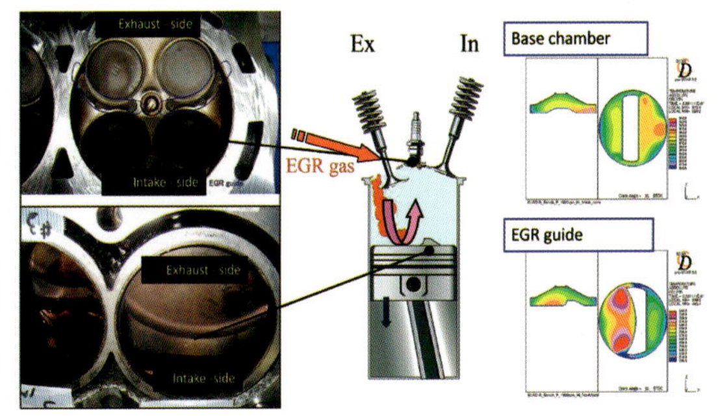
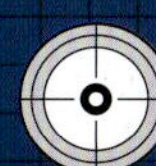

PM이 거의 발생하지 않기 때문이다. 꿈같은 이야기라고 할 만큼 장점이 매우 많은 운전상태이다.

그런데 이런 꿈이 왜 가솔린엔진에서는 실현되지 않느냐 하면, HCCI의 운전영역이 아직 한정되어 있기 때문이다. 혼합기의 자기착화를 인위적으로 일으킨 상태에서 노킹이 일어나지 않게 하는 HCCI를 아직 완전히 제어하기 위한 기술이 완성되지 않았기 때문이다. 구체적으로 말하자면, 저부하 영역에서는 착화를 하지 못하고 고부하 영역에서는 "이상연소" 인 진짜 노킹이 발생하게 된다. 그 때문에 중부하(中負荷) 이상에서는 통상적인 불꽃점화(SI)로 운전할 수밖에 없어서 HCCI 장점을 충분히 살리지 못한다. 현재 상태에서의 해결책으로는 SI운전과 병행하는 것을 들 수 있으며, 전환할 때 배출가스와 진동소음을 줄여야 하는 것도 과제 중 하나이다.

그럼에도 불구하고 근년의 실린더 내 직접분사기술이나 EGR의 적극적 이용, 가솔린엔진의 고체적비화 등, HCCI를 뒷받침해줄 만한 기술적 진화가 끊이지 않고 있다. 전단계로서의 희박 성층연소도 일부 영역이기는 하지만 실용화가 시작되었다. 분명하게 주변상황은 숙성되어 가고 있다.

본격적인 연구개발이 시작된지 20년이 지났음에도 불구하고, 왜 HCCI는 실용화되지 않느냐는 질문을 많이 받는다. 그럴 때마다 과급 다운사이징과 비교해서, 예를 들어 연비향상효과가 똑같다 하더라도 HCCI에서는 저속 토크가 뛰어난 디젤같이 쾌적한 주행성능을 얻을 수 없기 때문이라고 대답한다. 실제로 HCCI의 개발을 선도해 온 VW은, HCCI 등과 같은 부분부하 연비향상 수단은 과급 다운사이징과 비교해 상품으로서의 경쟁력이 결여되어 있다는 논문을 2009년에 발표한 바 있다. 그러나 과급 다운사이징이 일단락된 유럽 메이커로부터 과급 다운사이징 HCCI가 등장할 일은 그다지 먼 이야기가 아닐 것이다.

DOWNSIZING DI TURBO

▶ **혼다가 개발하는 VTEC 터보 3형제 엔진의 진의**

「전방위 기술전략」을 내세우는 혼다가 마침내 다운사이징 과급 엔진에 손을 댔다.
선택과 집중이 필요하다는 것은 알고 있지만 전부 다 하는 것이 혼다 방식이다.
그렇다 하더라도 왜 지금 다운사이징 과급이냐는 의문이 생기는 것 또한 사실이다.
3종류의 가솔린 직접분사 엔진을 일거에 개발한 배경을 들여다보았다.

본문 : 세라 고타   사진 : 아마가미 히로야   그림 : 혼다/MFi

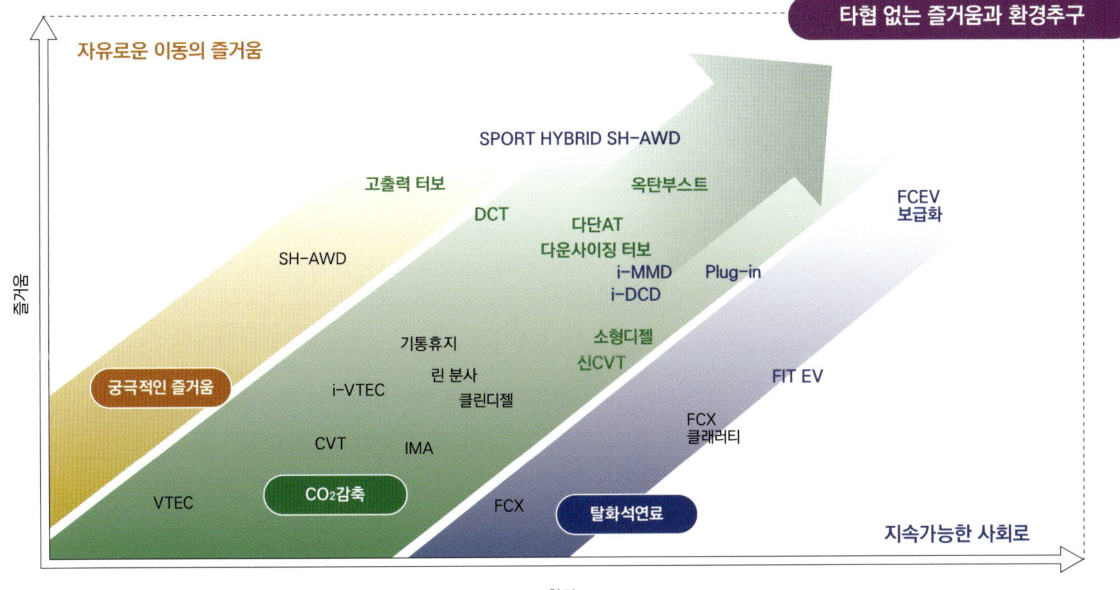

▶ **혼다의 환경 로드맵**

가로 축에 환경, 세로 축에 즐거움을 두고 양쪽을 만족시키면서 파워트레인을 개발해 나가는 것이 혼다의 방식이다. 환경은 배출량으로 바꾸는 것도 가능. 규제강화는 급격히 변하기 때문에 느긋하게 있을 여유가 없다.

다운사이징 과급 엔진 개발은 즐거움과 친환경추구를 양립시키기 위한 것

혼다는 2013년 11월 19일인 제43회 도쿄모터쇼의 프레스데이 전날에 「직접분사 터보 가솔린 엔진인 『VTEC TURBO』를 새로 개발했다」고 발표했다. 타이밍이 타이밍인 만큼 도쿄 모터쇼에서의 노출을 기대했던 것인데, VTEC TURBO 특색은 전무했다.

VTEC TURBO는 혼다가 말하는 「주행성능과 연비를 고차원적으로 양립시키는 신세대 파워트레인 군단인 『EARTH DREAMS TECHNOLOGY』중 하나」로서, 이번에 발표한 것은 2ℓ·직렬4기통과 1.5ℓ·직렬4기통 거기에 1ℓ·3기통인 가솔린 직접분사 터보엔진이다. 혼다가 EARTH DREAMS TECHNOLOGY라는 표현을 쓰기 시작한 것은 2011년 무렵부터로, 가솔린엔진에 관해서 말하자면 660cc, 1.3ℓ, 1.5ℓ, 2ℓ, 3.5ℓ의 전부 다 무과급엔진을 투입해 「주행성능과 연비성능에서 세계 최고수준을 달성했다」고 주장했다. 2011년에는 새롭게 설계한 경차 클래스, 소형 클래스, 중형 클래스의 CVT를 발표. 혼다의 파워트레인 개발전략이 무과급엔진+CVT라고 판단하기에 충분한 내용이었다.

1년 후인 2012년, 혼다는 EARTH DREAMS TECHNOLOGY의 라인업에 세 가지 Honda SPORT HYBRID 시스템을 추가했다. 즉, 1모터인 SPORT HYBRID Intelligent Dual Clutch Drive와 2모터인 SPORT HYBRID Intelligent Multi Mode Drive/Plug-in, 3모터인 SPORT HYBRID SH-AWD이다. 1모터인 i-DCD는 피트 하이브리드에 탑재. 2모터인 i-MMD는 어코드 하이브리드에, 3모터인 SH-AWD는 어큐라RLX에 탑재해 이미 시장에 투입하고 있다. 세 가지 하이브리드 시스템 전부 다 무과급엔진과 조합한 것이다. i-DCD와 SH-AWD는 CVT가 아니라 DCT를 장착한 것이 새롭다.

6기종의 가솔린 무과급엔진+CVT, 3기종의 하이브리드(이 가운데 2기종은 DCT와 결합)로 오다가, 2013년에는 3기종의 가솔린 직접분사 터보를 선보였다. 이와 동시에 혼다는 토크 컨버터를 장착한 8단 DCT를 발표하고 있다. 「주행성능과 연비를 고차원적으로 양립시키는 신세대 파워트레인 군단」으로서 EARTH DREAMS TECHNOLOGY를 내세웠지만, 2년 후에는 벌써 개량에 대한 압박을 받으면서 무과급에서 직접분사 터보로, CVT에서 DCT로의 흐름으로 개발 축을 옮긴 것 같다.

아니, 발표 타이밍만 어긋났을 뿐(일부러 어긋나게?) 혼다가 그리는 로드맵에는 변함이 없다. 엄격해지기만 하는 환경규제에 대응하면서 혼다다움의 상징인 즐거움(FUN) 성능을 양립시키기 위해서는, 직접분사 터보엔진을 투입하지 않을 수 없다는 것은 이전부터 잘 알고 있었다. 가솔린 무과급+CVT와 스포츠 하이브리드로 EARTH DREAMS TECHNOLOGY의 토대를 만들었다. 그런 진화의 한 형태가 직접분사 터보엔진이다.

상세한 내용은 다르지만 세계 각 지역마다 환경규제가 강화되고 있는 것만은 틀림이 없다. 내연기관의 효율을 높이면서 유해배출물수준을 낮추어야 하는 것은 지금까지와 똑같지만, 그것만으로는 도저히 규제를 맞출 수 없다. 내연기관 단독으로 규제를 통과하는 것은 불가능해서 전동화로의 변화는 불가피하다.

「엔진효율은 높여 나갑니다. 다만 어느 쪽이든 다 그래야 한다고 하더라도 비교적 이른 단계에서 한계에 부딪칠 수밖에 없죠」

3기종의 가솔린 직접분사 터보의 조정 역할을 담당한 아다치 히데유키씨는 이렇게 설명한다.

「각국의 규제를 CO2배출량으로 바꿔서 보면, 규제를 통과하려면 버블경제시기의 은행이자처럼 연비를 향상시켜 나가지 않으면 안 됩니다. 내연기관만으로는 한계가 오기 때문에, HEV나 PHEV를 포함해서 효율을 높이고 있는 겁니다. 그래도 불충분해서 어느 쪽이든 FCEV나 EV로 갈아탈 필요가 생기는 것이죠」

EARTH DREAMS TECHNOLOGY라는 깃발 아래 새 시리즈(이하 EDT)를 개발했다. 그 이전의 라인업은 9년 동안 큰 것부터 작은 것까지 다섯 가지 골격을 시장에 투입했다.

「새로운 규제에 대응해야 하는 것은 알고 있기 때문에 EDT시리즈로 단숨에 전환한 겁니다. 종래의 시리즈를 갖추는데 9년을 소비했지만 EDT시리즈는 실질적으로 2년 만에 끝내게 되죠. 종래 시리즈는 SOHC를 기본으로 저마찰 기술이나 VTEC를 조합해 타 메이커와 견주어도 손색이 없는 연비를 실현했습니다. V6는 SOHC이지만 다른 EDT시리즈는 다운사이징 과급을 포함해 모두 DOHC로 만들 계획입니다」

그래도 아직 불충분하다. 어쨌든 버블경제시기의 은행이자 같은 연 이율로 연비를 향상시키지 않으면 안 되기 때문이다.

「기존의 EDT시리즈에 비해, 연비를 10~30% 향상시킬 필요에 대응할 수 있는 것이 다운사이징 과급입니다. 큰 자동차를 제대로 달리게 하고 싶은 것이죠.」

2.0ℓ급 직렬4기통 직접분사 VTEC TURBO

타입R을 위한 고출력 터보엔진

- · 직접분사DOHC VTEC
- · 고출력대응 터보차저
- · 전동 웨이스트게이트
- · 고텀블 실린더헤드
- · 고효율 냉각 실린더헤드
- · 쿨링 갤러리 피스톤
- · 고효율 오일펌프
- · 아이들 스톱

엔진형식 : 직렬4기통
가변밸브기구 : DOHC
배기량 : 2.0ℓ
압축비 : 9.8
분사방식 : 직접분사
최고출력 : 206kW 이상
최대토크 : 400Nm

2015년에 시판된 시빅 타입R에 탑재된 VTEC TURBO의 상징적 존재. 신규로 개발한 과급 3형제 가운데 2ℓ·직렬4기통만이 붉은 헤드커버를 장착하고 있다. 그것은 이 엔진이 「순수 스포츠카에 어울릴만한 압도적 동력성능을 발휘하는 스포츠 엔진」이라는 사실을 나타내는 것으로서, 대응 가솔린은 예외적으로 「고옥탄」이다(단, 「V6엔진을 능가하는 연비 성능」은 보증한다). 2ℓ·직렬4기통의 스포츠엔진뿐만 아니라, 3.5ℓ·V6 에서 2사이즈를 낮춘 다운사이징 보급엔진도 나와 있다.

주안점을 둔 것은 즐거움

배기량을 2사이즈 줄이는 동시에 연비와 즐거움 성능을 높인다는 개념은 1.5ℓ·직렬4, 1ℓ·직렬3기통과 똑같지만, 상대적으로는 즐거움 성능을 중시. 그 증거로 1.5ℓ·직렬4기통이나 1ℓ·직렬3기통에 비해 효율이 향상된 것을 보아도 알 수 있다.

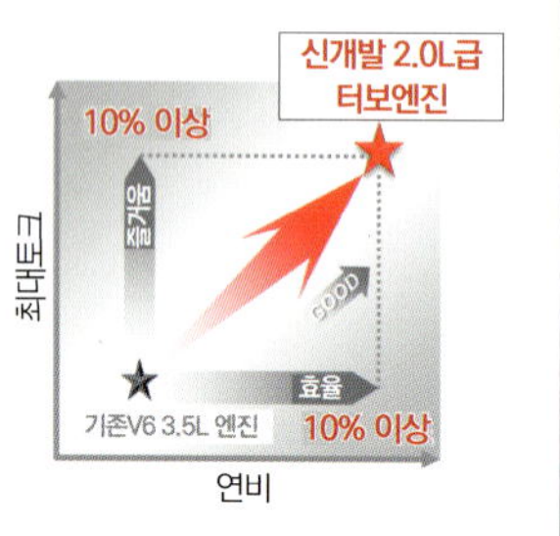

그런 속에서 연비도 좋아졌으면 하는 요구를 충족시킬 대책 중 하나로, 한참 EDT와 씨름하고 있는 도중에 판단이 내려졌습니다. 혼다이기 때문에 새로운 자동차를 만들고 싶지만, 새로워야 하기 때문에 다운사이징 과급을 하는 것이 아니고 환경적 요구에 대응하겠다는 의미가 강합니다. 『왜 지금에 와서야 다운사이징 과급이냐』『혼다는 무과급에 강점이 있는 것이 아닌가』하고 생각하실지도 모르지만 환경에 대한 요구가 상당하기 때문입니다」

환경규제에 맞추려면 전동화하는 방안도 있다. 앞서 언급했듯이 혼다는 이미 i-DCD나 i-MDD같은 고효율 하이브리드 시스템을 개발하고 있다. 다운사이징 과급 엔진에는 환경규제로는 설명할 수 없는 매력이 있어서 개발하는데 있어서 강력한 뒷받침이 되었다.

「물론 HEV 같은 대책이 있다는 것은 알고 있습니다. 어코드 하이브리드 2.0ℓ·직렬4기통은 당사에서도 가장 효율이 높은 엔진으로 열효율이 39%나 됩니다. 이것을 능가하기 위한 기술 중 하나로 다운사이징 과급을 선택한 것이죠」

빼놓을 수 없는 것은 체적효율이 좋아지는데 따른 효과이다. 혼다는 다운사이징 과급에 대한 콘셉트를 반영하면서 배기량을 2사이즈 줄인다고 설명하고 있다. 기존의 2.4ℓ는 1.8ℓ로 줄이는 것이 아니라 1.5ℓ까지 떨어뜨린다. 1.8ℓ는 1.5ℓ가 아니라 1ℓ로 낮춘다. 3.5ℓ는 2.4ℓ가 아니라 2ℓ이다. 기본엔진이 3.5ℓ와 1.5ℓ인 경우는 배기량이 작아질 분만 아니라 실린더 수도 줄어들었다.

「당사의 경우는 거의 FF입니다. 2사이즈를 낮춘 다운사이징 과급을 도입함으로서 엔진중량이 25kg~30kg 가

1. 배기/터보차저	2. 실린더헤드	3. 인테이크	4. 인젝터/실린더

2ℓ 와 1.5ℓ ·4기통은 배기 앞쪽/흡기 뒤쪽으로 배치되어 있다. 1ℓ ·3기통은 흡기 앞쪽이다. EDT 시리즈에서는 피트 등이 장착한 N시리즈가 흡기 앞쪽이고, 다른 것은 디젤을 포함해 배기 앞쪽 배치구조를 채용하고 있다. 터보차저는 비용절감효과가 높은 싱글스크롤로 통일했지만, 한편으로는 비용이 증가하긴 하지만 스포츠 측면에서 유리한 전동 웨이스트게이트를 사용.

고압연료 펌프는 배기 쪽 캠 샤프트로 구동. 연료 레일은 엔진 좌측면을 횡단해 흡기 쪽을 향한다(사진3 참조). 철저하게 실시한 것 중 하나가 실린더 헤드의 냉각이다. 기존에는 아래쪽 1단분이었지만 VTEC TURBO에서는 삽하 2단으로 하고, 냉각시키고 싶은 위치를 사이에 둔 구조로 했다. 복잡한 형상을 구현하기 위해 2분할 구조로 하는 등, 제작 방법에도 새로운 방식을 투입했다.

좌측후방에서 본 엔진모습. 헤드커버나 흡기매니폴드는 수지제품. 안으로 보이는 올터네이터 하우징도 수지와 금속으로 된 하이브리드 구조. 2사이즈를 낮춘 다운사이징에 의해 경량화 잠재력은 높아졌지만, 경량화 노력을 멈추지는 않는다. 흡기매니폴드 아래에 보이는 것은 스타터. 아이들스톱 기구는 3가지 골격 공통기능이다.

흡기매니폴드 아래로 인젝터가 보인다. 즉 사이드 인젝터 타입(톱 방식이 아니다). 혼다의 엔진은 전통적으로 장행정 엔진이 많다. 「그것을 높은 회전 속도까지 작동시키는 이상한 회사」(아다치씨)였다. 「열효율을 생각하면 내경×행정 비율을 크게 하고 싶지만, 탑재성을 포함, 균형을 감안해서 1.1 에서 1.2로 낮췄습니다」

량 가벼워집니다」

가볍게 하면 운동성능에 좋은 영향을 끼친다. 터보나 인터쿨러 등과 같은 부대 장치는 늘어나지만, 엔진 자체를 작게 할 수 있기 때문에 혼다가 4륜차 개발 당초부터 기본사상으로 여기는 MM사상(Man Maximum/Mechanism Minimum)과 합치하는 것도 다행이다.

「차량 디자인의 자유도가 높고, 앞 차축 전방에 엔진이 탑재되기 때문에 조종안정성에도 기여하게 되죠. 보디 전체적으로 20kg을 가볍게 하는 것보다, 앞 차축 앞에 있는 20kg을 가볍게 하는 의미는 결코 작지 않다고 생각합니다」

혼다가 다운사이징 과급에 나선 것이 즐거움과 환경규제를 양립시키기 위해서라고 앞서 설명했지만, 엔진이 작아지는데 따른 디자인 자유도의 확대와 조종안정성 향상에 관한 잠재성을 끌어낸 것도 컸다.

단순히 열효율에만 초점을 맞추면 고팽창비 사이클을 적용한 무과급엔진이 떠오른다. 하이브리드 시스템과 결합하는 기본은 가솔린엔진이다. 하지만 이 경우는 모터와 제너레이터 장치를 조합해야 하기 때문에 최상의 연비점(소위 말하는 연비의 중심)을 계속 사용해야 한다는 전제가 따른다. 아다치씨는 「한 점의 동작점만 보면 분명히 그렇죠」라고 인정하지만, 엔진 단독으로만 한정할 경우는 주행 전체에서 효율을 올려야 한다는 이야기가 때문에, 그럴 경우는 다운사이징 과급이 유리한 점이 있다.

혼다다운 것은, 터보 과급엔진이긴 해도 일본국내 시장에 투입할 때는 보통 휘발유(RON91)를 전제로한다는 점이다. 「혼다는 보통 휘발유로도 최대의 성능을 내도록 하는 것을 기본으로 삼고 있어서, 일본국내에서도 일부 스포츠

1.5ℓ급 직렬4기통 직접분사 VTEC TURBO

2.4무과급엔진을 대체할 다운사이저

- 직접분사DOHC VTEC
- 저(低)이너셔 고응답 터보차저
- 전동 웨이스트게이트
- 고텀블 인테이크 포트
- 고효율 냉각 실린더헤드
- 냉각 갤러리
- 피스톤
- 고효율 오일펌프
- 나트륨봉입 밸브
- 아이들링 스톱

엔진형식 : 직렬4기통
가변밸브기구 : DOHC
배기량 : 1.5ℓ
압축비 : 10.6
분사방식 : 직접분사
최고출력 : 150kW
최대토크 : 260Nm

앞모습
▼

기존 NA엔진을 상회하는 출력/토크와 대폭적인 연비향상을 실현해 탁월한 환경성능과 FUN을 고차원적으로 양립시킨 것이 1.5ℓ와 1ℓ판 VTEC TURBO의 개발 콘셉트. 1.5ℓ·4기통판은 2.4ℓ·직렬4기통에서 2사이즈 다운을 겨냥한다. 혼다가 가진 현행 2.4ℓ·직렬4기통 NA 엔진은 레귤러 가솔린(RON91) 대응이다. 그것을 다운사이징 과급했다고 해서 고옥탄가 대응(RON100)으로 해서는 운전자들이 납득하지 않을 것이라는 것이 혼다의 생각이다. 그래서 VTEC TURBO의 보급판은 레귤러 가솔린 대응에 힘쓰고 있다. 레귤러 대응으로 제대로 설계하면 저절로 열효율은 좋아진다.

보통 휘발유 대응에 힘쓰다

1.5ℓ판과 1ℓ판의 연비/최대토크 성능향상을 이미지화한 그림. 평가대상이 1.8ℓ 무과급이기 때문에, 15ℓ 엔진의 경우는 효율(연비) 수치가 보수적이다. 최대 토크는 수치가 많이 나와 있다. 연비와 즐거움을 균형적으로 잘 양립시키려는 목적은 똑같다.

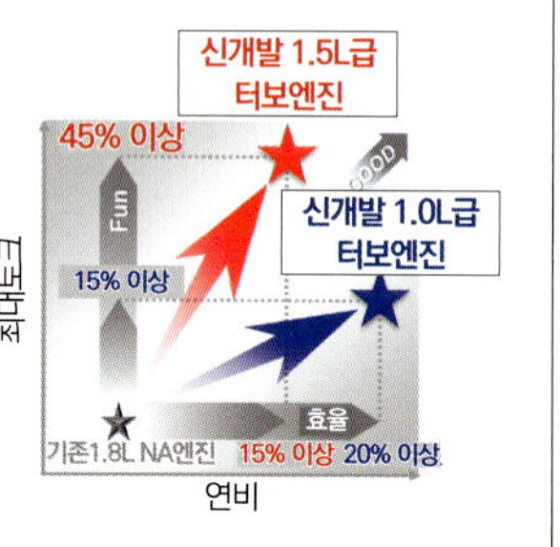

1/2/3. 열효율을 높이려고 보어와 스트로크 비율을 이상적으로 하면 보어가 좁아진다. 배기량이 작아지면 질수록 지름도 작아져, 탑 인젝터의 경우는 배치장소가 곤란해진다. 그것과는 별개로, 프리이그니션의 원인으로 지목 받고 있는 실린더 벽면으로의 연료부착을 방지하기 위해서는, 인젝터를 사이드에 배치해 흡기의 텀블흐름에 잘 싣는 것이 좋다는 주장도 있다. VTEC TURBO는 인테이크 포트 형상을 개선해 고텀블을 형성하는 설계를 하고 있다.

종류 이외는 보통 휘발유를 추천하고 있습니다. 무과급엔진의 경우는 RON1에 점화시기가 1도 정도 달라집니다. 일본에서 시판되는 휘발유는 RON100(고급휘발유)과 RON91(보통 휘발유)이기 때문에 RON9의 차이가 있죠. 무과급엔진같은 경우는 RON100일 때 MBT(최적점화진각)를 사용할 수 있지만, 과급엔진의 경우는 RON100이라 하더라도 MBT를 사용하기가 상당히 어렵습니다」

노크한계가 오기 때문에 지각(Retard)시키는 등의 대응이 필요하게 되면서 그만큼 효율이 떨어지는 것이다.

「과급엔진은 RON1에 대한 느낌이 무과급엔진의 3배 이상이나 됩니다. 보통 가솔린을 사용할 수 있게 하면 열효율 면에서 상당히 불리하지만, 보통 가솔린에 대응한 다운사이징 과급을 설정합니다. 옥탄가가 낮은 가솔린에 대응하는 기술을 적용함으로서 열효율이 좋아지는 방향으로 바뀌기 때문이죠」

혼다자동차에서 혼다자동차로 바꿔 타는 경우 운전자의 심리에는, 다운사이징 과급을 적용함으로서 디자인에 여유가 생기고 조종안정성이 좋아지는 장점이 있다 하더라도 사용하는 연료가 보통 휘발유에서 고급 휘발유로 바뀜으로서 발생하는 유지비 상승 쪽이 더 큰 영향을 주는 것 같다.

「유럽자동차의 다운사이징 과급은 자동차의 격이 낮아지기 때문에 저항이 적은 편이죠. 하지만 당사가 상대하는 고객의 경우는 그런 저항이 상당히 엄격하다고 생각합니다」

기존 시리즈는 9년 동안에 5가지 골격을 개발했다. EDT시리즈는 2년 동안에 6가지 골격(디젤 포함). 혼다가 말하는 「골격(骨格)」이란 실린더 수와 내경피치를 말하

1.0ℓ급 직렬3기통 직접분사 VTEC TURBO

1.8무과급엔진을 대체할 고효율 3기통 터보

- 직접분사DOHC VTEC
- 저관성 고응답 터보차저
- 전동 웨이스트게이트
- 고텀블 실린더헤드
- 고효율 냉각 실린더헤드
- 냉각 갤러리 피스톤
- 고효율 오일펌프
- 나트륨봉입 밸브
- 아이들 스톱

엔진형식 : 직렬4기통
가변밸브기구 : DOHC
배기량 : 1.0ℓ
압축비 : 10.6
분사방식 : 직접분사
최고출력 : 95kW
최대토크 : 200Nm

2ℓ와 1.5ℓ엔진이 전방배기인데 반해, 1ℓ엔진은 전방흡기를 하고 있는 점이 결정적인 구조상 차이이다. 탑재를 예상하고 있는 자동차의 패키지 상 제약 때문이다. 과급 3형제와 공통된 기술을 가진 한편으로, 다운사이징 비율이 가장 높은 1ℓ엔진에만 독자적 기술을 투입하고 있다. VTEC 외에 오버랩 제어를 목적으로 흡배기 VTC를 적용. 난기성을 높일 목적으로 냉각수 워머(엔진 전면에 배치)를 갖추고 있다. 헤드와 블록을 별도의 회로로 설치하는 한편, 각각 적합한 온도로 관리하는 분할 냉각도 똑같은 목적으로 채택하고 있다.

1.8ℓ 무과급엔진과의 치환을 계획하고 있기 때문에, 목표 최대토크가 200Nm이나 될 만큼 높다. 인터셉트는 1500rpm 근방. 저회전 영역부터 연비를 절약하려면 조기 난기성이 중요하기 때문에 1ℓ만의 독자적 기술을 도입하고 있다.

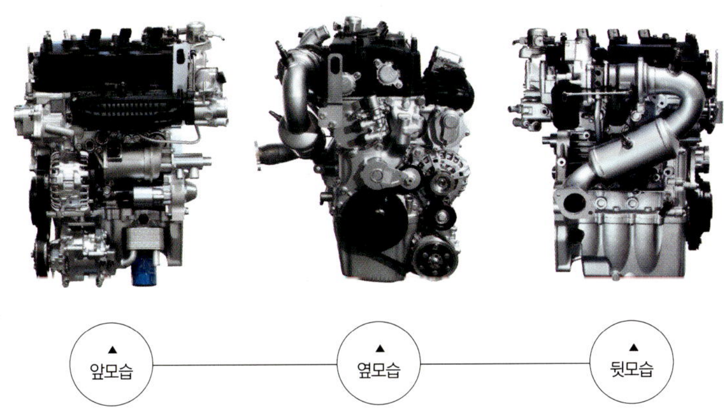

는데, 내경피치가 다르면 별도의 골격이 된다. 직접분사 가솔린 터보엔진인 VTEC TURBO는 3가지 골격을 개발하는데, EDT시리즈와 마찬가지로 단기간 동안의 개발이 요구되었다.

이런 사정까지 있어서 배기량도 다르고, 실린더 수도 다르지만 공통화를 의식해 개발하고 있다.

개발 중인 엔진이기 때문에 시장에 투입할 때는 바뀌는 부분도 있겠지만, 이미 알려진 기술요소를 살펴보면 다음과 같다.

- 직접분사DOHC VTEC
- 고출력대응 터보차저(2ℓ)
- 저관성(Inertia) 고응답 터보차저(1.5ℓ/1ℓ)
- 전동 웨이스트게이트
- 고텀블 인테이크 포트
- 고효율 냉각 실린더헤드
- 냉각 갤러리 피스톤
- 고효율 오일펌프
- 나트륨봉입 밸브

- 아이들스톱

고효율냉각 실린더헤드와 냉각 갤러리 피스톤, 거기에 나트륨봉입 밸브(배기쪽) 사용은 노크대책이라는 것이 명료하며, 휘발유를 포함한 다양한 사용환경에 대응하기 위한 3가지 주축이라고 해도 좋을 것이다.

「(EDT시리즈라고 하는)기본엔진이 있다고는 하지만 단기간 동안 3가지 골격을 개발하는 한편으로, 철저하게 똑같은 기술을 사용했습니다. 3가지 골격 각각에 프로젝트 리더가 있는데, 예를 들면 터보차저 같은 경우는 『우리

2ℓ 엔진은 2015년에 시장투입

VTEC TURBO인 2ℓ·4기통 엔진은 연비를 의식하면서도 출력을 중시한 사양. 2015년에 발매한 시빅 타입R에 탑재하고 있다. 짧은 시승(6MT)이긴 했지만, 저회전속도부터 거침없이 내뿜는 강력한 힘을 느끼기에는 충분했다.

1.5ℓ·직렬4기통 엔진은 2.4ℓ·직렬4기통 무과급엔진을 대체

2.4ℓ·직렬4기통 무과급엔진을 대체하기 위해 개발이 진행 중이기 때문에 어코드 급에 탑재하리라 추측된다. 시승차량은 CVT와 조합한 차량으로, 토크컨버터가 장착된 8단DCT와의 조합도 가시권에 있는 모양.

1ℓ·3기통 엔진은 B세그먼트가 주체

시승차량은 시빅이었지만, 한 클래스 아래인 피트 클래스를 겨냥했다는 것은 흡배기 배치구조만 봐도 분명하다. 4기통 엔진도 그렇지만 3기통도 밸런스샤프트가 없다. 진동은 횡방향(차량 전후방향)으로 변환한 가운데, 마운트로 대응.

는 트윈스크롤을 사용하겠다」든가, 『전동 웨이스트게이트는 비싸서 사용하지 않겠다」고 말하지 않도록 하자는 식이죠. 싱글스크롤 터보차저에 전동 웨이스트게이트를 조합하는 것은 공통으로 하는 겁니다. 타사에는 가변 리프트 기구가 있지만, 혼다에는 VTEC으로 대표되는 가변밸브 관련 기술이 있습니다. 일단은 당사에서 노하우로 가지고 있는 기술, 완전히 구현할 수 있는 기술을 사용해 트윈스크롤과 견줄만한 인터셉트(최대토크 발생 회전속도)까지 갖고 가는 것이죠. 그때의 제어방법도 공통으로 가져갑니다」

변수는 최대한 적게 해 개발 효율을 높인다는 콘셉트이다. 3기통이라면 그럴 필요가 없지만, 4기통인 경우는 배기간섭을 막기 위해서라도 트윈스크롤 터보가 바람직하다. 하지만 골격 별로 따로따로 해서는 수습이 어렵다는 것을 과거 경험에서 체득한바 있다. 때문에 「공통」으로 하는 것에 공을 들이는 것이다.

공통기술 목록에는 포함되어 있지 않지만, 배기매니폴드가 실린더헤드와 일체형인 점도 3가지 골격 모두 공통이다.

「배기매니폴드 일체형 실린더헤드는 1세대 인사이트에 사용했었습니다」

즉, 역사가 있고 식견이 있다는 것이다.

「그 후로 V6에 적용했다가 4기통으로 넓혀갔죠. 배기매니폴드가 없어지게 됨으로서 비용과 중량 측면에서 장점이 생깁니다. 무과급과 조합했을 경우는 맥동효과 등이 없어지는 요인도 있지만, 터보와 결합할 경우는 맥동을 사용하지 않아도 되기 때문에 상당히 좋은 기술입니다. 아우디의 4기통은 헤드 안에서 유로를 2개로 모으고 있지만, VTEC TURBO는 나눠놓고 있습니다. 향후 트윈스크롤에 대한 필요가 대두되었을 때 생각해 볼 계획입니다」

환경규제에 대응한 진화과정에서 필요성이 생기면 개별 요소기술을 투입하는 것도 시야에 들어와 있다고 아다치씨는 설명한다.「필요한 타이밍은 오리라 생각합니다」라고도 말했다.

「무과급은 무과급대로 효율이 좋아지지만, 즐거움과 연비를 양립시킨 혼다다운 자동차를 개발하는데 있어서는 다운사이징 과급이 필요한 기술이라는 것이 혼다의 생각입니다. 예전에는 모델 사이클로 말하면 3세대, 12년에서 15년은 1세대 엔진으로 밀고 나갔습니다. 그것이 극단적으로 짧아져 2대까지 갈지 안 갈지 하는 흐름입니다. 당연히 개발기간 단축도 필요하고요」

그 정도로 환경규제가 심해지고 있다는 의미일 것이다.

혼다는 이미 다운사이징 과급 다음 단계까지 로드맵 상에 그리고 있다(아래그림 참조). 열효율을 다음 단계로 두지 않으면 안 될 시점이 예상 외로 빨라서 잔혹하기는 하지만, 현재상태의 다운사이징 과급 엔진은 단명으로 끝날지도 모른다. 그래도 단계를 밟아나가야 하는 것은 약속된 미래는 없기 때문일 것이다.

▶ 혼다의 테크놀로지 로드맵

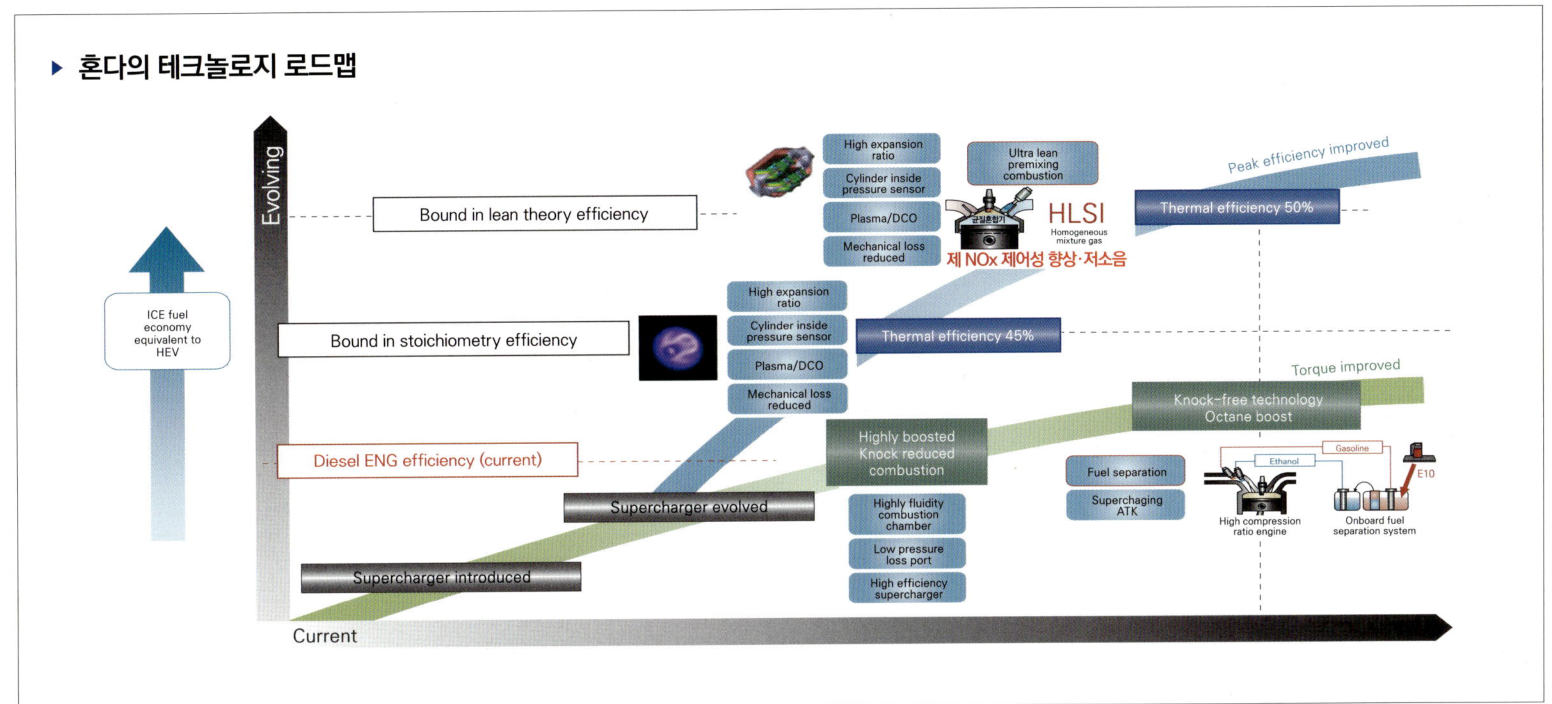

▶ HLSI(Homogeneous Lean-Charge Spark Ignition)

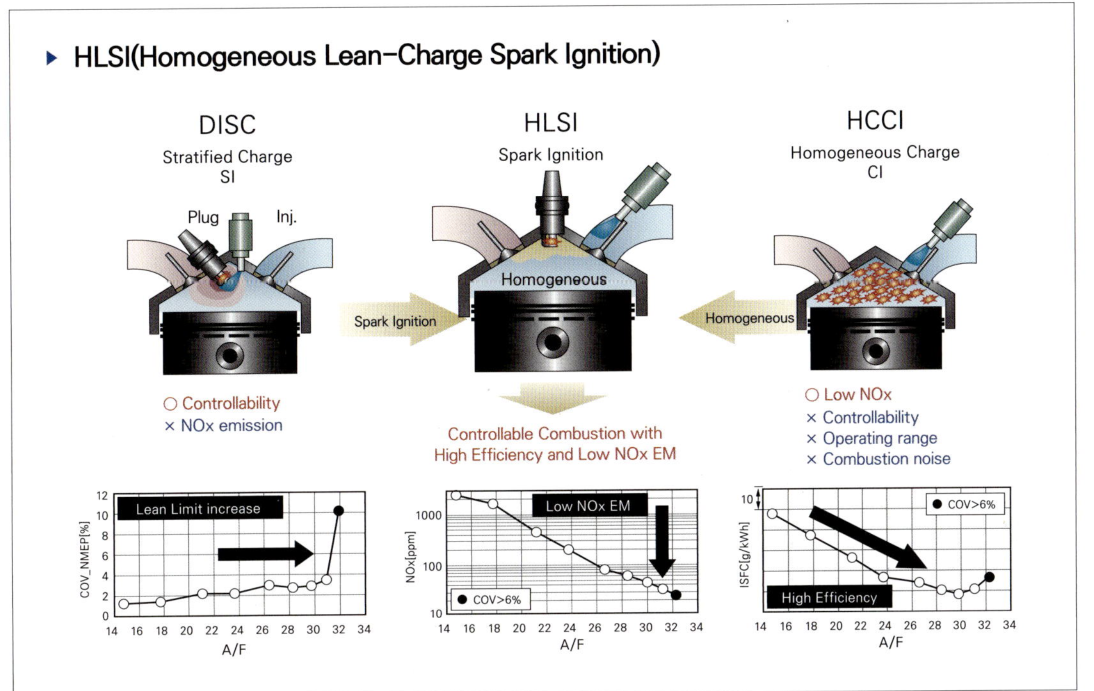

혼다는 EDT시리즈의 진화형인 다운사이징 과급엔진 다음 단계를 생각하고 있다. 내연기관의 효율을 하이브리드 시스템과 동등한(기존은 1모터 시스템인 IMA) 수준으로 해나가기 위해서는 두 가지 방향으로 나가야 할 것으로 보고 있다. 하나는 토크를 높여 즐거움 성능을 높여나가는 방향으로, 노킹한계를 높여 과급도를 올리는 개발이다. 그 다음은 옥탄부스트를 시야에 넣고 있다. 또 한 가지는 효율을 연구하는 방향으로서, HLSI(상세한 것은 아래)로 귀착된다.

혼다의 로드맵에는 HCCI에 대한 내용이 없다.「HCCI기술은 갖고 있지만 과제가 있습니다」(아다치씨). 그 대신에 HLSI가 로드맵 상에 올라가 있다. 성층직접분사는 NOx 발생이라는 어려움이 있다. HCCI는 제어성과 운전영역, 소음 측면에서 과제가 있다. 양쪽의 장점을 취한 것이 HLSI로서, 균질의 혼합기를 형성시키면서 HCCI 같은 다점 동시 자기착화가 아니라 플러그 점화로 연소시킨다. 그러면 연소를 제어하기가 쉽고, NOx 배출량을 억제해 희박 상태에서 연소시킬 수 있다고 한다.

혼다기술연구소 제3기술개발실
제2블록 매니저 주임연구원

아다치 히데유키

8 SPEED DCT
with Torque Converter

▸ **세계 최초의 토크 컨버터 내장 8단 DCT 개발 배경**

혼다는 현시점에서 세계 최다단인 8단 DCT를 개발했다. 그것도 토크 컨버너 내장이다.
발진기능을 토크 컨버터가 갖게 하더라도 변속동작에 클러치를 빼놓을 수는 없으므로, 단순하게 장치가 늘어난다.
그럼에도 불구하고 혼다는 토크 컨버터 내장 DCT에 몰두했다. CVT가 있는데 DCT에 손을 댄 혼다의 진의를 알아보았다.

본문 : 세라 고타　　사진 : 야마가미 히로야　　그림 : 혼다/MFi

중형급 CVT와 동일 용량이면서 드라이빙의 즐거움(FUN)을 특화

혼다는 2011년 경, 소형, 중형 각 급의 CVT를 개발했다. 소·중형 급은 경량 소형화와 더불어 변속비 적용범위(Ratio Coverage)를 확대하면서 전달효율을 향상시킴으로서, 종래 CVT에 비해 약5%, 동급 5AT에 비해 연비를 약10% 가량 줄였다고 한다. 신개발 8단 DCT는 신CVT와 똑같은 연비성능을 자랑하면서 드라이빙의 즐거움(FUN)을 특화한 모습이다.

DCT를 개발할 바탕은 있었다

혼다기술연구소 4륜 R&D센터 집행임원 구동장치기술·전동장치 기술담당 와카마츠 히데키씨는 「CVT와 DCT를 둘 다 연구하는 것은 벅차지 않느냐고 하지만, CVT는 부품점수가 적고 3종류의 기본골격이 같기 때문에 연속적으로 개발할 수 있습니다. DCT는 예전에 했었던 AT가 비슷한 구조였기 때문에 생산 인프라도 사용해 봤고, 노하우도 있었습니다. 따라서 개발할 수 있는 바탕은 있었던 것이죠」라고 설명한다.

CVT와 DCT, 어느 쪽이 더 좋은가가 아니라 둘 다 좋습니다

2011년에 혼다는 EARTH DREAMS TECHNOLOGY 가운데 하나로 3종류의 신형 CVT를 용량별로 발표했다. 혼다의 변속기는 CVT로 정리되었다고 이해하기에 충분했지만, 다음 한 수가 있었다. 2013년에 발표한 피트 하이브리드에 탑재할 시스템으로 7단DCT를 선택한 것이다.

그것만으로 끝이 아니다. 변속기의 주축이 CVT인 것에는 변함이 없지만, 스포츠에 특화된 변속기로서 DCT를 활용하려는 방안이 등장했다. 그 최신형태가 토크 컨버터를 내장한 8단 DCT. DCT는 선구자격인 VW이 숙성시키면서 보급해 온 결과, VW제품이 사실상의 표준이라는 느낌이 있다. 뛰어난 효율을 느끼게 하는 직접적인 변속감각이 그 상징이다. 같은 DCT라 하더라도 운전자에게 전해지는 변속정보가 애매할 때는 「DCT답지 않다」고 느낄 민큼 VW의 영향력은 강력하다.

출발할 때의 느낌은 압도적으로 토크 컨버터가 내장된 자동변속기 쪽이 위이지만, 뛰어난 전달효율과 고효율을 느끼게 하는 직접적인 감각이 유일하게 최대 단점을 덮어주는 감이 있다. 그런 점에서 토크 컨버터 내장 DCT는 가려운 곳에 손이 닿는 DCT의 진화형이라고 말할 수 있을 것이다.

버블경제시기의 은행 이자율 같이 빠른 속도로 연비를 향상시켜야 했던 것은 앞서 언급했다. 그런 연비향상 요구에 대응해야 하는 것은 변속기도 마찬가지이다. 이렇게 설명하는 사람은 토크 컨버터내장 8단 DCT의 개발책임자인 시마부쿠로 에이지로씨이다.

「변속기의 개발 방향성은 명확한 편으로 다단 광역 변속비입니다. AT의 경우는 5AT가 있는데, 북미를 중심으로 일부기종에만 6AT가 있었습니다. 혼다의 AT는 독특한 구조로서, 수동 변속기가 기본입니다. 수동변속기의 싱크로를 클러치로 바꾸고, 축을 접어서 단수를 늘린 구조이죠. 그런데 이런 방식으로는 한계가 보이기 시작했습니다. 한편 CVT는 상당히 이른 단계부터 기술을 축적한 것도 있어서 제품군을 구성해 나갈 전략입니다. 좀처럼 세계로 판매할 상품이 되지 못했던 것은 엔진회전속도만 올라가고 가속도G가 나오지 않는 고무밴드 느낌(Rubber Band Feel) 때문이었습니다. 이 점은 북미 운전자의 주행 패턴을 연구하는 등의 방식으로 대책을 세웠습니다. 다단화 관점에서 말하면, CVT는 무단이기 때문에 연비성능이 매우 높죠. 반석 같은 위치를 잡았기 때문에 세계적으로 움직여 보려는 흐름입니다」

그런데 왜 DCT인 것일까. 더구나 허용 토크용량이 혼다에서 말하는 중용량으로, 무과급엔진 같은 경우는 2.4ℓ이고, 터보는 1.5ℓ에 대응한다. 판매가 호조인 CVT가 있으므로, DCT가 필요하다고 판단할 합리성이 결여되어 있다고 생각하는 것이 타당하지 않을까.

「같은 토대 위에서 비슷한 것을 만드는 것이 보통입니다. 그런데 혼다에는 경쟁하면서 독창적인 제품을 개발하는, 병행이질 자유경쟁주의라는 문화가 있습니다. 개발할 가차가 있을지 치열하게 토론한 끝에, DCT를 다단화 기술로 간주하고 드라이빙의 즐거움(FUN)으로 특화함으로서 특징화하기로 한 것이죠」

효율을 높이는 가운데 다단화와 동시에 광역 변속비화 하는 것이 변속기 개발하는데 있어서의 정공법이지만, 토크 컨버터내장 8단 DCT는 다단화하긴 하지만 광역 변속비로는 하지 않는다. 설계상으로는 변속비 적용범위 7까지 대응하지만, 개발품은 일부러 6.4로 낮추었다. 크로스 비율(Cross Ratio)로 기분 좋게 변속시키는 스포티한 느낌을 상품가치로 하겠다는 생각에서이다.

8단 DCT의 또 다른 특징은 출발장치로 클러치가 아니라 토크 컨버터를 적용한 점이다.

「미국 운전자들은 토크 컨버터의 느낌에 익숙해 있어서 클러치로 출발하는 DCT에 위화감을 가지고 있습니다. 타사의 동향을 보려고 확대하지 않을 것이라는 예상이 우리들 판단입니다」

그래서 토크 컨버터를 적용했다는 것이다. 시마부쿠로씨의 설명에서 추측할 수 있는 것은 토크 컨버터내장 8단 DCT는 북미취향으로 개발이 진행되고 있다는 사실이다. 북미의 혼다 어코드는 CVT를 조합해 높은 평가를 받고 있다. 프리미엄 브랜드인 어큐라에도 비슷한 급의 모델이 있지만, 같은 변속기로 차별화를 도모하는 것은 어렵다. 그래서 스포츠성에 특화한 DCT를 적용함으로서 「어큐라는 혼다와는 디르다」고 평가 받는다. 이것이 토그 컨버터내장 8단 DCT를 개발하는 진짜 동기이다.

CVT 일변도에서 벗어나 혼다가 DCT 사용을 확장하기 시작한 배경에는 어떤 의도가 담겨 있는 것일까. 구동장치 기술담당 집행임원인 와카마츠 히데키씨의 설명에 귀를 귀울여 보자.

「기술적인 결론을 말하자면 CVT는 부품수가 적고, 적절한 변속패턴을 넣으면 거의 만능입니다. 효율면에서 뒤지는 것은 기술로 높여나가고, 고무 밴드 느낌은 제어로 보완하죠. CVT이기 때문에 안 된다는 말을 듣지 않을 만큼의 상태는 됩니다. 따라서 가격도 싸고, 개발속도도 빨라서 연비에 공헌할 수 있는 CVT를 사내의 반대를 뿌리치고 했던 것이죠. 혼다의 이미지를 추락시킬만한 CVT는 만들지 않겠다고 생각했기 때문에 주행성능을 향상시키겠다는 약속도 했습니다」

토크 컨버터내장 8단 DCT

토크 컨버터+클러치+변속장치를 모두 자사에서 개발·생산

- 초박형 고감쇄 토크 컨버터
- 콤팩트 배열 기어구조
- 별도 축 듀얼클러치 구조
- 신개발DCT 오일
- 아이들스톱

- 최대입력 토크 : 270Nm
- 최대출력 토크 : 5200Nm
- 기어단 : 전진8단·후진1단
- 변속비 적용범위 : 6.367~7.0
- 클러치/싱크로 제어방식 : 유압제어

1세대 피트(2001년)의 CVT는 출발장치로 토크 컨버터가 아니라 습식다판 클러치를 적용했었다. 「크리프(Creep)가 약했었죠. 그래서 DCT를 내놓을 때는 어떻게 해야 할지에 대해 논의를 거듭했습니다. 발명적인 것까지 생각했지만, 최종적으로는 우직하게 하는 것이 좋겠다」(시마부쿠로씨)고 정하면서 토크 컨버터를 적용하기에 이른다. 와카마츠 집행임원도 그런 생각에 동의한다. 「DCT에서 가장 제어가 어려운 것은 발진입니다. 브레이크를 빼는 감각과 크리프 토크가 나타나는 감각을 기계적으로 제어하는 것은 어렵죠. 여러 가지로 시도해 보았지만 토크 컨버터를 이길만한 만능 시스템은 없습니다」

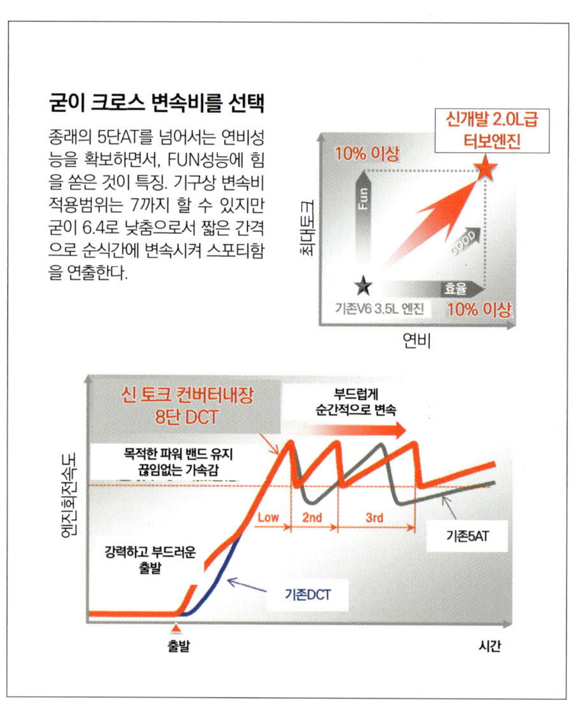

CVT를 널리 전개할 전략을 추진하면서도 예민한 변속기를 갖고 싶었다.

「전방위 우등생인 DCT를 만들려고 해도 재미가 없는 겁니다. CVT와 마찬가지로 연비도 좋고, 주행성능도 좋은 DCT로는 만들 의미가 없는 것이죠. 그래서 스포츠에 특화시킨 겁니다. 보급판까지는 안 되지만 상품 폭은 넓어질테니까요. 곧잘 CVT와 DCT 가운데 어느 쪽이 좋으냐는 질문을 받는데, 원리적으로 말하자면 시티모드에서는 CVT 쪽이 유리합니다. 고속도로 정속주행 같이 톱기어에서의 정속주행비율이 높은 영역에서는 DCT 쪽이 효율은 높습니다. 도시, 고속도로를 둘 다 감안한 사용방법에서는 CVT 쪽이 연비는 좋아지겠죠」

그럼 느낌은 어떨까.

「혼다의 변속기 담당의 입장에서 말하자면, 고기덮밥하고 튀김덮밥 가운데 어느 것이 맛있냐는 질문에 대답하는 것과 같습니다. 어느 쪽이 좋다가 아니라 양쪽 다 맛있죠. 고기덮밥을 좋아하는 고객이 있는가 하면, 튀김덮밥을 좋아하는 고객도 있습니다. CVT로 할지, DCT로

할지는 고객의 기호나 자동차의 성격에 맞추면 될 것입니다. 어느 쪽이 좋으냐는 이상한 이유를 대는 것은 그만두고, 고객의 입장에서 생각하자는 것이죠. 그런 식으로 했습니다. 고기덮밥과 튀김덮밥이기 때문에 승차감은 완전 다릅니다. 하지만 어느 쪽도 괜찮습니다. 스포츠성이 특징인 어큐라 같은 자동차에는 적극적으로 DCT를 적용하는 것이 맞죠. 또한 CVT는 다양한 차종에 동시에 전개해 나가는 것이고요」

가로배치 AT는 ZF의 9단이 최다단(最多段)이고 DCT

나란히 배치를 하든, 포개서 배치를 하든 듀얼클러치를 사용하면 새로운 기술이 필요하다. 하지만 토크 컨버터 같은 경우는 키워온 노하우를 살리는 것이 가능. 토러스(유체동력전달부분)를 편평하게 할 수 있는 기술을 살려 소형화했다.

홀수/짝수 각 축에 다판 클러치를 배치

혼다는 2011년 경, 소형, 중형 각 급의 CVT를 개발했다. 소·중형 급은 경량 소형화와 더불어 변속비 적용범위(Ratio Coverage)를 확대하면서 전달효율을 향상시킴으로서, 종래 CVT에 비해 약5%, 동급 5AT에 비해 연비를 약10% 가량 줄였다고 한다. 신개발 8단 DCT는 신CVT와 똑같은 연비성능을 자랑하면서 FUN에 특화한 모습이다.

컨트롤 계통은 유압으로 통일

좌측 끝에 홀수 단인 습식 다판 클러치가 보인다. 클러치는 홀수 단과 짝수 단으로 독립된 구조. 나란히 또는 겹치게 하는 배치에 비해 크기는 작게, 윤활을 전용으로 할 수 있어 방열 면에서 유리하다.

트윈 토션 댐퍼를 새로 개발

속도를 늦추었을 때의 엔진 토크변동을 감쇄할 목적으로 트윈 토션 댐퍼를 새로 개발. 다단화(1축 4단)하면서도 납작한 토러스와 더불어 CVT와 똑같은 체격으로 만들어졌다. 2단 이상은 완전히 록 업.

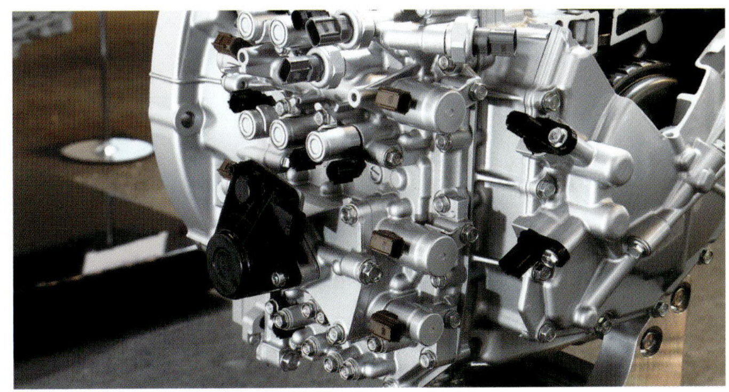

복잡한 작동을 확실하게 하다

변속기 케이스 전면으로 밸브 보디를 배치한다. DCT는 홀수 난에서 홀수 난, 짝수 난에서 짝수 난으로 변속이 까다로운데, 혼다의 8단 DCT는 홀수 단을 미끄러뜨리면서 잡지 않고 짝수 단으로 돌아가는 8→6이나 8→4 등으로 뛰어넘는 변속을 한다.

는 VW 등의 7단이 최다단이다. 혼다의 8단은 DCT의 최다단이 된다. 「7단 DCT가 이미 있기 때문에 반은 의지」이지만, 나머지 반은 효율을 생각한 것이다. 「무과급 3ℓ 이하의 엔진이 가진 유효한 토크와 차량무게를 감안해, 출발부터 고속 정속주행까지 대응하는 엔진의 BSFC(연료소비율) 특성과 최저변속비 및 최고단 변속비를 조합했을 경우 몇 단이 좋을지를 검토했습니다. 그 대답이 7단보다 8단 쪽이 높았죠. 9단, 10단으로 높여가면 변속회수가 증가하게 되면서 발생하는 손실과 사이즈가 커지는 손실이 발생합니다. 이와 같은 문제점을 고려한 결과, 최적의 균형이 8단이였습니다.」

먼저 등장한 피트 하이브리드의 i-DCD는 건식 듀얼클러치나 시프트 컨트롤 장치로 셰플러의 기술을 도입했지만, 토크 컨버터내장 8단 DCT는 모두 혼다제품입니다. 출발장치는 건식클러치가 아니라 토크 컨버터이기 때문에 유압을 사용한 액추에이터와의 친화성이 높다. 에너지 손실 측면에서 전동화도 검토했다고 하지만 유압 작동식으로 결론이 났다.

혼다기술연구소 제4기술개발실
제2블록 매니저 주임연구원

시마부쿠로 에이지로

기발한 것은 모습뿐

– 피너클 엔진스의 대향 피스톤 엔진 –

가솔린엔진의 효율을 더 향상시키고 싶다. 단순하고 직설적인 요구를 완전히 제로베이스에서 생각해
예전의 기술을 되새기면서도 현대적인 방법을 추가해 실현시킨 피너클 엔진스.
자동차용 엔진으로는 너무나 이상한 메커니즘은 과연 어떤 목표와 목적을 가지고 있을까.

본문 : MFi   그림 : 피너클 엔진스(Pinnacle Engines)

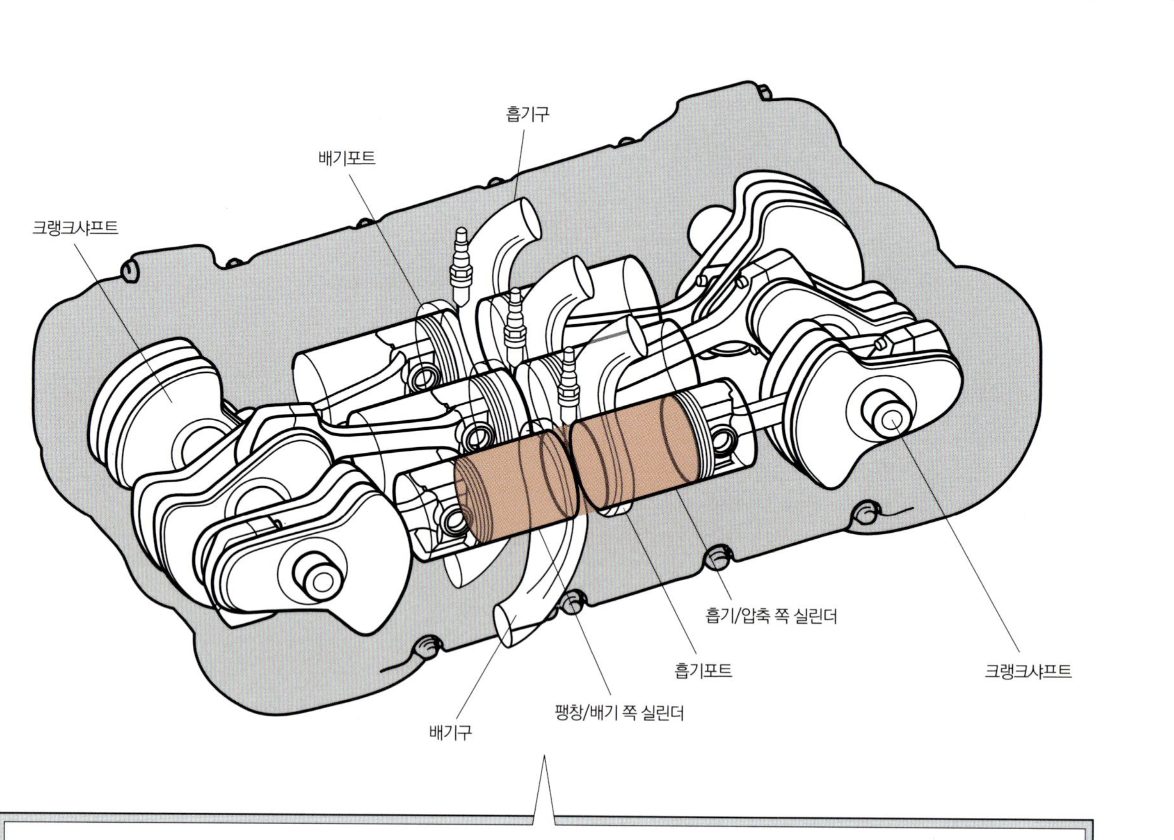

● 대향 피스톤엔진이란

수평대향 엔진이 아니라 대향 피스톤엔진. 그림에서 보듯이 서로 마주보는 피스톤이 연소실을 공유하는 기관이다. 피너클 엔진스의 대향 피스톤엔진은 4행정 엔진. 즉 흡배기 밸브가 기존의 실린더헤드에 해당하는 부위에 필요. 하지만 대향 피스톤 구조에서는 기존의 구조를 이용할 수 없다. 그래서 피너클 엔진스에서는 실린더 라이너를 이동시킴으로서 벽면의 포트를 개폐시키는 슬리브 밸브 장치를 이용해 실현시켰다.

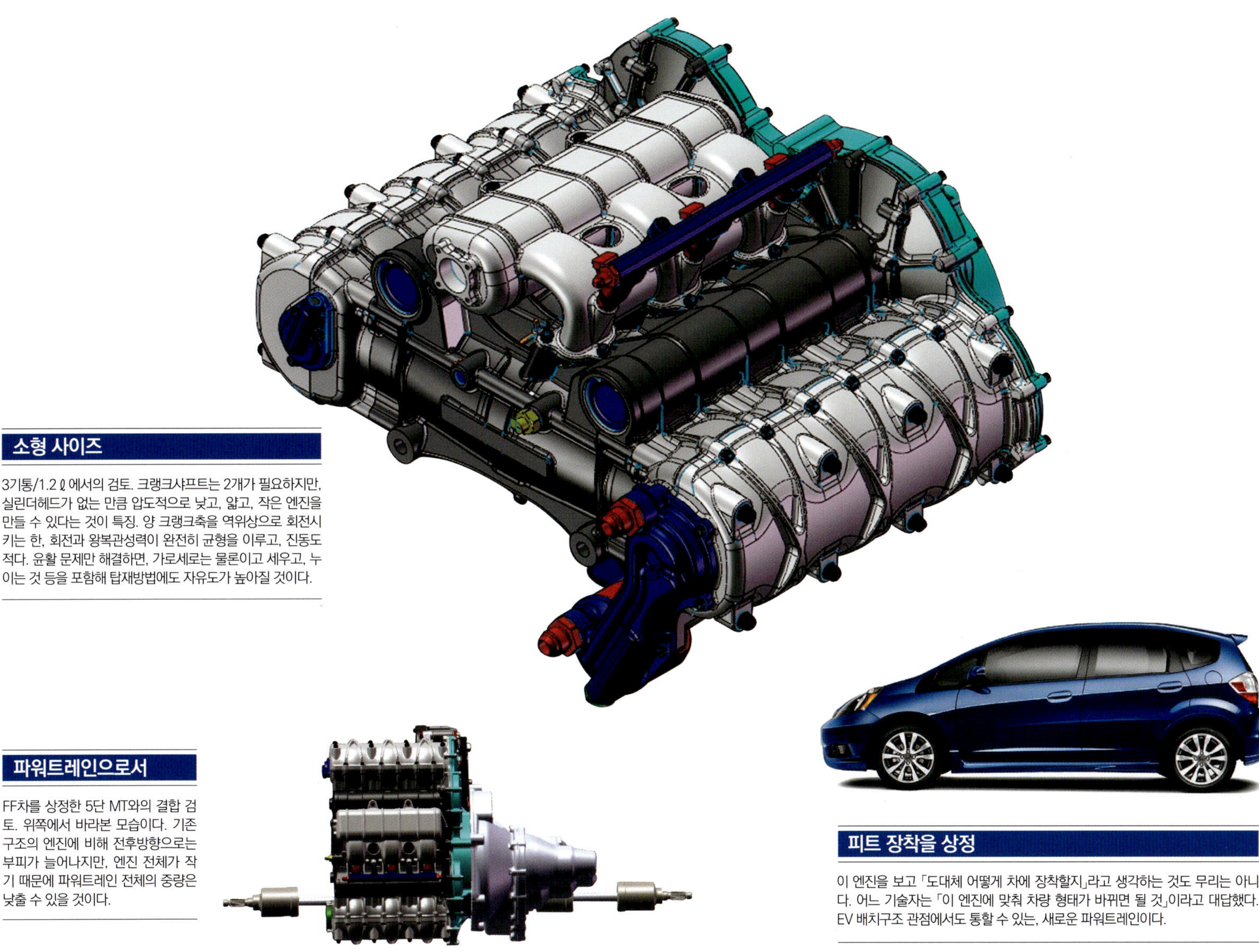

소형 사이즈

3기통/1.2ℓ 에서의 검토. 크랭크샤프트는 2개가 필요하지만, 실린더헤드가 없는 만큼 압도적으로 낮고, 얇고, 작은 엔진을 만들 수 있다는 것이 특징. 양 크랭크축을 역위상으로 회전시키는 한, 회전과 왕복관성력이 완전히 균형을 이루고, 진동도 적다. 윤활 문제만 해결하면, 가로세로는 물론이고 세우고, 누이는 것 등을 포함해 탑재방법에도 자유도가 높아질 것이다.

파워트레인으로서

FF차를 상정한 5단 MT와의 결합 검토. 위쪽에서 바라본 모습이다. 기존 구조의 엔진에 비해 전후방향으로는 부피가 늘어나지만, 엔진 전체가 작기 때문에 파워트레인 전체의 중량은 낮출 수 있을 것이다.

피트 장착을 상정

이 엔진을 보고 「도대체 어떻게 차에 장착할지」라고 생각하는 것도 무리는 아니다. 어느 기술자는 「이 엔진에 맞춰 차량 형태가 바뀌면 될 것」이라고 대답했다. EV 배치구조 관점에서도 통할 수 있는, 새로운 파워트레인이다.

우리가 엔진으로부터 요구하는 것은 메인샤프트의 회전운동이다. 연료를 연소시켜 메인샤프트의 회전운동을 얻을 때까지 어떻게 손실을 최소한으로 줄여, 미세하게라도 허비하지 않도록 기술자들은 많은 지혜를 짜내 다양한 수단을 만들어 왔다. 자동차용 엔진으로서 현재 주류를 이루고 있는 오토사이클+연료로서의 가솔린 및 디젤(사바데)사이클+경유와 같은 조합은 자동차가 등장한 이래 모든 가능성을 검토하면서 실패와 성공을 반복해 왔다. 그런 가운데 때로는 정치적 요소에 막히는 한편으로 수용되어 온 결과이다.

그러나 근년의 환경문제가 더 강력해지면서 자동차용 엔진에 극적인 개선요구가 빗발치고 있는 지금, 앞서의 2종 엔진에도 한계가 다가오고 있다. 예를 들면 가솔린엔진의 고효율화에는 연소효율 향상을 빼놓을 수 없는데, 그것을 실현하기 위해 고체적비로 만들면 고압축비가 되어 노킹이 발생해 엔진을 정상적으로 운전할 수 없다. 예를 들면, 가변체적비*장치를 사용한 고팽창비 사이클이 이상적이기는 하지만, 실제 가변행정 장치는 너무 복잡해서 자동차용 엔진처럼 부하변동이 심한 기관으로서는 현실적이지 않다. 따라서 엔진기술자들은 어쩔 수 없이 전동모터로 활로를 찾아 종합적인 효율개선에 임하고 있다.

* 도면상의 기하학적 압축비와 노킹에 관계된 유효압축비를 같은 압축비로 부르는 혼란을 피하기 위해, 기하학적 압축비(하사점체적÷상사점체적)를 「체적비」, 유효압축비(IVC〈흡기밸브 닫힘 시기〉의 체적÷상사점체적)을 「압축비」라고 부르기로 한다. 마찬가지로, 열효율에 영향이 큰 유효팽창비(EVO〈배기밸브 닫힘 시기〉의 체적÷상사점체적)을 「팽창비」라고 부르며, 따로 언급하지 않는 한 「체적비」와 똑같은 것으로 가정한다.

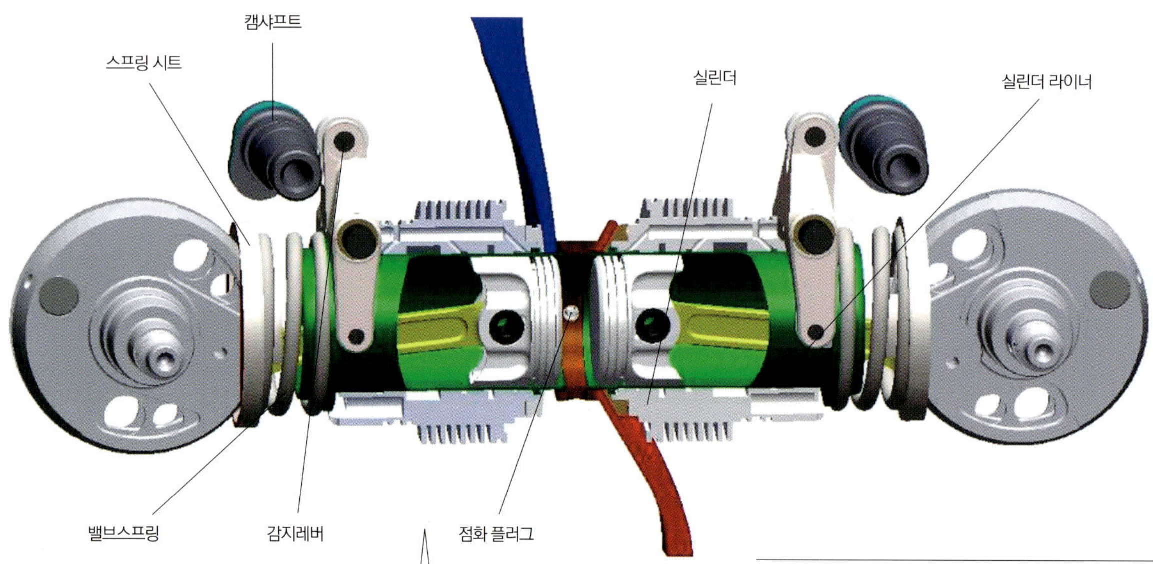

● 스프링 밸브란

캠 샤프트를 크랭크샤프트 근방에 배치, 암을 매개로 실린더 라이너를 이동시켜 상사점 부근의 벽면을 둘러싼 흡기/배기 포트를 개폐시키는 구조이다. 셔츠의 소매를 연상시킨다고 해서 슬리브 밸브로 불린다. 예전의 슬리브 밸브는 슬라이드 밸브 방식으로 피나클과는 구조가 다르긴 하나, 자동차용 및 항공기용으로 실용화까지는 되었지만 보급에는 이르지 못했다. 현대의 기술을 이용하면 과연 정상적인 흡배기 작동이 실현될까. 또한 장기간 운전하는데 따른 내구성은 어떨지도 의문이다.

어떻게 작동하나

피나클 엔진은 이미 110cc 엔진을 이용해 400시간의 내구시험을 끝냈다고 언급. 6200rpm의 최고출력 발생점과 4400rpm의 최대출력 발생점을 교대로 반복하다 공회전 속도로 돌아간다는 테스트 사이클로서, 성능에 큰 저하는 없었다고 한다. 실용상태에 가까운 저회전 속도 저부하 영역에서의 장시간 연속운전에서는 어떨까. 이 엔진의 가장 큰 포인트인 만큼 흥미로운 점이다.

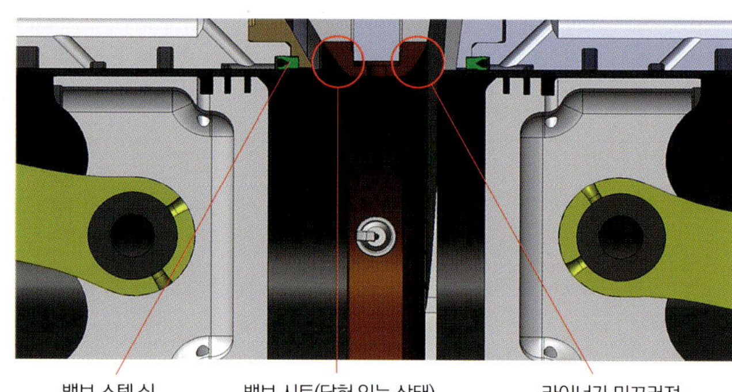

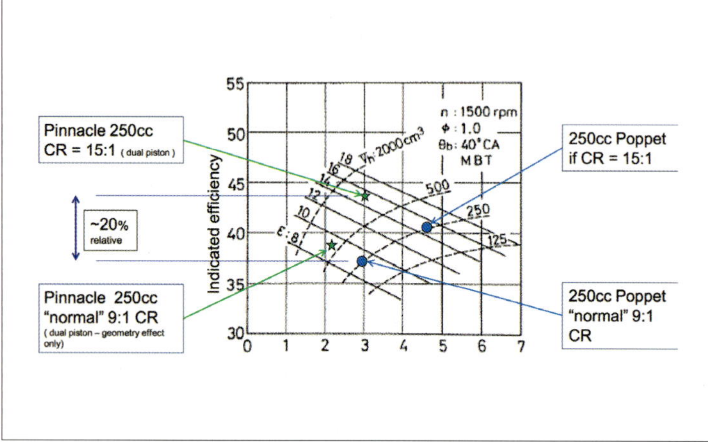

고용적비화에 대한 연구

닛산 자료. 세로축이 도시(圖示)효율, 가로축이 S/V(연소실 표면적/체적)비. 그림 속의 포물선이 배기량, 우측하향 직선이 S/V비의 변화에 따른 각 체적비의 한계를 나타내고 있다. S/V비가 작을수록 효율은 높일 수 있지만 한도가 있다. 250cc로 비교했을 경우, 기존의 포핏 밸브 형식에서는 당연히 원호 상에 한계점이 있지만, 실제 행정이 2배나 되는 대향 피스톤엔진에서는 같은 체적비를 실현했을 경우에 S/V비를 현저하게 낮출 수 있다.

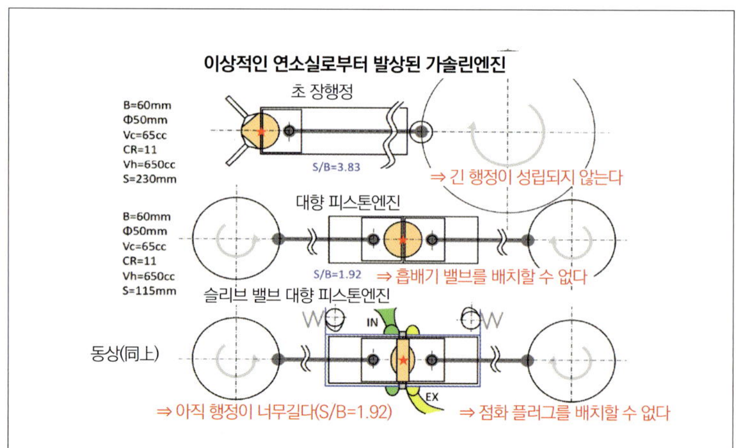

왜 대향 피스톤엔진인가

하타무라박사의 메모에서 발췌. 이상적인 연소실 형상으로부터 엔진을 설계하면 초 장행정이 되어 종래의 엔진 구조에서는 S/B(행정/내경)비율이 보통이 아니게 되기 때문에, 자동차용 엔진으로서는 도저히 실현불가능하다. 그래서 대향 피스톤엔진으로 하면 실제 S/B비율이 한 쪽 피스톤 S/B비율의 2배가 된다. 그런 상태에서는 흡배기 밸브를 배치할 수 없게 되는데, 슬리브 밸브를 이용하면 이 문제를 해결할 수 있다. 연소실 중앙에 점화 플러그를 배치할 수는 없지만, 피나클 엔진은 포트 배치구조를 외주전체에 걸쳐 하지 않고 외주부분에 2개의 플러그를 배치하는 것 같다.

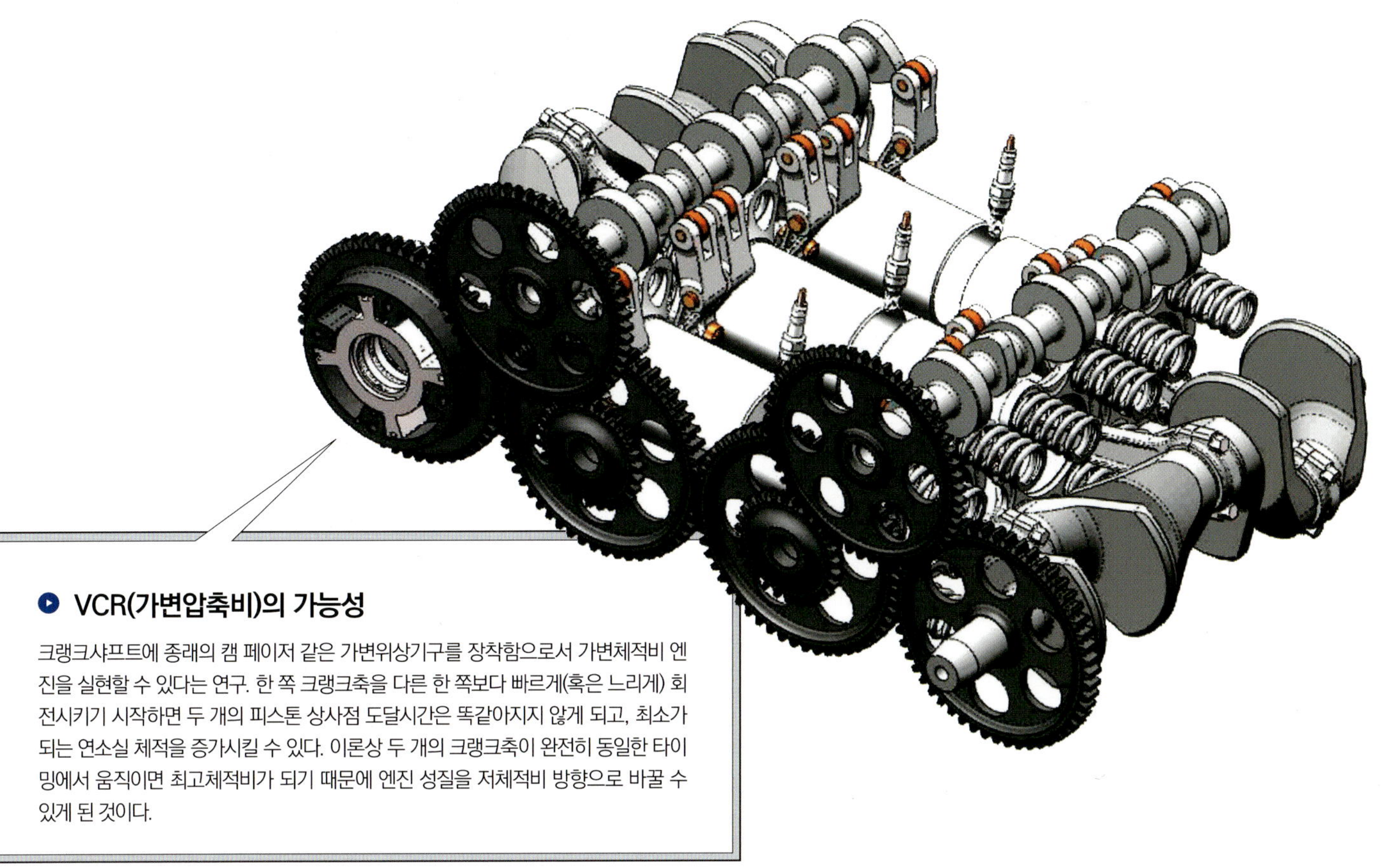

● VCR(가변압축비)의 가능성

크랭크샤프트에 종래의 캠 페이저 같은 가변위상기구를 장착함으로서 가변체적비 엔진을 실현할 수 있다는 연구. 한 쪽 크랭크축을 다른 한 쪽보다 빠르게(혹은 느리게) 회전시키기 시작하면 두 개의 피스톤 상사점 도달시간은 똑같아지지 않게 되고, 최소가 되는 연소실 체적을 증가시킬 수 있다. 이론상 두 개의 크랭크축이 완전히 동일한 타이밍에서 움직이면 최고체적비가 되기 때문에 엔진 성질을 저체적비 방향으로 바꿀 수 있게 된 것이다.

그런 측면에서 특이한 관점을 가진 엔지니어들이 있었다. 미국 실리콘밸리를 거점으로 하는 Pinnacle Engines 회사(피나클 엔진스)이다. 그들은 기성개념에 사로잡히지 않고, 엔진에 있어서의 이상연소란 어떠해야 하느냐는 착상에서 개발을 진행해 대향 피스톤엔진이라는 기구에 도달했다. 알고 있는 독자가 있을지도 모르지만, 대향 피스톤엔진 자체는 결코 새로운 것은 아니고, 예전에 선박이나 전차, 항공기 등에서 피스톤 밸브를 사용한 2행정의 대향 피스톤엔진으로서, 많이 실용화된 실적이 있는 엔진이다. 당시에도 기존 구조의 엔진에 대해 실제 행정이 2배나 되는 초(超) 장행정을 얻기 위한 기관이었다. 하지만 크랭크샤프트 부분이 배나 필요하다는 점, 거기서 동반되는 기계손실 증대와 흡배기 밸브의 성립성 때문에 4행정 실현이 곤란하다는 점, 나아가 비용/정비 문제 등으로 인해 지금은 「과거의 엔진」으로만 만족하고 있을 뿐이다.

그런 옛날의 좋은 기억이 왜 최신예 환경 대책으로 현대에 되살아났을까. 피나클 엔진스의 엔지니어인 토니 윌콕스씨는 「최소한의 열손실, 빠른 연소속도, 초고팽창비에 의한 연비향상과 가변체적비 실현에 대한 용이성」

을 이유로 들고 있다. 그들의 대향 피스톤엔진에 있어서 가장 큰 특징은 4행정 사이클이라는 점이다. 앞서 언급한, 예전의 대향 피스톤엔진들은 2행정 사이클로서, 흡배기 밸브를 설치할 실린더헤드가 필요 없었기 때문에 비교적 용이하게 대향배치를 할 수 있었다. 하지만 4행정으로 하기 위해서는 흡배기를 위한 밸브장치가 필수이다. 그래서 그들은 슬리브 밸브라는 수단을 선택했다. 이것 또한 예전부터 다양한 실험이 이루어져 일부에서는 실용화되기도 했지만, 일반적인 포핏 밸브가 보급되면서 소멸된 기술이었다.

대향 피스톤엔진 장치를 선택한 것은 냉각손실을 최소한으로 줄이기 위해 장행정으로 만들고 싶었기 때문. 통상적인 엔진이라면 장행정화에 따라 실린더 내경이나 밸브 지름이 작아지게 되지만, 슬리브 밸브 기구라면 전혀 문제가 없다. 피스톤 헤드에도 밸브 리세스를 설치할 필요가 없어서 작은 연소실을 실현할 수 있다. 잊어버렸던 과거의 기술을 현대의 기술로 재구축하겠다는 것은 의미가 있다. 기발한 모습만이 눈길을 끌지만, 달성하고 싶은 것을 추구한 결과가 대향 피스톤엔진이라는 형태가 되었다.

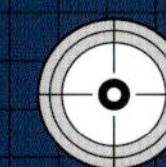

하타무라 박사의
전문가의 눈

연비향상을 위해 고팽창비(고체적비)로 하면 TDC의 연소실체적이 감소하기 때문에 편평한 연소실 형상이 된다. 편평해지면 S/V비율이 증가하기 때문에 냉각손실을 기대한만큼 얻지 못하게 된다. S/V비율의 증가를 억제하기 위해 고체적비 엔진은 장행정으로 바뀌어 오고 있다. 자동차용 엔진에서는 S/B비율 1.2정도까지 장행정화가 진행되어 왔지만, S/B비율 1.5~2.0 정도로 하려면 현재상태의 크랭크 기구에서는 무리가 따른다. 한 쪽 피스톤이 S/B비율 1이라도 실제 S/B비율은 2가 되는 피나클이 슬리브 밸브를 완전하게 장착할 수 있다면 상당히 매력적인 엔진이다.

NEW GENERATIONBOXER ENGINE

▸ 직접분사+터보에 의한 두 방향 작전, 진격시작

일본산 엔진 가운데서 개성파로 간주되는 스바루 BOXER도 시류에는 역류할 수 없다.오랫동안 기축 엔진이었던 EJ를 퇴역시키고, 새 엔진 라인업을 완성시켰다. 예전에는 터보로 명성을 날렸던 스바루. 새로운 한 수도 역시 터보, 게다가 직접분사이다. 다운사이징과 출력을 추구하는 양동작전을 구사하면서 엔진 전쟁에 나섰다.

본문 : MFi　　사진 : 야마가미 히로야/스바루

FB16DIT

1599cc, 내경 78.8mm × 행정 82.0mm, 압축비 11.0, 최고출력 125kW/4800~5600rpm, 최대토크 250Nm/1800~4800rpm. 기본설계·수치는 FB16과 똑같지만, 과급을 위해 주요부품을 전면적으로 변경한 것으로 생각된다.

임프레자라는 이름과 결별함으로서 베이스모델의 명예
를 풀고 독자적인 영역을 확립한 스포티 세단. BMW의
M이나 아우디의 RS 같은 강력한 라이벌과 진검승부의
무대에 선다.

WRX STI

스페셜 모델인 STI 버전만은 계속 EJ25를 사용하게 되었
다. FB도 내경피치는 FJ와 공통이라 배기량을 확대할 여
지는 있지만, 기술적 축적과 고회전속도 고출력에 대한
여유는 EJ가 조금 나은 것 같다.

「FA」와 「FB」. 태생은 똑같으나 성장이 틀린 형제가 신세대 BOXER의 미래를 개척하다.

2013년 도쿄모터쇼에서 화려하게 데뷔한 일본전용차
량「레보그」는 동시에 스바루의 새 엔진 전략의 선봉장이
기도 하다. 1989년 이래 계속적으로 연선(連線)과 스바
루BOXER의 주역이었던 EJ시리즈가 마침내 물러나고
FB시리즈에게 그 자리를 양보하게 된 것이다.

레보그에 탑재되는 신형 FB16DIT는 기존 2ℓ 터보가
담당했던 영역을 1.6ℓ로 커버하는 다운사이징 터보엔
진. 앞서 등장한 무과급 FB16과 크기는 동일하지만, 터
보가 되면서 직접분사로 바뀌어 주요부품이 강화된다. 레

거시 투어링 왜건의 후계라는 중책을 맡은 기본엔진으로
서, 10.8이라는 고압축비 과급사양이면서 보통 가솔린을
사용한다. 이 엔진의 등장으로 인해 스바루는 앞으로 1.6
ℓ 무과급, 1.6ℓ 터보, 2ℓ 무과급(FB20)으로 진용을
짜 차종전개를 진행하게 된다.

이 3가지 엔진 외에도 BRZ전용인 FA20이 있지만,
BRZ는 도요타86의 형제차종이기 때문에 스바루 안에
서는 어디까지나 아류에 속한다. 레보그와 어깨를 나란
히 하는 스바루의 얼굴 WRX에 대해서는 전통의 고출력

BOXER가 별도로 준비된다. 이미 포레스터에 장착되어
등장한 FA20DIT가 그것이다. 「FA」라는 타입 이름을 갖
게 되는데, 무과급 FA20과는 내경×행정 말고는 별도이
기 때문에 사실은 FB20개량이라고 불린다. 고옥탄 사양
으로 부스트를 올려 미쓰비시 랜서 에볼루션과 견줄만한,
일본 내 2ℓ 최강의 출력을 발휘한다.

다른 메이커가 연비, 연비를 외치며 모두 비슷한 성격의
엔진에 작게 만들어 나가는 가운데, 세상에 대응하면서도 개
성적인 엔진을 만드는 것이 바로 스바루의 진면목일 것이다.

LEVORG

보디 사이즈를 대형화한 레거시가 북
미시장에서는 호평을 받았지만, 일본
시장에서는 약간 컸던 것 같다. 굳이
레거시라는 이름을 버리고 일본전용
의 왜건으로 심기일전해 등장한, 주
목되는 모델이다.

1MOTOR/2CLUTCH HYBRID SYSTEM

▸ 드디어 FF차에도 본격적으로 탑재하기 시작하는 독자적 하이브리드 시스템

내연기관을 진화시키던 끝에서 필연적으로 하이브리드를 인식함으로서 통상적인 파워트레인과의 호환성을 연구하고 있는 닛산.
조만간 일본시장에 투입할 가로배치형 FF용 시스템을 파헤쳐 거기에 담겨진 기술과 목적을 살펴본다.

본문 : 다카하시 잇페이   그림 : 닛산/MFi

독자적인 닛산의 가로배치 FF용 하이브리드 시스템이 일본 내에서 처음 장재되는 엑스트레일. MR20DD 타입 엔진이나 CVT 등, 파워트레인의 "기본골격"은 하이브리드 모델에도 거의 그대로 적용된다.

▸ 전용부분을 최소로 줄인, 혼신적인 합리적 설계

MR20DD 타입 엔진(2.0ℓ 무과급 4기통·가솔린 직접분사)에 구동용 모터 1개와 2개의 클러치 요소 내장 CVT를 장착한, 가로배치 FF용 하이브리드 시스템. 클러치를 모터 안에 설치하는 등의 연구를 통해 HEV화에 따른 확장이 불과 40mm 정도밖에 되지 않는다. 모터 어시스트를 통해 2.5ℓ와 비슷한 성능을 발휘한다.

내연기관과 진화를 공유하면서 견고하게 다져나가는 하이브리드 기술

북미에서는 이미 판매를 시작한, 패스파인더 하이브리드에 탑재되는 가로배치 FF용 하이브리드 시스템이 조만간 엑스트레일용으로도 생산되어 일본시장에 투입된다. 기본구성은 닛산의 세로배치 FR용 하이브리드와 똑같이 1모터 2클러치 방식. 엔진과 모터, 모터와 구동장치 사이에 클러치를 장착하는데, 그냥이라도 치수 상의 제약이 많은 가로배치 FF용 파워트레인에 이 정도의 추가 장치를 설치하는 것은 결코 쉬운 일이 아니다. 더구나 HEV화에 따른 확장 상한목표가 불과 40mm. 이것은 패스파인더의 기본 모델에 배치하는 V6 엔진과 하이브리드에 이용하는 직렬4기통 엔진의 치수 차이이다.

그래서 채택한 것이 모터의 로터 안에 건식 다판 클러치를 내장하는 "삽입구조". 말은 간단하지만 그 누구도 본 적이 없는, 전례가 없는 방법이다. 클러치가 풀릴 때의 드래그 토크(Drag Torque)를 최대한 줄이기 위해 선택한 건식 다판 클러치라는 클러치 형식도, 분진 배출이나 소음 등과 같이 제어해야 할 요소가 적지 않았다고 한다.

에코 카의 정점으로 EV인 리프를 앞세우는 닛산에서는 하이브리드를 어디까지나 내연기관의 보조로 간주하고 있다. 계단을 건너뛰듯이 완전 별도의 기술로 자동차를 구축하는 것이 아니라, 아직 진화의 여지가 남아 있는 내연기관 기술을 하나하나 갈고 닦으면서 어디까지나 보조적으로 하이브리드 기술을 반영함으로서, 지금까지 내연기관 베이스로 쌓아온 자동차 기술을 최대한으로 이용하면서 기술진보도 공유해 나가겠다는 것이 닛산의 계산이다. 이를 위해 통상적인 동력차와의 설계치수 공유 등, 많은 부분에 주의를 기울이고 있다.

그 최신판이 엑스트레일에 탑재되는, 2.0ℓ 무과급 MR20DD를 장착한 가로배치 FF용 하이브리드 시스템이다. 상세한 것은 발표되지 않았지만, 패스파인더용 시스템과 똑같은 "기본골격"을 갖고, 엔진출력 차이에 맞춰 변경이 이루어졌다고 한다. 모터 크기는 그대로이면서, 약간이지만 고출력으로 사용할 가능성이 있어서 배터리의 대용량화를 검토하고 있다는 점도 흥미롭다.

베이스가 된 것은 가로배치 구조용인 CVT8. 바리에이터에 벨트를 이용하는 토크용량 250Nm 형식이다. 위쪽으로 보이는 노란 색 튜브 안에는 구동용 모터의 고압 케이블이 들어 있다.

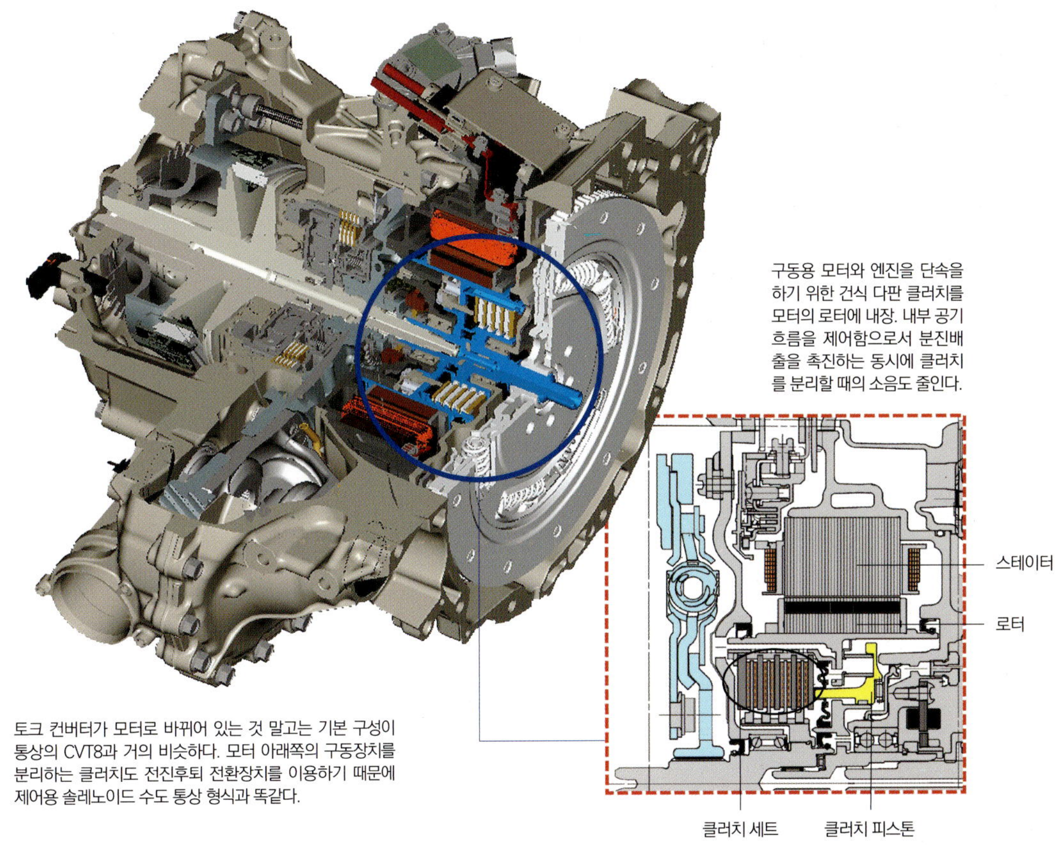

구동용 모터와 엔진을 단속을 하기 위한 건식 다판 클러치를 모터의 로터에 내장. 내부 공기 흐름을 제어함으로서 분진배출을 촉진하는 동시에 클러치를 분리할 때의 소음도 줄인다.

토크 컨버터가 모터로 바뀌어 있는 것 말고는 기본 구성이 통상의 CVT8과 거의 비슷하다. 모터 아래쪽의 구동장치를 분리하는 클러치도 전진후퇴 전환장치를 이용하기 때문에 제어용 솔레노이드 수도 통상 형식과 똑같다.

닛산 최초의 자사제품인 가로배치 FF용 하이브리드

2013년 11월부터 북미에서 판매가 시작된 패스파인더 하이브리드에 탑재되고 있는 하이브리드 시스템. 엔진은 2.4ℓ 수퍼차저를 장착한 4기통 QR25DER. 동 모델의 기본 모델에 탑재되는 3.5ℓ·V6 엔진과 동등한 성능을 확보.

7AT에 1모터 2클러치를 내장하는 세로배치 FR용

스카이라인 등에 탑재되는 세로배치 FR용 하이브리드 시스템. 7단 스텝AT가 베이스이지만, 토크 컨버터를 모터로 바꾸는 등의 방법은 가로배치용 시스템과 동일. 인텔리전트 듀얼 클러치 컨트롤이라고 하는 1모터 2클러치 구성을 하고 있다.

Motor Fan
illustrated

MFi 과월호 안내

구입은 **www.gbbook.co.kr** 또는 영업부 Tel_ **02-713-4135**로 연락주시길 바랍니다.
본 서적은 일본의 삼영서방과 도서출판 골든벨의 **재고량에 따라 미리 소진**될 수 있음을 알려 드립니다.

Vol.1	Vol.2 재고없음	Vol.3	Vol.4	Vol.5 재고없음	Vol.6	Vol.7	Vol.8 재고없음
디젤 신시대	하이브리드차의 능력	최신 서스펜션도감	패키징 & 스타일링론	엔진 기초지식과 최신기술	4WD 최신 테크놀로지	안전기술의 현재	트랜스미션

      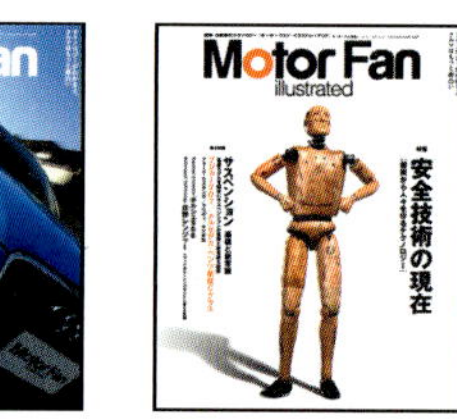 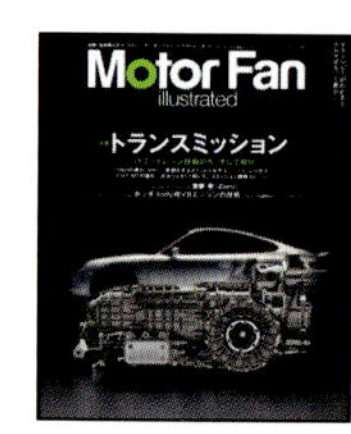

Vol.9	Vol.10 재고없음	Vol.11	Vol.12	Vol.13	Vol.14	Vol.15	Vol.16
ITS 고도정보화 교통시스템	보디 컨스트럭션	조향·브레이크의 테크놀로지	쇽업소버의 테크놀로지	과급 엔진 테크놀로지	엔진의 배기다기관 디자인	최신 자동차기술총감	Electric Drive

   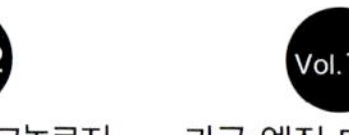    
        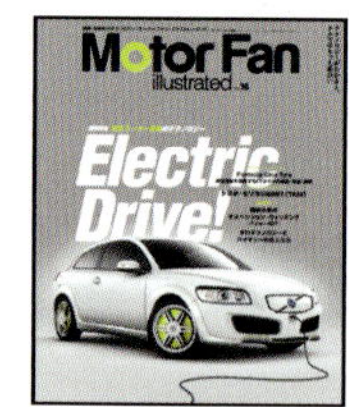

Vol.17	Vol.18	Vol.19	Vol.20	Vol.21	Vol.22	Vol.23	Vol.24
랜서 에볼루션	자동차의 플랫프레임	로터리 엔진	수평대향 엔진 테크놀로지	변속기 진화론	차세대 자동차 개발 최전선	에어로 다이나믹스 자동차의 공력 개발	구동계 완전 이해

  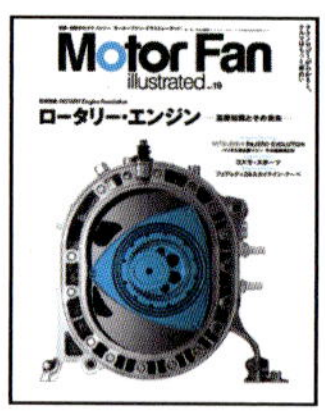  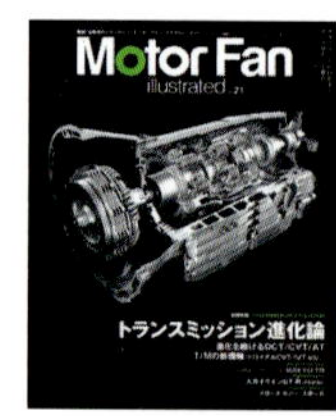   

Vol.25	Vol.26	Vol.27	Vol.28	Vol.29	Vol.30	Vol.31	Vol.32
디젤의 역량	가솔린의 테크놀로지	최신 자동차기술총감 (2008~2009)	배기열 이용의 테크놀로지	시트의 테크놀로지	레이싱 엔진	독일 엔진	미드십 레이아웃